AF571112

EUL
VERLAG

Verfahren zur Bewertung von Predictive Maintenance für Anbieter von Instandhaltungsdienstleistungen

Von der Graduate School of Excellence advanced Manufacturing Engineering der Universität Stuttgart zur Erlangung der Würde eines Doktors der Wirtschafts- und Sozialwissenschaften (Dr. rer. pol.) genehmigte Abhandlung

Vorgelegt von
Tobias Alexander Tauterat
aus Stuttgart

Hauptberichter: Prof. Dr. Georg Herzwurm
Mitberichter: Prof. Dr.-Ing. Robert Refflinghaus

Tag der mündlichen Prüfung: 26. Februar 2018

Betriebswirtschaftliches Institut,
Lehrstuhl für Allgemeine Betriebswirtschaftslehre und Wirtschaftsinformatik II der Universität Stuttgart

2018

Reihe: Wirtschaftsinformatik · Band 92

Herausgegeben von Prof. Dr. Dietrich Seibt, Köln, Prof. Dr. Hans-Georg Kemper, Stuttgart, Prof. Dr. Georg Herzwurm, Stuttgart, Prof. Dr. Dirk Stelzer, Ilmenau, und Prof. Dr. Detlef Schoder, Köln

Dr. Tobias Tauterat

Verfahren zur Bewertung von Predictive Maintenance für Anbieter von Instandhaltungsdienstleistungen

Mit einem Geleitwort von Univ.-Prof. Dr. Georg Herzwurm, Universität Stuttgart

Bibliografische Information der Deutschen Nationalbibliothek

Die Deutsche Nationalbibliothek verzeichnet diese Publikation in der Deutschen Nationalbibliografie; detaillierte bibliografische Daten sind im Internet über <http://dnb.d-nb.de> abrufbar.

Dissertation, Universität Stuttgart, 2018

D 93

ISBN 978-3-8441-0561-2
1. Auflage Oktober 2018

JOSEF EUL VERLAG GmbH
Zeithstr. 356
53721 Siegburg
Tel.: 0 22 05 / 90 10 6-80
Fax: 0 22 05 / 90 10 6-88
E-Mail: info@eul-verlag.de
https://www.eul-verlag.de

Bei der Herstellung unserer Bücher möchten wir die Umwelt schonen. Dieses Buch ist daher auf säurefreiem, 100% chlorfrei gebleichtem, alterungsbeständigem Papier nach DIN 6738 gedruckt.

Geleitwort

Die Idee der IT-Unterstützung von Geschäftsprozessen ist so alt wie die Datenverarbeitung selbst. Ein volatiles Umfeld einerseits und die rasche technologische Weiterentwicklung andererseits sorgen jedoch für eine digitale Transformation von Wirtschaft und Gesellschaft, die in diesem Ausmaß und dieser Geschwindigkeit viele Unternehmen vor große Probleme stellt. Längst sind nicht mehr nur Geschäftsprozesse, sondern auch Geschäftsmodelle und Unternehmensstrategien von der Digitalisierung betroffen. Digitalisierung darf jedoch kein Selbstzweck sein. Letztlich entscheidet nur der Beitrag eines Digitalisierungsprojekts zum Unternehmenserfolg über die Sinnhaftigkeit der Investition.

Dies gilt auch für die Instandhaltung von Maschinen. Die zunehmende Softwareintensivierung von Produktionsprozessen und -anlagen mittels Internet of Things (IoT) Technologien erzeugt digitale Daten, die nicht nur zur internen Effizienzsteigerung, sondern auch für neue Dienstleistungen (Smart Services) und Geschäftsmodelle genutzt werden könnten. Die Frage, inwieweit sich beispielsweise eine Investition in Predictive Maintenance, d.h. der vorausschauenden Wartung unter Nutzung von durch Sensoren generierten Daten, lohnt, ist derzeit ein viel diskutiertes Thema in Wissenschaft und Forschung.

Die gängigen Verfahren der Investitionsrechnung bieten hierzu nur begrenzt eine praxistaugliche Lösung. Auch die Wissenschaft tut sich schwer mit theoretisch fundierten Gestaltungsempfehlungen für derartige Entscheidungen.

Diesem Defizit widmet sich Herr Tauterat in der vorliegenden Arbeit. Er entwickelt basierend auf aus der Unternehmenspraxis erhobenen Anforderungen sowie basierend auf der Analyse bestehender generischer Bewertungsmethoden ein wissenschaftlich begründetes und allgemein akzeptiertes Verfahren zur Bewertung von Predictive Maintenance für Maschinen zur Unterstützung der Investitionsentscheidung für Anbieter von Instandhaltungsdienstleistungen. Dieses Bewertungsverfahren ist sowohl aus wissenschaftlicher als auch praxeologischer Sicht äußerst aktuell und relevant.

Stuttgart, im August 2018 Univ.-Prof. Dr. Georg Herzwurm

Vorwort

Vor 18 Jahren habe ich mich das erste Mal im beruflichen Alltag mit der Informationstechnologie befasst. Diese Arbeit stellt bis zum heutigen Tage die Krönung meines Schaffens in diesem Themenumfeld dar. So widmet sich diese Arbeit dem Themenkomplex der Digitalisierung in der Produktion, auch Industrie 4.0 genannt. Im Speziellen wird die Digitalisierung des Instandhaltungsprozesses betrachtet, indem ein Verfahren zur Bewertung von Predictive Maintenance für Anbieter von Instandhaltungsleistungen entwickelt wird. Einher mit diesem Buch geht die Erfüllung eines Traums, dessen Existenz ich vor 18 Jahre noch nicht kannte und somit auch nie geträumt hätte. So ist in diesen Jahren das nachfolgende Zitat von Michael Jordan meine Maxime geworden: „Never say never. Because limits, like fears, are often just an illusion."

Mit diesem Buch schließt sich für mich ein Lebensabschnitt, der mich sehr geprägt hat, aber auch wegweisend und einfach schön war. Auf diesem Weg habe ich unterschiedliche Personen kennen und schätzen gelernt, die mich entweder direkt bei der Dissertation oder bei der Ablenkung von dieser unterstützt haben. Euch allen möchte ich hiermit ein großes Dankeschön aussprechen! Nur durch euch habe ich es geschafft meine Dissertation erfolgreich abzuschließen!

Insbesondere möchte ich mich bei meinem Doktorvater Prof. Dr. Georg Herzwurm für die Betreuung bei der Doktorarbeit bedanken. Danke, dass du mir ein Partner in der Diskussion warst, mir kritische Fragen gestellt hast und immer ein offenes Ohr für mich hattest. Des Weiteren danke ich den weiteren Prüfungsausschussmitgliedern, dem Mitberichter Herrn Prof. Dr.-Ing. Robert Refflinghaus und dem Vorsitzenden Prof. Dr.-Ing. Bernhard Mitschang.

Neben meinem Doktorvater war für mich die Graduate School of Excellence advanced Manufacturing Engineering (GSaME) mit ihren Professoren, Doktoranten und den unterschiedlichen interdisziplinären Austauschformaten ein wichtiger und essentieller Faktor für das Gelingen dieser Arbeit. Einer Person möchte ich bei dieser Gelegenheit ganz besonders für die gemeinsame Zeit danken: Nils – diese Arbeit ist auch für Dich!

Danken möchte ich selbstverständlich ebenfalls meinen Kolleginnen und meinen Kollegen am Lehrstuhl für Allgemeine Betriebswirtschaftslehre und Wirtschaftsinformatik II des Betriebswirtschaftliches Instituts der Universität Stuttgart. Danke, dass ihr mir eine Heimat im wissenschaftlichen Alltag gegeben habt, an die ich voller Freude zurückdenke. Das WIUS wird immer einen großen Platz in meinem Herzen einnehmen!

Ein großer Dank gilt ebenfalls meiner Familie und meinen Freunden, die neben dem Handball auch die Einschränkungen durch die Dissertation in Kauf genommen haben. Danke für eure Hilfe und eure Unterstützung!

Hätte ich für dieses Vorwort ausschließlich ein großes Dankeschön, so ist dieses für eine ganz besondere Person in meinem Leben reserviert, meiner Ehefrau Julia! Dankeschön, dass Du mir geholfen hast auch in schweren Momenten an das Positive der Dissertation zu denken, mir immer ein Lächeln auf die Lippen gezaubert hast, wenn ich es am meisten brauchte, und mir ein unermüdlicher Partner in allen Lebenslagen bist!

Kornwestheim, im September 2018 Tobias Tauterat

Inhaltsübersicht

Inhaltsverzeichnis

Abbildungsverzeichnis

Für eine verbesserte Darstellung stehen ausgewählte Abbildungen unter folgendem Link zum Download bereit:
https://www.eul-verlag.de/pdf-wz/9783844105612_Abbildungen.zip

Tabellenverzeichnis

Abkürzungsverzeichnis

AHP .... Analytic Hierarchy Process
APP .... Applikation
CM .... Condition Monitoring
DSRM .... Design Science Research Methodology
ERP .... Enterprise-Resource-Planning
FF .... Forschungsfragen
HTML .... Hypertext Markup Language
IKT .... Informations- und Kommunikationstechnologie
IT .... Informationstechnologie
JSON .... JavaScript Object Notation
OMEGA Objektorientierte Methode zur Geschäftsprozessmodellierung und -analyse
PdM .... Predictive Maintenance
RFID .... Radio Frequency Identification
TCO .... Total Cost of Ownership
UML .... Unified Modeling Language

Zusammenfassung

Geprägt durch unterschiedliche globale Megatrends, wie beispielsweise der Globalisierung, der Individualisierung oder der Digitalisierung, befindet sich die Gesellschaft und die Wirtschaft in einem langfristigen und übergreifenden Transformationsprozess. So hat beispielsweise die Digitalisierung in den vergangenen Jahren stetig an Relevanz gewonnen und soll weiterhin einer der großen Treiber der Zukunft sein. In der Wirtschaft liegt das hauptsächlich darin begründet, dass Unternehmen große Potenziale in einer Vernetzung und Automatisierung von Prozessen durch die Informationstechnologie (IT) sehen und so ihre unterschiedlichen Unternehmensprozesse unterstützen sowie optimieren möchten. Aufgrund dieser Tatsache stellen sich Unternehmen aktuell die Frage, ob eine Digitalisierung ihrer Prozesse empfehlenswert ist und welche Aspekte bei einer solchen Entscheidung berücksichtigt werden sollen? Im Rahmen dieser Arbeit wird diese Fragestellung für den Instandhaltungsprozess von Maschinen detailliert betrachtet.

Das Ziel dieser Arbeit ist hierbei die Entwicklung eines wissenschaftlich begründeten und allgemein akzeptierten Verfahrens zur Bewertung von Predictive Maintenance für Maschinen zur Unterstützung der Investitionsentscheidung für Anbieter von Instandhaltungsdienstleistungen. Zur Erreichung dieses Ziels wird der Design Science Ansatz nach Peffers u.a. verfolgt. Innerhalb der Design Science Phase Design und Entwicklung der Lösung wird im Rahmen dieser Arbeit für die Entwicklung des Bewertungsverfahrens eine angepasste Vorgehensweise des Situational Method Engineerings verwendet.

Die Grundlagen für die Entwicklung des Bewertungsverfahrens stellen hierbei die Analyse des Status quo der Unternehmenspraxis und der Wissenschaft basierend auf drei Querschnittsstudien, die durch 24 Experteninterviews aus der Unternehmenspraxis ermittelten Anforderungen an die inhaltliche Ausgestaltung und die Metaanforderungen an das Bewertungsverfahren sowie die Analyse bestehender generischer Bewertungsmethoden dar.

Das basierend auf diesen Grundlagen entwickelte Bewertungsverfahren zur Unterstützung der Investitionsentscheidung in Predictive Maintenance besteht aus vier Hauptverfahrensprozessen: Bewertung vorbereiten, Bewertung durchführen, Bewertung analysieren und Bewertung dokumentieren. Hierbei erfolgt im ersten Hauptverfahrensprozess die Aufnahme und Einordung des aktuellen Instandhaltungsprozesses in das im Rahmen dieser Arbeit entwickelte Reifegradmodell. Dieses Reifegradmodell ermöglicht es den aktuellen Instandhaltungsprozess basierend auf seinem Softwareintensivierungsgrad im Vergleich zum Predictive Maintenance einzuordnen. Die Bewertung der Aufwände, Nutzenaspekte und Risiken erfolgt im zweiten Hauptverfahrensprozess, indem für die Aufwandsbetrachtung die Kapitalwertmethode und für die Nutzen- und Risikobetrachtung die Prioritätenanalyse angewendet wird. Diese einzelnen Bewertungen werden anschließend im dritten Hauptverfahrensprozess zu einer anwendungsfallspezifischen Gesamtbewertung kombiniert sowie die Entscheidungsunterstützung inklusive Ausblick abgeleitet.

Die Evaluation des entwickelten Bewertungsverfahrens erfolgt auf drei Arten. Im ersten Schritt werden durch eine theoretische Evaluation die erhobenen Anforderungen dem entwickelten Bewertungsverfahren gegenübergestellt und analysiert, ob das Bewertungsverfahren diese Anforderungen erfüllt. Für diese Gegenüberstellung wird die Forschungsmethode der argumentativ-deduktiven Analyse verwendet. Im zweiten Schritt wird der Einsatz des Bewertungsverfahrens in der Unternehmenspraxis basierend auf vier Evaluierungsworkshops bei unterschiedlichen Unternehmen dargestellt. Zusätzlich zur theoretischen und unternehmenspraktischen Evaluierung erfolgt die Umsetzbarkeitsevaluierung durch eine prototypische Realisierung des Bewertungsverfahrens als App für mobile Endgeräte. Basierend auf diesen drei Evaluierungen kann abschließend festgehalten werden, dass die Relevanz und der Einsatz des Bewertungsverfahrens für die Unternehmenspraxis sowie die Umsetzbarkeit des Bewertungsverfahrens als App bestätigt werden kann.

Abstract

Characterized by different global megatrends, such as globalization, individualization or digitalization, society and economy are in a long-term and overarching process of transformation. For example, digitalization has gained in relevance over the last few years and should continue to be one of the great drivers of the future. In business, companies see great potential in networking and automation of processes through information technology and so they want to support and optimize their different business processes. Based on this fact, companies are currently asking themselves whether a digitalization of their processes is recommended and which decision-making aspects should be considered in such a decision? Within the scope of this thesis this question is considered in detail for the maintenance process of machines.

The objective of this thesis is to develop a scientifically based and generally accepted procedure to evaluate predictive maintenance for machines to support the investment decision for providers of maintenance services. To achieve this objective, the Design Science approach according to Peffers et al. will be used. Within the Design Science phase design and development, a tailored approach of the situational method engineering process will be pursued.

The basis for the development of the procedure will be the analysis of the status quo of companies and the science based on three cross-sectional studies, the requirements for the content design and the meta-requirements of the assessment procedure from the company's practice and the analysis of existing generic evaluation methods.

The developed assessment procedure to support the investment decision in Predictive Maintenance consists of four main processes; Prepare the evaluation, carry out the evaluation, analyze the evaluation and document the evaluation. In the first process, the integration and classification of the current maintenance process takes place within the maturity model developed in this work. This maturity model allows the current maintenance process to be classified based on its degree of digitalization compared to predictive maintenance. The assessment of the expenses, benefit aspects and risks is carried out in the second main process by applying the capital value method for the cost analysis and the prioritization analysis for the benefit and risk analysis. These individual evaluations are subsequently combined in the third main process to form an application-specific overall evaluation, and the decision support including the outlook is derived.

The evaluation of the developed procedure is carried out in three ways. In the first step, a theoretical evaluation is used to compare the requirements to the developed assessment procedure and to analyze whether the assessment procedure fulfills these requirements. For this comparison, the research method of argumentative-deductive analysis is used. In the second step, the use of the assessment procedure in the company's practice is presented based on four evaluation workshops at different companies. In addition to the theoretical and business-practical evaluation, the feasibility evaluation is carried out by means of a prototypical implementation of the assessment procedure as an app. Based on these three evaluations, it can be concluded that the relevance and use of the assessment procedure for the company's practice can be confirmed and the feasibility of the assessment procedure as an app can be confirmed as well.

1. Einführung

Die Digitalisierung der Gesellschaft sowie der Wirtschaft hat in den vergangenen Jahren stetig an Relevanz gewonnen und soll weiterhin einer der großen Treiber der Zukunft sein.[1] Dies liegt in der Wirtschaft hauptsächlich darin begründet, dass Unternehmen große Potenziale in einer Vernetzung und Automatisierung von Prozessen durch die Informationstechnologie (IT) sehen und so ihre unterschiedlichen Unternehmensprozesse unterstützen sowie optimieren möchten.[2] Aufgrund dieser Tatsache stellen sich Unternehmen aktuell die Frage, ob eine Digitalisierung ihrer Prozesse empfehlenswert ist und welche Aspekte bei einer solchen Entscheidung berücksichtigt werden sollen? Im Rahmen dieser Arbeit wird diese Fragestellung für den Instandhaltungsprozess von Maschinen detailliert betrachtet.

Weshalb es für die Wissenschaft und die Wirtschaft von Interesse ist, sich mit der Digitalisierung des Instandhaltungsprozesses zu beschäftigen, soll Gegenstand dieses einführenden Kapitels sein. Hierfür werden in Kapitel 1.1 zuerst die Problemstellung betrachtet sowie mögliche Missstände in der Forschung skizziert. Im darauffolgenden Kapitel 1.2 werden die Ziele dieser Arbeit dargelegt und durch die in Kapitel 1.3 aufgezeigte Forschungsmethodik sowie deren Ausgestaltung dargestellt, wie die in Kapitel 1.2 formulierten Ziele anhand einer systematischen Vorgehensweise erreicht werden sollen. Zum Abschluss dieses einführenden Kapitels wird in Kapitel 1.4 der Aufbau dieser Arbeit skizziert.

1.1 Relevanz des Themas

Die heutige und zukünftige Gesellschaft und Wirtschaft werden geprägt durch langfristige und übergreifende Transformationsprozesse, den globalen Megatrends.[3] Der Begriff der Megatrends wurde von John Naisbitt maßgeblich begründet. Er versteht Megatrends als „large social, economic, political, and technological changes“[4], welche über Jahrzehnte hin beobachtbar sind und über einen Zeithorizont von mindes-

---

1 Vgl. Bundesministerium für Wirtschaft und Energie (2017), S. 10 ff. und Bundesministerium für Wirtschaft und Energie u.a. (2017), S. 4 und S. 13.
2 Vgl. Bundesministerium für Wirtschaft und Energie (2017), S. 17 ff.
3 Vgl. Pelzl (2016), S. 59 und Z_punkt GmbH (2013), S. 3.
4 Naisbitt (1982), S. xxiii.

tens fünfzehn Jahren in die Zukunft prognostiziert werden können.[5] Diese Megatrends beeinflussen beispielsweise Unternehmen und ihre Strategien sowie das Konsumverhalten von Individuen. Durch ihre einschneidende und mehrdimensionale Umwälzung der politischen, sozialen und wirtschaftlichen Teilsysteme besitzen die globalen Megatrends eine tiefgreifende geschäftliche Wirkungsstärke und hinterlassen bleibende Veränderungen.[6] Als solche globalen Megatrends der heutigen Gesellschaft können gemäß der einschlägigen Literatur exemplarisch die Globalisierung, die Urbanisierung, der demografische Wandel, die Individualisierung und die Digitalisierung genannt werden.[7/8]

Werden diese globalen Megatrends betrachtet, so kann festgestellt werden, dass sie ebenfalls „die Märkte und Rahmenbedingungen für die Produktion nachhaltig wandeln"[9]. So können basierend auf der gegenwärtigen Literatur unterschiedliche globale Megatrends bezogen auf die Produktion identifiziert werden. Beispielsweise identifizieren Westkämper und Löffler die acht Megatrends, Alterung der Gesellschaft, Finanzen, Globalisierung, Individualisierung, Nachhaltigkeit, steigende Weltbevölkerung, Urbanisierung, Wissen und Information.[10] Abele und Reinhard identifizieren zehn Megatrends, welche auf der einen Seite den Rahmenbedingungen für die Produktion zugeordnet werden können und somit beeinflussen, wie produziert wird und auf der anderen Seite neue Bedarfsträger für die Produktion aufzeigen, die eine Auswirkung drauf haben, was produziert wird.[11] Den Megatrends, die die Rahmenbedingungen beeinflussen, werden beispielsweise die Globalisierung oder die Durchdringungen mit neuen Technologien zugeordnet sowie den neuen Bedarfsträgern exemplarisch der Wachstumsmarkt, der Klimawandel sowie die Mobilität.[12] Durch die Veröffentlichung Factories of the Future 2020 Roadmap werden sieben

5 Vgl. Naisbitt (1982), S. xxiii.
6 Vgl. Pelzl (2016), S. 59 und Z_punkt GmbH (2013), S. 3.
7 Je nach Studie unterscheiden sich die unterschiedlichen globalen Megatrends in ihren Begrifflichkeiten der Übergruppe. Jedoch werden in diesen Gruppen meistens die gleichen Merkmale zusammengefasst.
8 Für weitere globale Megatrends sowie die jeweiligen detaillierten Beschreibungen siehe exemplarisch Z_punkt GmbH (2013), European Factories of the Future Research Association a Manufuture initiative (2012), S. 17 und Abele und Reinhart (2011), S. 10 ff.
9 Abele und Reinhart (2011), S. 1.
10 Vgl. Westkämper und Löffler (2016), S.51.
11 Vgl. Abele und Reinhart (2011), S. 10.
12 Vgl. Abele und Reinhart (2011), S. 10 ff.

Megatrends mit konkretem Bezug auf die Produktion definiert. Bei diesen handelt es sich um die Ressourcenverknappung, den demografischen Wandel, den Klimawandel, die Globalisierung und Zukunftsmärkte, die dynamischen Technologien und Innovationen, die globale Wissensgesellschaft sowie die gemeinsame globale Verantwortung.[13]

Unter Berücksichtigung der unterschiedlichen wissenschaftlichen Veröffentlichungen zu diesen globalen Megatrends mit Wirkung auf die Produktion, wird der Einfluss von neuen Technologien basierend auf der Vernetzung und der Durchdringung durch die Informations- und Kommunikationstechnologie (IKT) als einer der einflussreichsten und zukunftsträchtigsten Megatrends identifiziert. Dieser Megatrend wird häufig auch als Digitalisierung oder digitale Transformation der Produktion bezeichnet.[14/15]

Die Wichtigkeit einer Digitalisierung der Produktion, in der alle Elemente einer Produktionsanlage und deren Produkte einer durchgängigen Kommunikation basierend auf einem gemeinsamen Informationshaushalt unterliegen, hat die deutsche Bundesregierung in ihrer sogenannten Hightech-Strategie aufgenommen und unter anderem das Zukunftsprojekt Industrie 4.0 initiiert, um die Informatisierung der Fertigungstechnik voranzutreiben und den Weg zur intelligenten Produktion sowie zur intelligenten Fabrik zu fördern.[16] Das Ziel ist es, die Zukunftsfähigkeit der deutschen Produktionswirtschaft durch die Digitalisierung sicherzustellen, damit diese weiterhin eine führende Rolle im internationalen Vergleich einnimmt.[17]

Die Grundlagen für eine vernetzte und intelligente Produktion, bestehend aus vernetzten und intelligenten Produkten, Maschinen und Anlagen, bilden hierbei unterschiedliche neue Technologien, mit deren Hilfe neue Konzepte in der Produktion realisiert und neue Geschäftsmodelle erschlossen werden können.[18] Hierzu zählen beispielsweise das Internet der Dinge, welches eine Vernetzung von physischen Ob-

---

[13] Vgl. European Factories of the Future Research Association a Manufuture initiative (2012), S. 17.

[14] Vgl. exemplarisch Taisch u.a. (2012), S. 941, Westkämper und Löffler (2016), S.51, Abele und Reinhart (2011), S. 10 und European Factories of the Future Research Association a Manufuture initiative (2012), S. 17.

[15] Die Bezeichnungen unterscheiden sich teilweise je Veröffentlichung, jedoch ist immer ein Megatrend, welcher den Einfluss und die Durchdringung durch die IT repräsentiert, vorhanden.

[16] Vgl. Bundesministerium für Bildung und Forschung (2017), URL siehe Literaturverzeichnis.

[17] Vgl. Bundesministerium für Bildung und Forschung (2017), URL siehe Literaturverzeichnis.

[18] Vgl. Arbeitskreis Smart Service Welt (2014), S. 17.

jekten ermöglicht, cyber-physische Systeme, um intelligente Objekte und Maschinen zu ermöglichen, der digitale Schatten der Produktion, das Cloud Computing, die Virtualisierung von Maschinen und Anlagen sowie der Umgang und die Analyse mit den gewonnen Daten.[19]

Diese Technologien und Konzepte haben jeweils unterschiedliche Einflüsse auf die Maschinen in den Produktionsunternehmen.[20] So können Maschinen beispielsweise ihre aktuellen Zustände durch die Sammlung von Maschinendaten über integrierte Sensoren erfassen und falls notwendig diese an andere Maschinen oder Softwaresysteme zur Analyse weiterleiten.[21] Durch diese Sammlung, Verarbeitung und anschließende Analyse der Daten durch Sensoren und Aktoren sowie die Anbindung an das Unternehmensnetzwerk oder direkt an das Internet entwickeln sich Maschinen zu sogenannten intelligenten Maschinen.[22] Diesen intelligenten Maschinen ist es möglich, basierend auf ihren Zuständen in einem festgelegten Rahmen automatisch auf diese Zustände zu reagieren bzw. sich zu steuern. Oftmals werden die gewonnenen Daten in der unternehmensinternen Cloud vorgehalten und dort weiterverarbeitet.[23]

Wird der Lebenszyklus einer Maschine betrachtet, so entsteht der größte Mehrwert einer intelligenten Maschine in der Betriebsphase. Dies liegt daran, dass in dieser Phase die Maschinen- und Umgebungsdaten erfasst, ausgewertet und basierend auf diesen Auswertungen Handlungen ausgeführt werden können. Ein solcher datengetriebener Anwendungsfall in der Betriebsphase ist die Instandhaltung von Maschinen.[24] Diese erfolgt aktuell meistens innerhalb von vordefinierten Zeitintervallen. Basierend auf der Zukunftsvision Industrie 4.0 und den damit verbundenen intelligenten Maschinen ist es vorstellbar, dass die zeitgesteuerte Instandhaltung durch die da-

---

[19] Vgl. Arbeitskreis Smart Service Welt (2014), Fraunhofer-Institut für Produktionstechnik und Automatisierung IPA und Ministerium für Finanzen und Wirtschaft Baden-Württemberg (2014), Bundesministerium für Bildung und Forschung (2013), Promotorengruppe Kommunikation der Forschungsunion Wirtschaft - Wissenschaft (2013), Taisch und Majumdar (2013), Geisberger und Broy (2012), Taisch u.a. (2012), S. 944 f., Acatech (2011), Heuser und Wahlster (2011), Bundesministerium für Wirtschaft und Technologie (2010a), Bundesministerium für Wirtschaft und Technologie (2010b).

[20] Vgl. Tauterat (2015a), S. 179.

[21] Vgl. Pawellek (2016) S. 11 f.

[22] Vgl. Tauterat (2015b), S. 17 und Pawellek (2016) S. 11 f.

[23] Vgl. Geisberger und Broy (2012), S. 53 f., Güntner u.a. (2014), S.24 und Tauterat (2015b), S. 17 f.

[24] Vgl. Pawellek (2016) S. 12.

tengetriebene Instandhaltung, auch softwareintensive Instandhaltung genannt, ergänzt oder sogar komplett ersetzt wird.[25] Bei dieser Art der Instandhaltung werden die Maschinen- und Umgebungsdaten in Echtzeit erfasst, diese mit historischen Daten verknüpft und über ein Softwaresystem ausgewertet, damit Vorhersagen über zukünftige Instandhaltungsmaßnahmen prognostiziert werden können. Das Ziel ist es, den Prozess der Instandhaltung zu verbessern[26] sowie neue Geschäftsmodelle in der Instandhaltung zu entwickeln.[27] Diese softwareintensive Instandhaltungsstrategie wird im Rahmen der Industrie 4.0 als Predictive Maintenance (PdM) bezeichnet.[28]

Unter Berücksichtigung des aktuellen Stands der Unternehmenspraxis, ist die technologische Umsetzung von neuen digitalen Instandhaltungskonzepten, insbesondere des Predictive Maintenance, möglich, da die unterschiedlichen Technologien, die für die Realisierung eingesetzt werden sollen, bereits existieren und teilweise in anderen Kontexten Verwendung finden.[29] Jedoch stellt sich für Unternehmen, welche die Instandhaltungsdienstleistung intern oder extern durchführen die Frage, ob eine Investition in die Einführung von Predictive Maintenance als softwareintensive Dienstleistung im Sinne der digitalen Produktion[30] aus der Investitionsperspektive Sinn macht und welche Faktoren und Aspekte bei einer solchen Bewertung einfließen sollen.[31/32]

Wird der aktuelle Stand der Wissenschaft berücksichtigt, kann festgestellt werden, dass es unterschiedliche Verfahren und Methoden aus dem Umfeld der Investitionsrechnung und der Technologie- und Innovationsbewertung zur Bewertung gibt, die bereits auf softwarespezifische Aspekte angewendet werden können. Des Weiteren gibt es teilweise zusätzliche Unterlagen, die in der Beratung oder in Schulungen eingesetzt werden. Diese sind jedoch meistens schlecht begründet, kaum transparent gestaltet sowie die Korrektheit kann aus wissenschaftlicher Perspektive mehr als

---

[25] Vgl. Deutsche Kommission Elektrotechnik (2015), S. 65.
[26] Vgl. Güntner u.a. (2014), S.24.
[27] Vgl. Arbeitskreis Smart Service Welt (2014), S. 17.
[28] Für eine detaillierte Beschreibung der Instandhaltung im Sinne der digitalen Produktion siehe Kapitel 2.4.
[29] Vgl. Güntner u.a. (2014), S. 10.
[30] Für die detaillierte begriffliche Herleitung siehe Kapitel 2.4.
[31] Vgl. hierzu exemplarisch Koch u.a. (2014), S. 37.
[32] Für eine detaillierte Darstellung des Stands der Unternehmenspraxis, siehe Kapitel 3.1.

hinterfragt werden. Konkrete wissenschaftliche Bewertungsansätze und Bewertungsverfahren sind nur sehr gering vorhanden. Insbesondere ist kein wissenschaftlich begründetes und allgemein akzeptiertes Verfahren bekannt, welches die Entscheidungsfindung für die Investitionsentscheidung in Predictive Maintenance unterstützt.[33]

Basierend auf diesem ersten skizzierten Status quo ergibt sich für diese Arbeit nachfolgendes **Forschungsdefizit**:

Es gibt kein wissenschaftlich begründetes und allgemein akzeptiertes Verfahren zur Bewertung von Predictive Maintenance als softwareintensive Dienstleistung für Maschinen zur Unterstützung der Investitionsentscheidung für Anbieter von Instandhaltungsdienstleistungen.

1.2 Ziel der Arbeit

Ausgehend von dem in Kapitel 1.1 grob formulierten Forschungsdefizit soll im ersten Schritt des Forschungsprojekts dieses Defizit basierend auf einer detaillierten Erhebung des Status quo untermauert und das Forschungsdefizit konkretisiert werden. Unter Berücksichtigung des Forschungsdefizits soll anschließend ein Verfahren entwickelt werden, das es Unternehmen ermöglicht, in ihrem konkreten Anwendungsfall zu bewerten, ob die Investition in Predictive Maintenance als softwareintensive Dienstleistung sinnvoll ist. Der Fokus liegt hierbei auf der Sichtweise des Anbieters der Instandhaltungsdienstleistung, der durch das Predictive Maintenance seinen Instandhaltungsprozess verändern möchte und welcher basierend auf den Ergebnissen eines solchen Verfahrens eine bessere Entscheidungsgrundlage für seine Investitionsentscheidung erhält. Für das Verfahren ist es somit unerheblich, ob es vom Maschinenhersteller, Maschinenbetreiber oder einem dritten Unternehmen, das ausschließlich für die Instandhaltungsdienstleistung zuständig ist, angewendet wird. Den Betrachtungsgegenstand stellt in dieser Arbeit die Instandhaltungsdienstleistung, fokussiert auf das Predictive Maintenance, und die Softwareintensivierung der einzelnen Instandhaltungsprozesse dar. Für diese Arbeit kann somit nachfolgendes **Forschungsziel** formuliert werden:

---

[33] Für eine detaillierte Darstellung des Stands der Wissenschaft, siehe Kapitel 3.2.

Entwicklung eines wissenschaftlich begründeten und allgemein akzeptierten Verfahrens zur Bewertung von Predictive Maintenance für Maschinen zur Unterstützung der Investitionsentscheidung für Anbieter von Instandhaltungsdienstleistungen.

Zur Erreichung dieses Forschungsziels werden nachfolgende **Forschungsfragen** (FF) aufgestellt. Durch die Beantwortung dieser einzelnen Fragen soll die Erreichung des Forschungsziels sichergestellt werden sowie der Forschungsprozess strukturiert, nachvollziehbar und transparent durchlaufen werden.

FF1: Wie stellt sich der Status quo der Wissenschaft sowie der Unternehmenspraxis zu Verfahren zur Bewertung von Predictive Maintenance dar?

FF2: Welche Anforderungen sollte ein Verfahren zur Bewertung von Predictive Maintenance für Maschinen zur Unterstützung der Investitionsentscheidung für Anbieter von Instandhaltungsdienstleistungen berücksichtigen?

FF3: Welche generischen Verfahren und Methoden zur Bewertung von Predictive Maintenance für Maschinen zur Unterstützung der Investitionsentscheidung für Anbieter von Instandhaltungsdienstleistungen können basierend auf den Anforderungen aus Forschungsfrage 2 für die Bewertung von Predictive Maintenance genutzt werden?

FF4: Wie sollte ein wissenschaftlich begründetes und allgemein akzeptiertes Verfahren zur Bewertung von Predictive Maintenance für Maschinen zur Unterstützung der Investitionsentscheidung für Anbieter von Instandhaltungsdienstleistungen ausgestaltet sein?

1.3 Forschungsmethodik

Nachdem das Forschungsziel sowie die damit einhergehenden Forschungsfragen aufgezeigt wurden, wird in diesem Kapitel betrachtet, wie diese Arbeit wissenschaftstheoretisch eingeordnet werden kann und welche Forschungsmethoden für das Forschungsdesign gewählt werden, um das Forschungsziel zu erreichen.

1.3.1 Wissenschaftstheoretische und forschungsstrategische Einordnung

Auf Grundlage der in Kapitel 1.2 beschriebenen Zielsetzung und der daraus resultierenden Interdisziplinarität dieses Forschungsprojekts aus den Bereichen der Ingenieurwissenschaften, der Informatik, der Betriebswirtschaft und der Wirtschaftsinformatik, stellt sich die Frage, wie diese Arbeit in die Wissenschaftstheorie eingeordnet werden kann sowie welche Forschungsstrategie in dieser Arbeit verfolgt wird. Wie bereits dargestellt, handelt es sich bei dem Forschungsziel dieser Arbeit um eine interdisziplinäre Zielstellung, da durch ein Verfahren zur Bewertung von Predictive Maintenance als softwareintensive Dienstleistung für Maschinen die Disziplinen der Ingenieurwissenschaften, der Informatik, der Wirtschaftsinformatik sowie der Betriebswirtschaftslehre berücksichtigt werden müssen. So kann festgestellt werden, dass durch die Interdisziplinarität der Zielsetzung eine Orientierung an verschiedenen Forschungsgebieten möglich ist.

Ein solches Forschungsgebiet stellt die Wirtschaftsinformatik dar. Sie sieht den Kern ihrer Daseinsberechtigung als Schnittstellendisziplin der Themengebiete der Informatik, Wirtschaftswissenschaften und Ingenieurwissenschaften in interdisziplinären Themen und wird hierbei als eigenständige, anwendungsorientierte und interdisziplinäre Disziplin, an den Grenzen der Nachbardisziplinen gesehen.[34] Durch die Auseinandersetzung mit bisher von ihren Nachbardisziplinen unbefriedigend behandelten Fragestellungen bezieht sie ihre Existenzberechtigung und begründet dadurch die Entwicklung eigener Konzepte, Methoden und Modelle.[35] Somit eignet sich die Wirtschaftsinformatik als „eine wirtschafts- und sozialwissenschaftliche Disziplin mit starker ingenieurswissenschaftlicher Durchdringung“[36] für die in dieser Arbeit verfolgte interdisziplinäre Zielsetzung.

In der Wirtschaftsinformatik werden hauptsächlich zwei Paradigmen verfolgt. Hierbei handelt es sich um das verhaltenswissenschaftliche Paradigma und das konstruktionswissenschaftliche Paradigma.[37] Durch das verhaltenswissenschaftliche Paradigma werden das Verhalten und die Auswirkungen von existierenden Informationssys-

---

[34] Vgl. Mertens u.a. (2012), S. 6 f., Leimeister (2015), S. 9 f., Heinrich u.a. (2011), S. 59 f., Stahlknecht und Hasenkamp (2005), S. 8.
[35] Vgl. Kurbel (1987), S. 93 und Stahlknecht und Hasenkamp (2005), S.8.
[36] Heinrich u.a. (2011), S. 11.
[37] Vgl. Wilde und Hess (2006), S. 3.

temen auf Organisationen analysiert. Das konstruktionswissenschaftliche Paradigma strebt nach Erkenntnisgewinn durch das Entwickeln und Evaluieren von Lösungen in Form von Verfahren, Modellen, Methoden oder Systemen.[38] Wird die Konstruktionsstrategie betrachtet, so findet diese Anwendung in der gestaltungsorientierten Wirtschaftsinformatik, da durch diese der Erkenntnisgewinn durch die Gestaltung der Realität vollzogen wird.[39]

Der forschungslogische Ablauf empirischer Untersuchungen beginnt mit dem Entdeckungszusammenhang, basierend auf der Explorationsstrategie, und dem darauffolgenden Begründungszusammenhang. Abgeschlossen wird dieser Ablauf von dem Wirkungszusammenhang mit der Konstruktionsstrategie.[40] Der Entdeckungszusammenhang ermöglicht es den Wissenschaftlern Zusammenhänge basierend auf Ideen, Beobachtungen und Gesprächen zu identifizieren. Basierend auf diesen Zusammenhängen kann ein theoretischer Bezugsrahmen oder eine Methode aufgestellt werden. Der anschließende Begründungszusammenhang ist durch die Untersuchung von Problemen und Fragestellungen sowie der Überprüfung von existierenden Hypothesen gekennzeichnet.[41] Werden existierende Hypothesen betrachtet, bietet die Falsifikationsstrategie eine Möglichkeit der Widerlegung dieser, indem sie versucht, Gegenbeispiele in bestehenden Untersuchungen zu finden.[42] Die Falsifikationsstrategie kommt für die vorliegende Arbeit nicht in Frage, da das Themengebiet dieser Arbeit bisher nicht ausreichend untersucht wurde und es somit an einem umfassenden Theoriegebilde fehlt. Folglich können auch keine eindeutigen und widerlegbaren Hypothesen existieren, die für die Falsifikationsstrategie erforderlich wären.

In dieser Arbeit finden zum großen Teil die Explorations- und Konstruktionsstrategie Anwendung. So wird beispielsweise für die Konkretisierung der Forschungslücke zur Beantwortung der ersten Forschungsfrage oder zur Erhebung der Anforderungen an das Bewertungsverfahren die Explorationsstrategie angewendet. Für die Gestaltung des Verfahrens zur Bewertung von Predictive Maintenance als softwareintensive Dienstleistung werden die durch die Explorationsstrategie gewonnenen Erkenntnis-

---

[38] Vgl. Wilde und Hess (2007), S. 280 ff. und Wilde und Hess (2006), S. 3.
[39] Vgl. Österle u.a. (2010), S. 666 f.
[40] Vgl. Friedrichs (1990), S. 50 ff.
[41] Vgl. Friedrichs (1990), S. 52 f.
[42] Vgl. Lamnek (2010), S. 79 f.

sen verwendet, um das anwendungsfallspezifische Bewertungsverfahren für Predictive Maintenance basierend auf der Konstruktionsstrategie zu erstellen.

Österle u.a. (2010)[43] sowie Hevner u.a. (2004)[44] empfehlen innerhalb der Wirtschaftsinformatik die Kombination von Methoden durch den Ansatz des Design Science zur Erkenntnisgewinnung in der gestaltungsorientierten Forschung.[45] Dieser eignet sich durch seine definierte strukturierte Vorgehensweise sowie den iterativen Ablauf insbesondere für die Entwicklung von Verfahren und Methoden.[46] Die Kombination der Paradigmen der Wirtschaftsinformatik durch den Design Science Ansatz soll Fehler im Forschungsablauf vermeiden oder zumindest verringern.[47] In dieser Arbeit wird die Vorgehensweise des Design Science Ansatzes nach Peffers, Tuunanen, Rothenberger und Chatterjee verfolgt, welcher aus sechs Prozessschritten besteht und unterschiedliche Einstiegsmöglichkeiten in den Forschungsprozess besitzt, siehe Abbildung 1.[48]

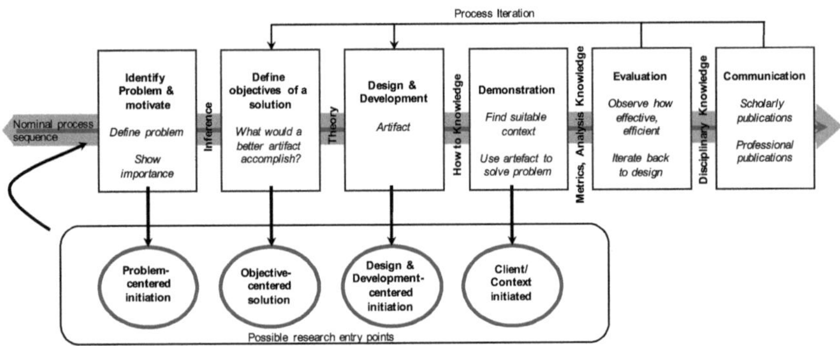

Abbildung 1: Design Science Research Methodology (DSRM) Process Model[49]

Bei diesen sechs Prozessschritten handelt es sich um die Identifikation und Motivation des Problems, die Definition der Zielsetzung, dem Design und der Entwicklung

[43] Vgl. Österle u.a. (2010).
[44] Vgl. Hevner u.a. (2004).
[45] Vgl. Hevner (2005), S. 1 und Winter (2014), S. 73.
[46] Vgl. Hevner u.a. (2004), S. 77.
[47] Vgl. Winter (2014), S. 65 ff.
[48] Vgl. Peffers u.a. (2007), S. 52 ff.
[49] Quelle: Peffers u.a. (2007), S. 54.

der Lösung, der Demonstration, der Evaluation und der Kommunikation.[50] Diese Prozessschritte werden nachfolgend basieren auf Peffers u.a. (2007) beschrieben.

Durch die *Identifikation und Motivation des Problems* soll das spezifische Forschungsproblem aus der Wissenschaft und/oder der Unternehmenspraxis identifiziert sowie dessen Relevanz dargestellt werden. Die anschließende *Definition der Zielsetzung* dient als Grundlage für die Entwicklung von Artefakten. Hierbei dient die Problemstellung als Basis und das jeweilige Forschungsziel kann quantitativer oder qualitativer Natur sein. Die Entwicklung und Erstellung des Artefakts findet in der Phase *Design und Entwicklung der Lösung* statt und dient zur Lösung der zuvor identifizierten Forschungsziele und Forschungsproblemen. Solche Artefakte können beispielsweise Modelle, Methoden, Verfahren oder neue Eigenschaften von technischen oder sozialen Ressourcen sein. Die anschließende *Demonstration* zeigt die Verwendung des Artefakts auf, um das identifizierte Problem zu lösen. Der Unterschied zur *Evaluation* ist, dass durch die Evaluation beobachtet und gemessen wird, wie gut das Artefakt die Lösung des Problems unterstützt. Die Phase der Evaluation beinhaltet den Vergleich der theoretischen Ziele einer entwickelten Lösung mit den tatsächlichen beobachteten Ergebnissen aus der Nutzung des Artefakts in der Demonstration. Basierend auf der abschließenden *Kommunikation* soll das Forschungsprojekt mit seinem Forschungsproblem, seinem Forschungsziel, der wissenschaftlichen Vorgehensweise sowie den konkreten Lösungen für das Problem für Wissenschaftler und weiteren Interessenten, wie beispielsweise Personen aus der Unternehmenspraxis, veröffentlicht werden.[51]

Die konkrete Ausgestaltung der Design-Science Vorgehensweise für diese Arbeit wird nach der Einführung der Forschungsmethoden in Kapitel 1.3.2 vorgenommen.

Forschungsmethoden

Zur Erkenntnisgewinnung werden in der Wirtschaftsinformatik Forschungsmethoden eingesetzt.[52] Basierend auf Wilde und Hess werden innerhalb des Methodenspektrums der Wirtschaftsinformatik insgesamt zehn Methoden unterschieden, siehe Ta-

---

[50] Vgl. Peffers u.a. (2007), S. 54.
[51] Vgl. Peffers u.a. (2007), S. 52 ff.
[52] Vgl. Wilde und Hess (2006), S. 2.

belle 1 inklusive jeweiliger Beschreibung.[53] Je nach verhaltenswissenschaftlichem oder konstruktionswissenschaftlichem Paradigma der Wirtschaftsinformatik können diese Methoden unter der Berücksichtigung ihres Formalisierungsgrades in qualitativ oder quantitativ in das Methodenprofil der Wirtschaftsinformatik eingeordnet werden, siehe Abbildung 2.[54]

Werden die **qualitativen Forschungsmethoden** betrachtet, so gibt es zu Beginn einer Studie keine Hypothesen über den zu erforschenden Sachverhalt. Das Ziel dieser Methoden ist es, die Zusammenhänge in dem zu untersuchenden Kontext zu beschreiben, zu interpretieren und zu verstehen.[55] Dies ermöglicht den Aufbau von neuem Wissen bzw. die Gewinnung von Erkenntnissen in dem zu untersuchenden Themenkomplex. Durch diese explorative Gewinnung von Wissen und Erkenntnissen kann als Resultat der qualitativen Studie die Generierung von Hypothesen erfolgen, die im weiteren Verlauf der Forschung durch weitere Studien überprüft werden können.[56]

Den Gegensatz zu den qualitativen Methoden stellen die **quantitativen Forschungsmethoden** dar. Bei ihnen ist es notwendig, den Untersuchungskontext soweit zu kennen, dass Hypothesen a priori aufgestellt und durch eine hohe Stichprobenzahl getestet werden können.[57]

Zusammenfassend kann festgehalten werden, dass die qualitative Forschungsmethode zur Erkenntnisgewinnung und Hypothesengenerierung genutzt werden kann und die quantitative Forschungsmethode dem Testen von Hypothesen dient. Im nachfolgenden Kapitel wird auf die Ausgestaltung der Forschungsmethodik in dieser Arbeit eingegangen.

---

[53] Vgl. Wilde und Hess (2007), S. 282.
[54] Vgl. Wilde und Hess (2007), S. 284.
[55] Vgl. Brosius u.a. (2008), S. 20.
[56] Vgl. Riesenhuber (2007), S. 6 f.
[57] Vgl. Riesenhuber (2007), S. 7.

Methode	Beschreibung
Formal- / konzeptionell und argumentativ-deduktive Analyse	Logisch-deduktives Schließen kann als Forschungsmethode auf verschiedenen Formalisierungsstufen stattfinden: entweder im Rahmen mathematisch-formaler Modelle, in semi-formalen Modellen (konzeptionell, z.B. Petri-Netze) oder rein sprachlich (argumentativ, z.B. die nicht-formale Prinzipal-Agenten-Theorie).
Simulation	Die Simulation bildet das Verhalten des zu untersuchenden Systems formal in einem Modell ab und stellt Umweltzustände durch bestimmte Belegungen der Modellparameter nach. Sowohl durch die Modellkonstruktion als auch durch die Beobachtung der endogenen Modellgrößen lassen sich Erkenntnisse gewinnen.
Referenzmodellierung	Die Referenzmodellierung erstellt induktiv (ausgehend von Beobachtungen) oder deduktiv (bspw. aus Theorien oder Modellen) meist vereinfachte und optimierte Abbildungen (Idealkonzepte) von Systemen, um so bestehende Erkenntnisse zu vertiefen und daraus Gestaltungsvorlagen zu generieren.
Aktionsforschung	Es wird ein Praxisproblem durch einen gemischten Kreis aus Wissenschaft und Praxis gelöst. Hierbei werden mehrere Zyklen aus Analyse-, Aktions- und Evaluationsschritten durchlaufen, die jeweils gering strukturierte Instrumente wie Gruppendiskussion oder Planspiele vorsehen.
Prototyping	Es wird eine Vorabversion eines Anwendungssystems entwickelt und evaluiert. Beide Schritte können neue Erkenntnisse generieren.
Ethnographie	Die Ethnographie möchte durch partizipierende Beobachtung Erkenntnisse generieren. Der Unterschied zur Fallstudie liegt in dem sehr hohen Umfang, in dem sich der Forscher in das untersuchte soziale Umfeld integriert. Eine objektive Distanz ist kaum vorhanden.
Fallstudie	Die Fallstudie untersucht in der Regel komplexe, schwer abgrenzbare Phänomene in ihrem natürlichen Kontext. Sie stellt eine spezielle Form der qualitativ-empirischen Methodik dar, die wenige Merkmalsträger intensiv untersucht. Es steht entweder die möglichst objektive Untersuchung von Thesen (verhaltenswissenschaftlicher Zugang) oder die Interpretation von Verhaltensmustern als Phänotypen der von den Probanden konstruierten Realitäten (konstruktionsorientierter Zugang) im Mittelpunkt.
Grounded Theory	Die Grounded Theory („gegenstandsverankerte Theoriebildung") zielt auf die induktive Gewinnung neuer Theorien durch intensive Beobachtungen des Untersuchungsgegenstandes im Feld. Die verschiedenen Vorgehensweisen zu Kodierung und Auswertung der vorwiegend qualitativen Daten sind exakt spezifiziert.
Qualitative /Quantitative Querschnittanalyse	Diese beiden Methoden fassen Erhebungstechniken wie Fragebögen, Interviews, Delphi-Methode, Inhaltsanalysen etc. zu zwei Aggregaten zusammen. Sie umfassen eine einmalige Erhebung über mehrere Individuen hinweg, die anschließend quantitativ oder qualitativ kodiert und ausgewertet wird. Ergebnis ist ein Querschnittsbild über die Stichprobenteilnehmer hinweg, welches üblicherweise Rückschlüsse auf die Grundgesamtheit zulässt.
Labor- /Feldexperiment	Das Experiment untersucht Kausalzusammenhänge in kontrollierter Umgebung, indem eine Experimentalvariable auf wiederholbare Weise manipuliert und die Wirkung der Manipulation gemessen wird. Der Untersuchungsgegenstand wird entweder in seiner natürlichen Umgebung (im „Feld") oder in künstlicher Umgebung (im „Labor") untersucht, wodurch wesentlich die Möglichkeiten der Umgebungskontrolle beeinflusst werden.

Tabelle 1: Forschungsmethodenspektrum der Wirtschaftsinformatik[58]

[58] Quelle: Modifiziert übernommen aus Wilde und Hess (2007), S. 282.

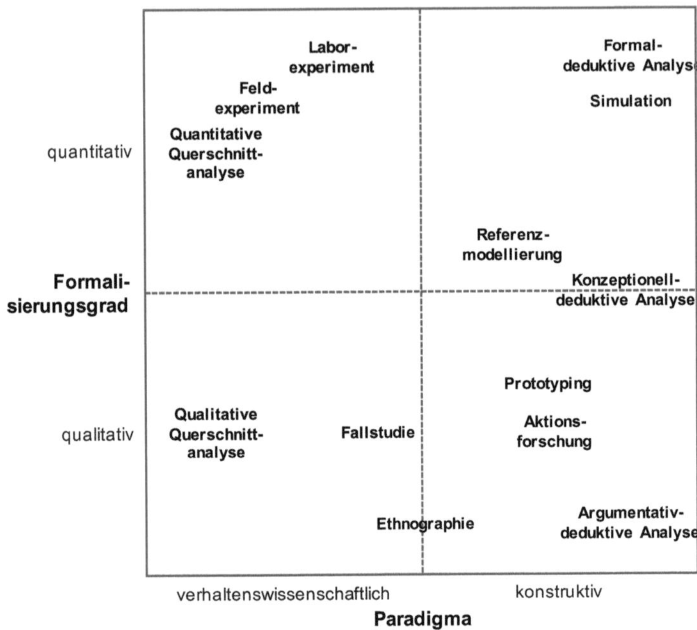

Abbildung 2: Forschungsmethodenprofil der Wirtschaftsinformatik[59]

1.3.2 Ausgestaltung der Forschungsmethodik in dieser Arbeit

Wie bereits in Kapitel 1.1 skizziert, existiert momentan kein wissenschaftlich begründetes und allgemein akzeptiertes Verfahren zur Bewertung von Predictive Maintenance als softwareintensive Dienstleistung für Maschinen zur Unterstützung der Investitionsentscheidung für Anbieter von Instandhaltungsdienstleistungen. Dies bedeutet, dass ebenfalls keine Theorien bekannt sind, basierend auf denen Hypothesen abgeleitet werden können, um diese anschließend zu testen. Aufgrund dieser Tatsache werden im weiteren Verlauf dieser Arbeit hauptsächlich qualitative Forschungsmethoden gewählt, um im ersten Schritt explorative Erkenntnisse zu gewinnen und basierend auf diesen Erkenntnissen, unter Verwendung der Konstruktionsstrategie, das Bewertungsverfahren zu entwickeln. Durch die Verwendung des im vorangegangenen Kapitel eingeführten Design Science Ansatzes sollen diese zwei Strategien kombiniert werden. Als erstes werden die nötigen Erkenntnisse explorativ

---

[59] Quelle: Darstellung modifiziert übernommen aus Wilde und Hess (2007), S. 284.

erhoben, welche anschließend in die Konstruktion des Bewertungsverfahrens einfließen. Nachfolgend wird die konkrete Ausgestaltung der einzelnen Prozessschritte des Design Science Ansatzes von Peffers u.a.[60] für diese Arbeit beschrieben.

Identifikation und Motivation des Problems

Die Identifikation und Motivation des Problems erfolgte in dieser Arbeit in Kapitel 1.1 Relevanz des Themas und wird basierend auf dem Status quo in Kapitel 3 untermauert. So wurde in Kapitel 1.1 die Motivation und Relevanz des Forschungskontextes für dieses Forschungsprojekt dargelegt. Der aktuelle Status quo der Unternehmenspraxis sowie der wissenschaftlichen Literatur in Bezug auf Verfahren zur Bewertung von Predictive Maintenance wird in Kapitel 3 basierend auf Experteninterviews, einer Onlineumfrage und einer systematischen Literaturanalyse aufgezeigt. Basierend auf diesen Erkenntnissen kann die Forschungslücke identifiziert und verfestigt werden, dass momentan kein wissenschaftlich begründetes und allgemein akzeptiertes Verfahren zur Bewertung von Predictive Maintenance vorhanden ist. Zur Erlangung der Erkenntnisse innerhalb dieser Phase werden drei qualitative Querschnittsanalysen durchgeführt. Im Rahmen dieser Arbeit soll diese Phase des Design Science Ansatzes den problemzentrierten Einstiegspunkt in den Forschungsprozess darstellen.

Definition der Zielsetzung

Unter Berücksichtigung der Forschungslücke aus der vorangegangen Phase wurde basierend auf einer argumentativ-deduktiven Analyse das Forschungsziel in Kapitel 1.2 abgeleitet. Zur Erreichung des Ziels der Entwicklung eines Verfahrens zur Bewertung von Predictive Maintenance als softwareintensive Dienstleistung zur Unterstützung der Investitionsentscheidung für Anbieter von Instandhaltungsdienstleistungen wurden hierfür weitere Unterziele definiert. Hierbei handelt es sich um die Erhebung von Anforderungen, welche an ein solches Bewertungsverfahren bestehen, sowie anschließend um die Ermittlung von generischen Bewertungsmethoden, welche basierend auf den Anforderungen evtl. für die Entwicklung des Bewertungsverfahrens verwendet werden können.

[60] Vgl. Peffers u.a. (2007), S. 54.

Design und Entwicklung der Lösung

Innerhalb der Phase Design und Entwicklung der Lösung werden im Rahmen dieser Arbeit die notwendigen Voraussetzungen geschaffen, um zum Abschluss dieser Phase das Bewertungsverfahren zu gestalten und zu entwickeln. So endet mit Anfang dieser Phase die Explorationsstrategie und es beginnt die Konstruktionsstrategie. Für die Entwicklung von Verfahren und Methoden existiert innerhalb der gestaltungsorientierten Wirtschaftsinformatik die Forschungsdisziplin des Situational Method Engineerings, durch die basierend auf existierenden Standardmethoden und/oder Bausteinen von diesen Methoden anwendungsspezifische Methoden und Verfahren erstellt werden können.[61] Neben der Entwicklung von Anwendungssystemen kann das Situational Method Engineering basierend auf seinem generischen Charakter ebenfalls für die Entwicklung von betriebswirtschaftlichen Methoden und Verfahren verwendet werden.[62] Innerhalb des Situational Method Engineerings existieren für die Entwicklung dieser Verfahren unterschiedliche Vorgehensweisen.[63] Im Zuge der Entwicklung des Bewertungsverfahrens im Rahmen dieser Arbeit, wird die in Abbildung 3 dargestellte Vorgehensweise von Harmsen aus dem Jahr 1997[64] verfolgt, welche auf der Vorgehensweise von Harmsen, Brinkkemper und Oei aus dem Jahr 1994[65] weiterentwickelt wurde.

Diese Vorgehensweise von Harmsen wird im Rahmen dieser Arbeit durch die Vorgehensweise von Henderson-Sellers, Ralyte, Agerfalk und Rossi aus dem Jahr 2014[66], siehe Abbildung 4, ergänzt. Der Grund hierfür ist, dass diese Vorgehensweise durch die Anforderungen an das zu entwickelte Verfahren getrieben ist. Basierend auf dem explorativen Charakter sowie der Zielstellung der Entwicklung eines wissenschaftlich begründeten und allgemein akzeptierten Verfahrens im Rahmen dieser Arbeit ist es notwendig, dass die unterschiedlichen Anforderungen an das Bewertungsverfahren systematisch aufgenommen und somit bei der Verfahrensentwicklung berücksichtigt werden. Dies macht es notwendig, dass die Vorgehensweise

---

[61] Vgl. Harmsen u.a. (1994), S. 169 und Brinkkemper (1996), S. 275 ff.
[62] Vgl. Pelzl (2016), S. 17 und Thiesse (2001), S. 35.
[63] Vgl. Harmsen u.a. (1994), S. 174, Brinkkemper (1996), S. 277, Harmsen (1997), S. 31, Tolvanen (1998), S. 16, Henderson-Sellers und Ralyte (2010), S. 448 und Henderson-Sellers u.a. (2014), S. 150.
[64] Vgl. Harmsen (1997), S. 31.
[65] Vgl. Harmsen u.a. (1994), S. 174.
[66] Vgl. Henderson-Sellers u.a. (2014), S. 150.

von Harmsen im Rahmen dieser Arbeit durch die Berücksichtigung von Anforderungen ergänzt wird. Die für diese Arbeit kombinierte Vorgehensweise ist in Abbildung 5 dargestellt.

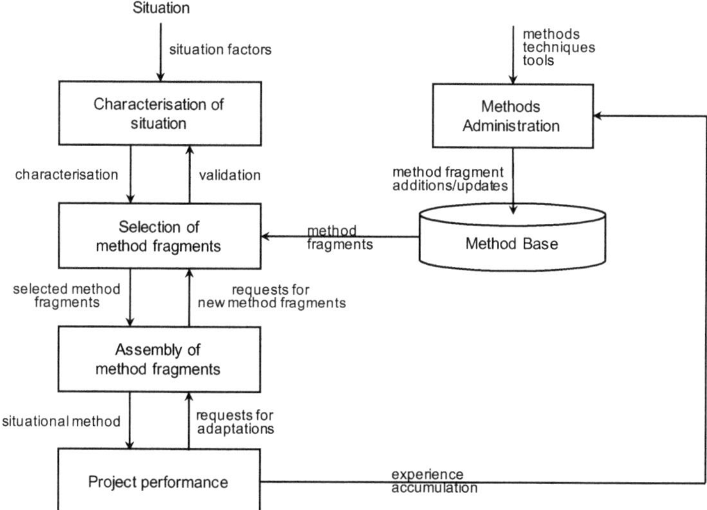

Abbildung 3: Situational Method Engineering Vorgehensweise nach Harmsen[67]

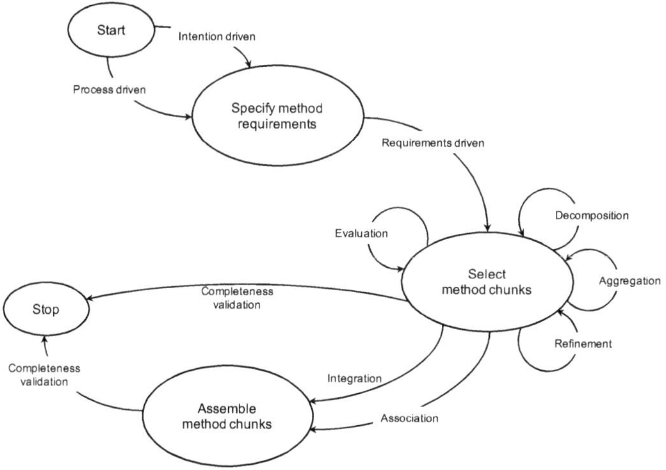

Abbildung 4: Situational Method Engineering Vorgehensweise nach Henderson-Sellers u.a.[68]

---

[67] Quelle: Harmsen (1997), S. 31.

Für die in dieser Arbeit verfolgte kombinierte Vorgehensweise des Situational Method Engineerings, siehe Abbildung 5. Hierbei ist zu beachten, dass die Phasen Beschreibung der Situation sowie Projektergebnis / -durchführung nicht der Design Science Phase Design und Entwicklung zugeordnet werden, sondern sie jeweils die vorherige beziehungsweise nachfolgende Phase innerhalb des Design Science Prozesses darstellen. So ist die Phase Beschreibung der Situation im Rahmen dieser Arbeit bereits durch die Phasen Identifikation und Motivation des Problems sowie Definition der Zielsetzung erfolgt. Diese situativen Rahmenbedingungen sind somit der Ausgangspunkt für die Phase Design und Entwicklung. Im Anschluss der Entwicklung des Bewertungsverfahrens wird das Ergebnis des situativen Verfahrens in der Design Science Phase Demonstration und Evaluation angewendet, verbessert und getestet. Somit bilden die Phasen Anforderungen an das Verfahren spezifizieren, Auswahl der Verfahrensbestandteile und Zusammenfügen der Verfahrensbestandteile gemeinsam die Design Science Phase Design und Entwicklung.

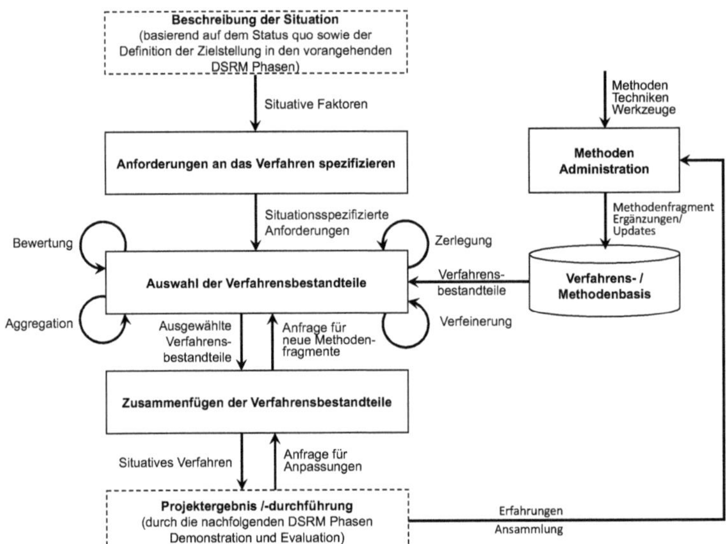

Abbildung 5: Vorgehensweise innerhalb der Design Science Phase Design und Entwicklung der Lösung in dieser Arbeit[69]

[68] Quelle: Henderson-Sellers u.a. (2014), S. 150.

[69] Quelle: Eigene Darstellung auf Basis der Kombination der Vorgehensweisen von vgl. Harmsen u.a. (1994), S. 174, Harmsen (1997), S. 31 und Henderson-Sellers u.a. (2014), S. 150.

In der Phase Anforderungen an das Verfahren spezifizieren werden in dieser Arbeit basierend auf einer qualitativen Querschnittsanalyse Anforderungen erhoben, die Vertreter aus der Unternehmenspraxis sowie aus der Wissenschaft an ein Bewertungsverfahren zur Bewertung des Predictive Maintenance haben. Dies erfolgt in Kapitel 4 dieser Arbeit. Basierend auf den für das Predictive Maintenance spezifischen Anforderungen werden bestehende generische Methoden überprüft, ob diese für den Einsatz zur Bewertung von Predictive Maintenance geeignet sind. Hierbei stellen die generischen Methoden die Verfahrens- / Methodenbasis dar, welche in dieser Arbeit über eine qualitative Querschnittsanalyse ermittelt werden, siehe Kapitel 5.1 und 5.2. Die Bewertung der relevanten generischen Methoden für den Kontext dieser Arbeit erfolgt in der Auswahl von Verfahrensbestandteilen basierend auf einer argumentativ-deduktiven Analyse in Kapitel 5.3. Die eigentliche Verfahrensentwicklung durch das Zusammenfügen von einzelnen ausgewählten generischen Verfahrensbestandteilen erfolgt anschließend ebenfalls durch eine argumentativ-deduktive Analyse und unter Verfolgung der Konstruktionsstrategie in Kapitel 6. Das resultierende situative Bewertungsverfahren wird in den anschließenden Phasen Demonstration und Evaluation des Design Science Ansatzes validiert.

Demonstration und Evaluation

Die Phasen der Demonstration und Evaluation des Design Science Ansatzes werden in dieser Arbeit zusammengefasst, da deren Ausgestaltung in dieser Arbeit nicht ganz trennscharf ist. So wird durch eine Demonstration meistens auch eine Evaluation vollzogen beziehungsweise durch die Evaluation ebenfalls das Bewertungsverfahren demonstriert.

Die Demonstration und Evaluation erfolgt im Rahmen dieser Arbeit auf drei unterschiedlichen Arten. So wird basierend auf einer argumentativ-deduktiven Analyse eine theoretische Evaluation durch die Gegenüberstellung des Bewertungsverfahrens mit den erhobenen Anforderungen vorgenommen. Das Ziel dieser theoretischen Evaluation ist es aufzuzeigen, welche erhobenen Anforderungen durch das entwickelte Bewertungsverfahren abgedeckt werden, siehe Kapitel 7.1. Eine weitere Evaluierung erfolgt durch die Anwendung und Diskussion des Bewertungsverfahrens im Rahmen von Evaluierungsworkshops. Diese Workshops können als qualitative Querschnittsanalysen gesehen werden, siehe Kapitel 7.2. Zur Überprüfung der Umsetzbarkeit des Bewertungsverfahrens erfolgt in Kapitel 7.3 die prototypische Realisierung des Bewertungsverfahrens als mobile Applikation.

Kommunikation

Die Kommunikation der Ergebnisse sowie die damit verbundenen Erkenntnisse werden durch die Veröffentlichung und Publikation der vorliegenden Arbeit gewährleistet.

1.4 Aufbau der Arbeit

Der Aufbau dieser Arbeit gliedert sich in acht Kapitel, siehe Abbildung 6, Aufbau der Arbeit.

Durch die Einführung in Kapitel 1 erfolgte im ersten Unterkapitel die Herleitung der Relevanz des Themas sowie anschließend in Kapitel 1.2 die Formulierung des Forschungsziels sowie die daraus resultierenden vier Forschungsfragen, die zur Erreichung des Forschungsziels beantwortet werden sollen. Basierend auf der Einordnung in die Wissenschaftstheorien sowie die Forschungsstrategie konnte die konkrete Ausgestaltung der Forschungsmethodik in Kapitel 1.3 hergeleitet und beschrieben werden. Die Beschreibung des Aufbaus dieser Arbeit erfolgt in diesem Unterkapitel.

Im nachfolgenden Kapitel 2 Grundlagen zu Bewertungsverfahren und zur softwareintensiven Instandhaltung, werden die zentralen Begriffe dieser Arbeit definiert und die unterschiedlichen notwendigen Grundlagen gelegt, indem auf die Auffassung von Bewertungsverfahren im Rahmen dieser Arbeit eingegangen wird sowie auf die unterschiedlichen Instandhaltungsarten und das Verständnis der Softwareintensivierung. Basierend auf diesen Grundlagen kann die Instandhaltungsstrategie des Predictive Maintenance als softwareintensive Dienstleistung in Kapitel 2.4 hergeleitet werden. Abschließend wird in Kapitel 2.5 auf die unterschiedlichen Stakeholder des Bewertungsverfahrens dieser Arbeit eingegangen.

Kapitel 3, Status quo der Verfahren zur Bewertung der Softwareintensivierung des Instandhaltungsprozesses, dient zur Konkretisierung und Untermauerung des aktuellen Stands der Wissenschaft und der Unternehmenspraxis, indem basierend auf einer Literaturanalyse, fünf Experteninterviews und einer Onlinebefragung der Status quo erarbeitet und dargestellt wird. Die Erkenntnisse daraus werden im abschließenden Unterkapitel aufgezeigt.

Zur Beantwortung der zweiten Forschungsfrage zu den Anforderungen an ein Verfahren zur Bewertung von Predictive Maintenance zur Unterstützung der Investitionsentscheidung wird in Kapitel 4 die Vorgehensweise bei der Anforderungserhebung beschrieben sowie die erhobenen Anforderungen dargestellt. Die Darstellung der Anforderungen erfolgt nach Anforderungen an die inhaltliche Ausgestaltung des Bewertungsverfahrens und nach Metaanforderungen an das Bewertungsverfahren.

In Kapitel 5 werden bestehende generische Bewertungsmethoden, welche mindestens eine Anforderung aus der Anforderungserhebung erfüllen, beschrieben und analysiert, inwieweit diese zur Bewertung von Predictive Maintenance eingesetzt werden können. Hierbei werden eindimensionale und mehrdimensionale Bewertungsmethoden berücksichtigt.

Die Darstellung und detaillierte Erläuterung des durch dieses Forschungsprojekt entwickelte Bewertungsverfahrens zur Unterstützung der Investitionsentscheidung in Predictive Maintenance erfolgt in Kapitel 6. Hierfür wird als erstes ein Überblick über das Bewertungsverfahren gegeben und anschließen anhand der vier Hauptverfahrensprozesse Bewertung vorbereiten, Bewertung durchführen, Bewertung analysieren und Bewertung dokumentieren, das Bewertungsverfahren ausführlich erläutert.

Die Evaluierung des in Kapitel 6 beschriebenen Bewertungsverfahrens erfolgt in Kapitel 7 durch die Gegenüberstellung mit den in Kapitel 4 erhobenen Anforderungen, der Durchführung von Evaluierungsworkshops mit Unternehmensvertretern und der prototypischen Realisierung des Verfahrens als App für mobile Endgeräte.

Das abschießende Kapitel dieser Arbeit stellt die Schlussbetrachtung dar. In dieser werden die in Kapitel 1.2 aufgestellten Forschungsfragen basierend auf ihrer Beantwortung durch diese Arbeit betrachtet, eine kritische Würdigung dieser Arbeit vorgenommen und potenzielle zukünftige Forschungsvorhaben basierend auf den Erkenntnissen dieser Arbeit beschrieben.

1. Einführung			
Relevanz des Themas	Ziel der Arbeit	Forschungsmethodik	Aufbau der Arbeit

2. Grundlagen zu Bewertungsverfahren und zur softwareintensiven Instandhaltung				
Bewertungsverfahren	Instandhaltung	Softwareintensivierung	Predictive Maintenance als softwareintensive Dienstleistung	Stakeholder des Bewertungsverfahrens

3. Status quo der Verfahren zur Bewertung der Softwareintensivierung des Instandhaltungsprozesses		
Stand der Unternehmenspraxis	Stand der Forschung	Erkenntnisse aus dem erhobenen Status quo

4. Anforderungen an Verfahren zur Bewertung von Predictive Maintenance zur Unterstützung der Investitionsentscheidung	
Anforderungen an die inhaltliche Ausgestaltung des Bewertungsverfahrens	Metaanforderungen an das Bewertungsverfahren

5. Übersicht über bestehende generische Bewertungsmethoden		
Eindimensionale Bewertungsmethoden	Mehrdimensionale Bewertungsmethoden	Bewertung der generischen Bewertungsmethoden basierend auf den erhobenen Anforderungen

6. Bewertungsverfahren zur Unterstützung der Investitionsentscheidung in Predictive Maintenance				
Übersicht	Bewertung vorbereiten	Bewertung durchführen	Bewertung analysieren	Bewertung dokumentieren

7. Evaluierung des Bewertungsverfahrens			
Gegenüberstellung mit den erhobenen Anforderungen	Evaluierungsworkshops mit Unternehmensvertretern	Prototypische Realisierung des Verfahrens als App	Erkenntnisse aus der Evaluierung

8. Schlussbetrachtung		
Überprüfung der Erreichung des Forschungsziels	Kritische Würdigung	Forschungsbedarf

Abbildung 6: Aufbau der Arbeit[70]

[70] Quelle: Eigene Darstellung.

2. Grundlagen zu Bewertungsverfahren und zur softwareintensiven Instandhaltung

Um ein einheitliches Begriffsverständnis für diese Arbeit zu schaffen, ist es zunächst notwendig, die Erklärung der wesentlichen Begrifflichkeiten voranzustellen. Dies erfolgt über die Erläuterung und Abgrenzung der Begrifflichkeiten sowie durch die Einführung einer für diese Arbeit gültige Definition. Hierfür erfolgt zuerst eine Betrachtung der Begriffe Bewertung und Verfahren, welche die Grundlage für die in dieser Arbeit geltende Auffassung von Bewertungsverfahren ermöglicht. Anschließend werden die Begrifflichkeiten Instandhaltung und Softwareintensivierung erläutert, um basierend auf diesen Definitionen die Definition von Predictive Maintenance als softwareintensive Dienstleitung zu erarbeiten. Abschließend wird in diesem Kapitel auf die unterschiedlichen Stakeholder des Bewertungsverfahrens eingegangen.

2.1 Auffassung von Bewertungsverfahren im Rahmen dieser Arbeit

Nachfolgend wird die im Rahmen dieser Arbeit verwendete Auffassung der Begriffe Verfahren und Bewertung sowie der daraus abgeleitete Begriff des Bewertungsverfahrens hergeleitet.

Verfahren

Die Begrifflichkeit Verfahren wird in unterschiedlichen wissenschaftlichen Kontexten teilweise verschieden definiert. Zusätzlich ist die Abgrenzung zu einer Methode basierend auf der gegenwärtigen Literatur selten eindeutig und einheitlich. So unterscheiden sich die Abgrenzung und die Definition oft nach dem jeweiligen wissenschaftlichen Kontext.[71]

Die DIN EN ISO 9000:2015-11 beschreibt ein Verfahren als „festgelegte Art und Weise, eine Tätigkeit oder einen Prozess auszuführen“[72]. Grünig definiert ein Verfahren als „eine Abfolge von Regeln der Informationsbeschaffung und -verarbeitung (...), welche für bestimmte Entscheidprobleme die Erreichung vorgegebener Ziele erleichtern soll.“[73] Die Sichtweise von Kühn versteht Verfahren „als Systeme spezifi-

[71] Vgl. Rappe-Giesecke (2003), S. 16.
[72] Deutsches Institut für Normung (2015a), S. 35.
[73] Grünig (1990), S. 72.

scher methodischer Handlungsregeln“[74]. Diese methodischen Handlungsregeln stellen Elemente zur Konzeption umfassender Verfahren dar. Als methodische Handlungsregeln werden im Rahmen dieser Arbeit generische Methoden verstanden, die erst durch ihre konkrete anwendungsfallspezifische Ausgestaltung und Verknüpfung zielführend sind. So stellen diese generischen Methoden wissenschaftliche, planmäßige und folgerichtige, nach festen Grundsätzen geordnete, Vorgehensweisen dar.[75]

Basierend auf der vorangehenden Abgrenzung wird in dieser Arbeit ein *Verfahren* als konkrete anwendungsfallspezifische Ausgestaltung von einer oder mehreren generischen Methoden für einen spezifischen Sachverhalt verstanden. Beispielsweise ist die Nutzen-Kosten-Analyse als eine generische Methode zu verstehen. Ihre anwendungsfallspezifische Kombination mit anderen generischen Methoden und Ausgestaltung im Rahmen des Predictive Maintenance kann folglich als Verfahren bezeichnet werden.

Bewertung

Eine „Bewertung ist die Ermittlung und Beurteilung des Grades der Erfüllung vorgegebener Zielstellungen für ein bestimmtes Bewertungsobjekt, um Entscheidungen (...) treffen zu können.“[76] Hierbei stellt das Bewerten eine Tätigkeit dar, durch welche eine Beziehung zwischen dem wertenden Subjekt, beispielsweise dem Bewerter, und dem gewerteten Objekt, beispielsweise einem Fahrzeug oder einem Gegenstand, hergestellt wird. Als Wert wird hierbei eine vom Menschen hergestellte Beziehung zwischen einem Gegenstand und einem Maßstab, welche durch den sachlichen Gehalt eines Wertträgers, beispielsweise Geld oder einem persönlichen Maßstab des Käufers, geprägt ist.[77] Hierbei lassen sich die Wertungen in zwei Kategorien einteilen. Auf der einen Seite die intuitive Wertung, welche die Wertung eines Individuums zu einer bestimmten Zeit wiederspiegelt sowie Werturteile, die eine intersubjektive und allgemeine Gültigkeit besitzen. Das bedeutet, dass ein Werturteil

[74] Kühn (1978), S. 51.
[75] Vgl. Kühn (1978), S. 51 und Lanner (2001), S. 69.
[76] Pleschak und Sabisch (1996), S. 169.
[77] Vgl. Fornauf (2015), S. 8 und Kraft (1951), S. 12 ff.

als allgemein, intersubjektiv und unpersönlich charakterisiert werden kann. Diese Art der Wertung wird durch den Einsatz von Bewertungsmethoden erreicht.[78]

In diesem Zuge ist anzumerken, dass die Bewertung eng mit einer Entscheidung verbunden ist, diese zwei Phasen jedoch nicht identisch sind. So ist die Bewertung einer Entscheidung meistens vorgelagert und kann basierend auf den Bewertungsergebnissen diese stark beeinflussen.[79]

Bewertungsverfahren zur Unterstützung bei der Investitionsentscheidung
Basierend auf den vorangehenden Herleitungen können Bewertungsverfahren als konkrete anwendungsbezogene Ausgestaltung und zielführende Kombination von generischen Methoden für einen spezifischen Sachverhalt verstanden werden. Im Fall dieser Arbeit stellt der Sachverhalt das Predictive Maintenance dar. Hierbei wird basierend auf einer Bewertung eine Beziehung zwischen dem Bewerter und dem gewerteten Objekt hergestellt, um den Grad der Erfüllung vorgegebener Zielstellungen für das Bewertungsobjekt systematisch ermitteln und beurteilen zu können. So soll durch das Verfahren der von Individuen verfolgte Urteilsbildungsprozess nachgebildet werden[80], indem die Bewertung der Alternativen möglichst systematisch, nachvollziehbar und zuverlässig erfolgt und realistische Einschätzungen hinsichtlich ihrer potenziellen Beiträge zur Zielerreichung möglich sind.[81]

2.2 Instandhaltung

Unter Instandhaltung wird basierend auf der Definition der DIN EN 13306 die „Kombination aller technischen und administrativen Maßnahmen sowie Maßnahmen des Managements während des Lebenszyklus einer Einheit, die dem Erhalt oder der Wiederherstellung ihres funktionsfähigen Zustands dient, sodass sie die geforderte Funktion erfüllen kann"[82] verstanden. Die Instandhaltungsmaßnahmen helfen hierbei bei der Erfüllung des Ziels des Erhalts oder der Wiederherstellung des funktionsfähigen Zustands. Die technische Instandhaltungsmaßnahme kann in die Beobachtung

78 Vgl. Fornauf (2015), S. 8.
79 Vgl. Scholles (2005), S. 97 f. und Fornauf (2015), S. 10.
80 Vgl. Fürst und Scholles (2008), S. 517 f.
81 Vgl. Vahs und Brem (2015), S. 328.
82 Deutsches Institut für Normung (2015b), S. 5.

und die Analyse des Zustandes einer Einheit sowie in die aktive Instandhaltungsmaßnahme untergliedert werden. Als aktive Instandhaltungsmaßnahme wird beispielsweise die Aufarbeitung und Instandsetzung einer Einheit[83] verstanden. Zur Maßnahme der Beobachtung und Analyse des Zustandes werden die Untersuchung, Überwachung, Prüfung, Diagnose und Prognose des Zustandes zugeordnet.[84]

Zum Management der Instandhaltung gehören „alle Tätigkeiten des Managements, die die Ziele, die Strategien und die Verantwortlichkeiten sowie die Durchführung der Instandhaltung bestimmen und sie durch Maßnahmen wie Instandhaltungsplanung, -steuerung und die Verbesserung der Instandhaltungstätigkeiten und deren Wirtschaftlichkeit verwirklichen“[85].

Innerhalb der Instandhaltung können verschiedene Arten[86] unterschieden werden, siehe Abbildung 7. Hierbei handelt es sich um die Instandhaltungsart Verbesserung, wenn das inhärente Merkmal verändert wird. Bleibt dieses Merkmal unverändert, so handelt es sich um die präventive oder die korrektive Instandhaltung.[87] Da im Rahmen dieser Arbeit der Fokus auf der Instandhaltung und nicht auf der Verbesserung liegt, wird dieser Strang der Instandhaltung nicht weiterverfolgt. Die Unterscheidung ohne Änderung des inhärenten Abhängigkeitsmerkmals erfolgt nach präventiver Instandhaltung und korrektiver Instandhaltung.[88] Die Unterscheidung dieser Arten wird darin getroffen, dass bei einer präventiven Instandhaltung die Durchführung der Instandhaltung vor Ausfall der Einheit stattfindet und somit bevor eine Fehlfunktion der Einheit vorliegt. Bei der korrektiven Instandhaltung wird die Instandhaltungsmaßnahme erst nach dem Ausfall der Einheit vollzogen. Dies geschieht entweder unmittelbar oder nicht unmittelbar nach der Fehlererkennung. So liegt bei diesem Fall bereits eine Fehlfunktion der Einheit vor.[89] Diese Art der Instandhaltung, bei der ein

---

[83] Eine Einheit ist basierend auf der Definition des Deutschen Instituts für Normung (2015b), S. 6, ein „Teil, Bauelement, Gerät, Teilsystem, Funktionseinheit, Betriebsmittel oder System, das/die für sich allein beschrieben und betrachtet werden kann“. Eine Einheit stellt jedoch noch nicht per se ein Instandhaltungsobjekt dar. Als Instandhaltungsobjekt werden die Einheiten definiert, die einen potenziellen oder tatsächlichen Wert für die Organisation darstellt. Im Rahmen dieser Arbeit sind das Bauelemente und Maschinen. vgl. Deutsches Institut für Normung (2015b), S. 6.

[84] Vgl. Deutsches Institut für Normung (2015b), S. 5.

[85] Deutsches Institut für Normung (2015b), S. 5.

[86] Je nach Literatur, werden die Instandhaltungsarten auch Instandhaltungsstrategien genannt.

[87] Vgl. Deutsches Institut für Normung (2015b), S. 23.

[88] Vgl. Deutsches Institut für Normung (2015b), S. 23.

[89] Vgl. Deutsches Institut für Normung (2015b), S. 14 f.

Objekt einer Maschine erst ausgetauscht wird, wenn dieses nicht mehr funktionsfähig ist und somit einen Fehler verursacht, wurde hauptsächlich in der Vergangenheit verfolgt.[90] Unter Berücksichtigung des Softwareeinsatzes bzw. der Möglichkeit der Unterstützung dieser Instandhaltungsart durch Software, so kann festgestellt werden, dass die Software hier keinen bedeutsamen Mehrwert liefert, da eine Einheit immer bis zur Fehlfunktion gefahren wird.

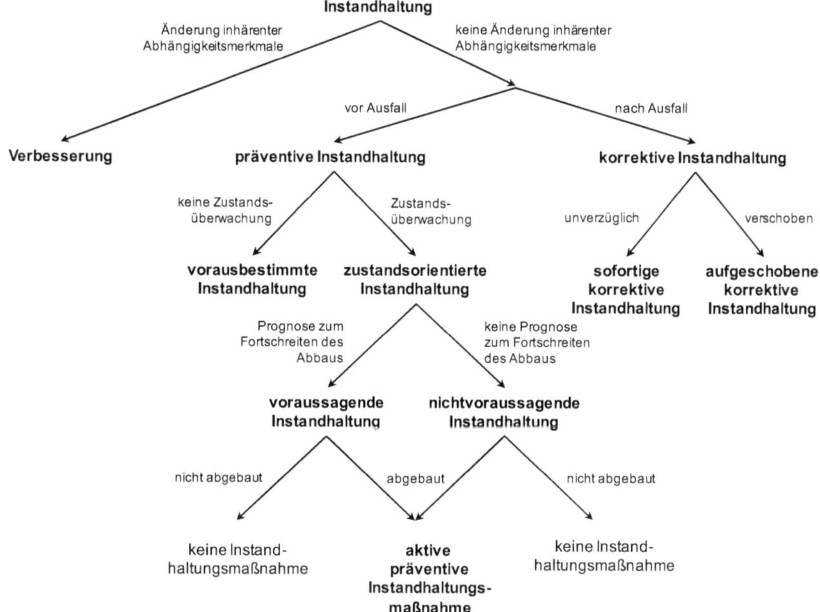

Abbildung 7: Instandhaltungsarten[91]

Um Fehler im Betrieb der Maschine zu vermeiden etablierte sich die präventive Instandhaltung.[92] Bei dieser Art wird die Instandhaltung in vorgegebenen Abständen oder nach vordefinierten Kriterien ausgeführt. Dies soll der Verminderung der Ausfallwahrscheinlichkeit oder der Wahrscheinlichkeit eingeschränkter Funktionserfüllung einer Einheit dienen.[93] Die präventive Instandhaltung kann in die vorausbe-

---

[90] Vgl. Deutsches Institut für Normung (2010), S. 23.
[91] Quelle: Deutsches Institut für Normung (2015b), S. 23.
[92] Vgl. Matyas (2013), S. 107.
[93] Vgl. Pawellek (2016), S. 174 f.

stimmte Instandhaltung und in die zustandsorientierte Instandhaltung unterteilt werden, siehe Abbildung 7.[94]

Bei der vorausbestimmten Instandhaltung wird basierend auf den Herstellerangaben die Wartung noch vor dem Ende der durchschnittlichen Lebensdauer durch einen Mitarbeiter durchgeführt, indem die Einheit, bei welcher die Lebensdauer abläuft, ausgetauscht wird. Neben dem Einfluss der Lebensdauer, wodurch das Wartungsintervall zeitgesteuert geplant wird, werden zusätzlich Vorhersagen durch mathematische Algorithmen prognostiziert, um basierend auf vorangegangenen Erfahrungswerten die Wartung zum optimalen Zeitpunkt durchzuführen. Software hat hierbei lediglich eine unterstützende Rolle.[95]

Die zustandsorientierte Instandhaltung hingegen besitzt ein hohes Potenzial in Bezug auf die Softwareunterstützung, da die Zustandsdaten basierend auf neuen Technologien erfasst und verarbeitet werdet können.[96] Sie beinhaltet eine „Kombination aus Zustandsüberwachung und/oder Konformitätsprüfung und/oder Prüfverfahren, Analysen und die daraus resultierenden Instandhaltungsmaßnahmen“[97] und kann in die voraussagende Instandhaltung, auch Predictive Maintenance[98] genannt, sowie die nichtvoraussagende Instandhaltung unterschieden werden. Bei der letzteren Instandhaltungsart ist keine Prognose des Abbaufortschritts möglich. Im Gegensatz dazu ist es dem Predictive Maintenance möglich, das Fortschreiten des Abbaus zu prognostizieren. So stellt diese Instandhaltungsart eine „zustandsorientierte Instandhaltung, die nach einer Vorhersage, abgeleitet von wiederholter Analyse oder bekannten Eigenschaften und Bestimmung von wichtigen Parametern, welche den Abbau der Einheit kennzeichnen, durchgeführt wird“[99] dar. Durch die hergeleiteten Eigenschaften des Predictive Maintenance, bestehend aus Analysen, Prognosen und der Zustandsüberwachung, eignet sich diese Instandhaltungsart insbesondere für die durch die Industrie 4.0 verfolgte Softwareintensivierung und dadurch realisierte Automatisierung des Instandhaltungsprozesses. Hierfür gibt es, wie in Kapitel 1.1

---

94 Vgl. Deutsches Institut für Normung (2015b), S. 14 und Matyas (2013), S. 107 f.

95 Vgl. Mustakerov und Borissova (2013), S. 2 ff. und Deutsches Institut für Normung (2015b), S. 14f.

96 Vgl. Pawellek (2016), S. 175.

97 Deutsches Institut für Normung (2015b), S. 14.

98 Im weiteren Verlauf wird der Begriff des Predictive Maintenance verwendet, da dieser ebenfalls meistens in der gegenwärtigen deutschsprachigen Literatur verwendet wird.

99 Deutsches Institut für Normung (2015b), S. 15.

beschrieben, unterschiedliche technologische Möglichkeiten. So ist basierend auf der wissenschaftlichen Literatur festzuhalten, dass erst durch den Einsatz von Software die volle Leistung von Predictive Maintenance abgerufen werden kann und diese Instandhaltungsstrategie sich somit gut für die Digitalisierung des Instandhaltungsprozesses eignet. Für eine detaillierte Beschreibung von Predictive Maintenance als softwareintensive Dienstleistung und deren Voraussetzungen, siehe Kapitel 2.4.

2.3 Softwareintensivierung im Rahmen dieser Arbeit

Durch die, wie bereits in Kapitel 1.1 dargestellte, Durchdringung der Produktion mit neusten IKT soll die Produktion durch die digitale Transformation der unterschiedlichen Prozesse der Fabrik hin zu einer intelligenten Produktion weiterentwickeln. Mit dieser Transformation geht ebenfalls die Digitalisierung von Maschinen und Prozessen einher. So wird unter der Digitalisierung die Überführung von analogen Informationen zu digitalen Signalen verstanden, welche für die Verarbeitung und Speicherung in einem IT-System vorgehalten werden.[100] Bezogen auf die Produktion sollen somit kontinuierlich alle analogen Prozesse durch die IKT unterstützt und automatisiert werden. Hierbei ist für diese digitale Transformation neben der notwendigen Hardware auch Software notwendig, die die gewonnenen Daten verarbeiten kann.[101]

Im weiteren Verlauf dieser Arbeit soll unter Digitalisierung insbesondere die erhöhte Nutzung von Software und von Daten zur Generierung von Wertschöpfungspotenzialen verstanden werden. Basierend auf dem Fokus dieser Arbeit in Bezug auf den Instandhaltungsprozess, soll die Digitalisierung des Instandhaltungsprozesses als Softwareintensivierung dieses Prozesses verstanden werden. Das bedeutet, dass der Einsatz von Software im Gegensatz zur Hardware einen wichtigeren Bestandteil bei der Leistungserstellung besitzt. Da die Instandhaltung eine Dienstleistung darstellt und basierend auf dem Forschungsziel dieser Arbeit der Instandhaltungsprozess fokussiert auf das Predictive Maintenance betrachtet wird, soll Predictive Maintenance als softwareintensive Dienstleistung verstanden werden. Nachfolgend wird der Begriff der softwareintensiven Dienstleistung eingeführt sowie im darauffolgen-

[100] Vgl. Hess (2016), S. 1.
[101] Vgl. Westkämper (2013), S. 15 f.

den Kapitel Predictive Maintenance als softwareintensive Dienstleistung im Sinne der digitalen Produktion vorgestellt.

Definition softwareintensiver Dienstleistungen für die Arbeit

Um die Definition einer softwareintensiven Dienstleistung herleiten zu können, werden als erstes Dienstleistungen und anschließend die Softwareintensivierung betrachtet. Als Dienstleistung bezeichnet die Literatur „selbstständige, marktfähige Leistungen“[102], bei welchen ein Dienstleistungsanbieter über ein Leistungspotenzial verfügt, damit die Leistungen gegenüber einem Dienstleistungsnachfrager erbracht werden können.[103] Die Bewertung von Dienstleistungen erfolgt hierbei basierend auf ihrem sogenannten dominanten Einsatzfaktor. Der dominante Einsatzfaktor ist der Faktor, durch welchen der größte Wertschöpfungsanteil durch die Dienstleistung erbracht wird.[104] Unter Berücksichtigung der gegenwertigen Literatur, wird zwischen den personalintensiven und den maschinenintensiven Dienstleistungen unterschieden. Bei personalintensiven Dienstleistungen ist der dominante Einsatzfaktor die Person, die mit der menschlichen Arbeitsleistung den überwiegenden Teil der Dienstleistung und die geistige Leistungsfähigkeit erbringt.[105] Bei maschinenintensiven Dienstleistungen stellten die technischen Betriebsmittel, beispielsweise Maschinen, den dominanten Einsatzfaktor dar. Bei dieser Art erbringt somit die Maschine die erforderliche Arbeitsleistung und generiert das Leistungspotenzial.[106]

Wird diese Betrachtungsweise des dominanten Einsatzfaktors der maschinenintensiven Dienstleistung auf Software übertragen, so kann im Rahmen dieser Arbeit eine softwareintensive Dienstleistung als eine marktfähige Leistung gesehen werden, durch welche die Dienstleistungserbringung und das damit verbundene Leistungspotenzial überwiegend bis ausschließlich durch den Einsatz von Software als dominanter Einsatzfaktor generiert wird. So kann die Dienstleistung nur durch den Einsatz von Software erbracht werden. Für diese Dienstleistungserbringung ist maßgeblich

[102] Meffert u.a. (2015), S. 14.

[103] Vgl. Bieberstein (2006), S. 29, Bullinger und Scheer (2006), S. 24 f., Hilke (1989), S. 11, Meffert u.a. (2015), S. 14. Dienstleistungsanbieter sowie Dienstleistungsnachfrager sind entweder Personen, Unternehmen, Technologien sowie IT-Systeme oder Kombinationen daraus. Vgl. Leimeister (2012), S. 39 und Spohrer u.a. (2007), S. 72.

[104] Vgl. Corsten und Gössinger (2007), S. 35.

[105] Vgl. Corsten und Gössinger (2007), S. 35.

[106] Vgl. Corsten und Gössinger (2007), S. 35.

die Leistungsfähigkeit der Software verantwortlich. Bei der softwareintensiven Dienstleistung integriert neben dem Dienstleistungserbringer zusätzlich der Dienstleistungsnachfrager durch seine aktive Mitwirkung oder seine passive Beteiligung Informationen und Daten über sich als Person und/oder seiner Objekte in den Erstellungsprozess der Dienstleistung mit ein. Diese Informationen werden anschließend mit dem Leistungspotenzial kombiniert. Durch diese Kombination kann durch die Interaktion der Software mit dem Nachfrager eine nutzenstiftende Wirkung erzielt werden.[107]

Für diese Arbeit soll daher nicht der dominante Einsatzfaktor der Maschine der Person gegenüberstehen, sondern die Software, siehe Abbildung 8.

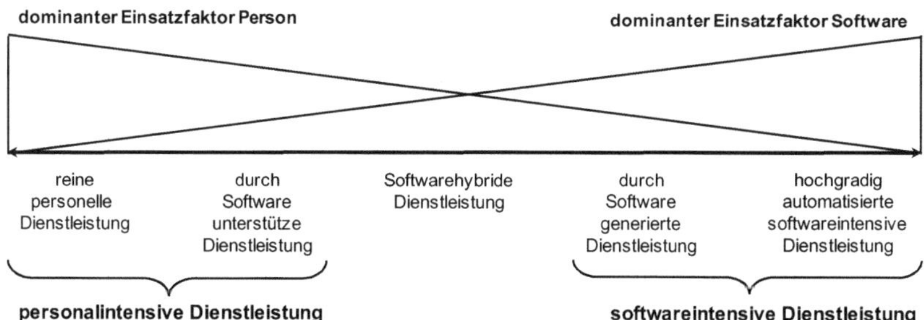

Abbildung 8: Differenzierung von Dienstleistungen in Bezug auf den dominanten Einsatzfaktor Person und Software[108]

Ausprägungen softwareintensiver Dienstleistungen

Basierend auf den dominanten Einsatzfaktoren Person und Software können im Rahmen dieser Arbeit diese zwei Faktoren als Extrema festgehalten werden. Zwischen diesen dominanten Einsatzfaktoren können weitere Abstufungen vorgenommen werden, siehe Abbildung 8. Die Unterscheidung bei der Differenzierung der unterschiedlichen Dienstleistungen erfolgt im Grad des Einsatzes des dominanten Einsatzfaktors zur Generierung des Leistungspotenzials.[109/110] Für diese Arbeit lassen sich fünf Dienstleistungsformen unterscheiden: reine personelle Dienstleistungen,

---

[107] Die dargelegte Definition orientiert sich an Bruhn (2002), S. 6, Böttcher und Meyer (2004), S. 12, Meyer (2009), S. 14 und Meffert u.a. (2015), S. 14.

[108] Quelle: Darstellung in Anlehnung an Bruhn (2002), S. 12.

[109] Vgl. Leimeister (2012), S. 26 f., 39 f.

[110] Die Differenzierung der Dienstleistungsformen orientiert sich vorwiegend an der potenzialorientierten Definition von Dienstleistungen vgl. Hentschel (1992), S. 19 f. und Hilke (1989), S. 11 f.

durch Software unterstützte Dienstleistungen, softwarehybride Dienstleistungen, durch Software generierte Dienstleistungen und hochgradig automatisierte softwareintensive Dienstleistungen, siehe Abbildung 8 sowie Tabelle 2 für eine detaillierte Beschreibung.

Dienstleistungsform	Beschreibung
Reine personelle Dienstleistungen	Sie zeichnen sich durch den ausschließlichen Einsatz menschlicher Arbeitsleistung als Einsatzfaktor zur Generierung des Leistungspotenzials aus. Sämtliche erforderlichen Fähigkeiten zur Dienstleistungserbringung sind menschlicher Natur (z.B. Friseurleistung, Maniküre, Massage). Software wird nicht als interner Faktor (Einsatzfaktor) eingesetzt.
Durch Software unterstützte Dienstleistungen	Menschliche Arbeitsleistungen sind weiterhin dominanter Einsatzfaktor. Die Dienstleistungserbringung sowie Nutzenerzielung für den Dienstleistungsnachfrager hängt vorwiegend von geistiger Leistungsfähigkeit ab. Software unterstützt den menschlichen Dienstleistungsanbieter bei seiner Dienstleistungserbringung und der Nutzenerzielung (z.B. Schulungsleistung mit Einsatz einer Präsentationssoftware).
Softwarehybride Dienstleistungen	Personen und Software sind gleichermaßen Einsatzfaktoren zur Generierung des Leistungspotenzials. Die Dienstleistungserbringung und Nutzenerzielung hängen von geistiger sowie „elektronischer" Leistungsfähigkeit ab (z.B. telefonische Serviceleistungen, bei welchen Anwendungen eingesetzt werden, die bei Anrufen Kunden identifizieren, Kundendaten bereitstellen und Lösungsansätze für Kundenprobleme vorschlagen).
Durch Software generierte Dienstleistungen	Software ist dominanter Einsatzfaktor und stellt das Leistungspotenzial bereit. Die Dienstleistungserbringung und Nutzenerzielung realisiert Software anhand deren elektronischer Leistungsfähigkeit. Menschliche Arbeitsleistungen und geistige Leistungsfähigkeit tragen zu geringem Anteil zur Dienstleistungserbringung und Nutzenerzielung bei und unterstützen die Software bei der Nutzenerzielung (z.B. Online-Buchhandel, bei der Personen nach Bestellauftrag die Buchbestellungen verpacken und verschicken).
Hochgradig automatisierte softwareintensive Dienstleistungen	Software ist (fast) ausschließlich Einsatzfaktor und generiert das Leistungspotenzial. Geistige Leistungsfähigkeiten reduzieren sich auf ein (notwendiges) Minimum. Personen kümmern sich vorwiegend um die Leistungsbereitschaft der Software (z.B. in Form von Wartung, Support und Fehlerbehebung der Softwareumgebung). Die Dienstleistungserbringung und Nutzenerzielung hängen ausschließlich von Software ab (z.B. Einsatz von Smart-Metern, die autonom Verbräuche ablesen und diese auswerten).

Tabelle 2: Formen von Dienstleistungen nach dem Grad des Einsatzes des dominanten Einsatzfaktors Person und Software[111]

Unter Berücksichtigung der begrifflichen Herleitung sowie der Beschreibung der unterschiedlichen Formen von Dienstleistungen nach dem Grad des Einsatzes von

[111] Quelle: Eigene Darstellung in Anlehnung an Bruhn (2002), S. 6 ff., Böttcher und Meyer (2004), S. 11 f., Fitzsimmons und Fitzsimmons (2008), S. 90 f., Froehle und Roth (2004), S. 2 f., Haller (2015), S. 20, Leimeister (2012), S. 40 f., 45 f. und Meyer und van Husen (2008), S. 14.

Personen bzw. Software als dominanter Faktor, können die zwei Ausprägungen *durch Software generierte Dienstleistungen* und *hochgradig automatisierte softwareintensive Dienstleistungen* als softwareintensive Dienstleistungen identifiziert werden. Bei diesen Formen ist der dominante Einsatzfaktor die Software. Die detaillierte Betrachtung der einzelnen Merkmale erfolgt nachfolgend.

Merkmale softwareintensiver Dienstleistungen

Werden die softwareintensiven Dienstleitungen betrachtet, so kann festgestellt werden, dass die unterschiedlichen Aktivitäten während des Erstellungsprozesses vermehrt durch Software ausgeführt und automatisiert werden.[112] Mit zunehmender Softwareintensivierung nimmt somit die Anzahl der automatisierten Aktivitäten im Dienstleistungserstellungsprozess zu[113] und die Software der softwareintensiven Dienstleistungen erlangt verstärkt die Fähigkeiten der Autonomie und Adaption sowie des Wissens und Lernens. Sie organisiert erforderliche Ressourcen, trifft eigenständig Entscheidungen, folgt einem vom Menschen vorgegebenen Zielsystem und passt sich autonom an sich ändernde Situationen zur Dienstleistungserbringung und Nutzenerzielung an. Hochgradig automatisierten softwareintensiven Dienstleistungen ist es ferner möglich, dank der hohen Vernetzung und Autonomie der Software sich zu einem gewissen Grad bei Problemen eigenständig zu konfigurieren.[114]

Die Literatur führt einige Merkmale auf anhand derer Dienstleistungen charakterisiert werden können.[115] Im Folgenden sollen zur weiteren Beschreibung softwareintensiver Dienstleistungen einige dieser Merkmale aufgezeigt werden. Tabelle 3 stellt die aufgeführten Merkmale zusammenfassend für die Arbeit zur Charakterisierung softwareintensiver Dienstleistungen dar und stellt deren Merkmale den in der Arbeit identifizierten Formen von Dienstleistungen gegenüber.

[112] Vgl. Burr und Stephan (2006), S. 53.
[113] Vgl. Meyer und van Husen (2008), S. 20 f.
[114] In Anlehnung an softwareintensive Systeme nach Wirsing und Hölzl (2006), S. 5.
[115] Vgl. z.B. Burr und Stephan (2006), S. 19 ff., Haller (2015), S. 7 ff. und Meffert u.a. (2015), S. 30 ff.

Merkmal	reine personelle Dienstleistung	durch Software unterstützte Dienstleistung	Softwarehybride Dienstleistung	durch Software generierte Dienstleistung	hochgradig automatisierte softwareintensive Dienstleistung
dominanter Einsatzfaktor	Person	Person	Person, Software	Software	Software
Leistungsfähigkeit	ausschließlich personell	personell, gering elektronisch	personell, elektronisch	elektronisch, gering personell	ausschließlich elektronisch
Grad der Automatisierung	nicht vorhanden	gering	mittelmäßig	hoch	sehr hoch
Standardisierung	gering	gering bis mittelmäßig	mittelmäßig	hoch bis mittelmäßig	Hoch
Vernetzung der Software	keine	gering	mittelmäßig	hoch	sehr hoch
Formen der Interaktion	human-human	human-human human-system	human-human human-system system-system	human-system system-system	human-system system-system
Sicherheit und Funktionsfähigkeit der Software	keine	hoch	hoch	hoch	sehr hoch
Adaption der Software	keine	manuell vorzunehmen	manuell vorzunehmen	manuell sowie eigenständig	Eigenständig
Autonomie der Software	keine	gering	mittelmäßig	hoch	sehr hoch
Wissen und Lernen der Software	keine	manuelle Eingabe neuer Informationen und manuelle Programmierung neuer Fähigkeiten	manuelle Eingabe neuer Informationen und manuelle Programmierung neuer Fähigkeiten	vereinzelte Funktionen mit eigenständiger Wissensgenerierung und eigenständigem Lernen sowie manuelle Eingabe neuer Informationen und manuelle Programmierung neuer Fähigkeiten	mehrere Funktionen mit eigenständiger Wissensgenerierung und eigenständigem Lernen sowie manuelle Eingabe neuer Informationen und manuelle Programmierung neuer Fähigkeiten
Wartung, Support, Fehlerbehebung der Software	keine	manuell	manuell	manuell	manuell sowie durch Selbstkonfiguration
Digitalität	keine bis gering	gering	mittelmäßig	hoch	sehr hoch
Integration des externen Faktors	Person und/oder Objekt	Person und/oder Objekt sowie teilw. Daten dessen	Person und/oder Objekt sowie Daten dessen	Daten von Person und/oder Objekt	Daten von Person und/oder Objekt
Präsenz des DL-Anbieters	personelle Präsenz erforderlich	personelle Präsenz teilw. erforderlich	personelle Präsenz teilw. erforderlich	personelle Präsenz nicht erforderlich	personelle Präsenz nicht erforderlich

Tabelle 3: Merkmale softwareintensiver Dienstleistungen[116]

[116] Quelle: Eigene Darstellung in Anlehnung an Bruhn (2002), S. 8 ff., Froehle und Roth (2004), S. 2 f., Geisberger und Broy (2012), S. 59 ff., Haller (2015), S. 8 ff., 20 ff., Hölzl u.a. (2008), S. 11 ff.,

2.4 Predictive Maintenance als softwareintensive Dienstleistung im Sinne der digitalen Produktion

Nachdem in den vorangegangenen Unterkapiteln dieses Kapitels die Instandhaltung, die Softwareintensivierung sowie die softwareintensiven Dienstleistungen dargestellt wurden, soll nachfolgend Predictive Maintenance als softwareintensive Dienstleistung im Sinne der digitalen Produktion beschrieben werden.

Im Zuge der Industrie 4.0 und dem damit verbundenen Wandel zur digitalen Produktion mit intelligenten Maschinen, wird ebenfalls die Instandhaltung intelligent. So ist bei Predictive Maintenance[117], der zustandsorientierten voraussagenden Instandhaltung, nicht die vom Hersteller angegebene Lebensdauer ausschlaggebend für das Durchführen der Instandhaltung, sondern die Instandhaltung wird hierbei bedarfsgerecht über das sogenannte Condition Monitoring angestoßen, wodurch der Zustand von Maschinenkomponenten über entsprechende Sensoren erfasst wird.[118] Basierend auf dem gemessenen Zustand der Maschinenkomponente wird hervorgesagt, wann die Instandhaltung durchgeführt werden soll. Als Voraussetzung, um Predictive Maintenance einzusetzen ist es notwendig, dass die Maschine die Zustände ihrer Maschinenkomponenten über das Condition Monitoring erfassen kann und über die Einbindung in das Unternehmensnetzwerk oder direkt in das Internet diese Zustandsdaten weiterleiten kann. Die Verarbeitung dieser Daten erfolgt über Softwaresysteme, die entweder im unternehmenseigenen Rechenzentrum angesiedelt sind oder sich in der Cloud befinden.[119]

Um den Zustand eines Maschinenteils zu erfassen, wird heutzutage auf unterschiedliche technische Möglichkeiten zurückgegriffen. So kann beispielsweise die Wärmeentwicklung über Infrarotkameras aufgezeigt werden oder die Abnutzung von Lagern über sogenannte Vibrationsanalysatoren bestimmt werden.[120]

Fitzsimmons und Fitzsimmons (2008), S. 90 f., Leimeister (2012), S. 39 ff., Trefz und Büttgen (2007), S. 67 ff. und Wirsing und Hölzl (2006), S. 3 ff.

117 Vgl. Deutsches Institut für Normung (2010), S. 23.

118 Vgl. Isermann (2006).

119 Vgl. Weiss (2012), URL siehe Literaturverzeichnis und o.V. (2015), URL siehe Literaturverzeichnis.

120 Vgl. Bengtsson u.a. (2004), S. 100 f.

In Abbildung 9 ist die Instandhaltungsart des Predictive Maintenance exemplarisch dargestellt. So werden die Maschinen- und Umgebungsdaten in Echtzeit erfasst und gesammelt. Durch ein Softwaresystem, das eventuell in der Cloud liegt, werden diese Daten in Echtzeit verarbeitet sowie ausgewertet. Basierend auf dieser Auswertung erfolgt die Prognose und Vorhersage der Ausfallwahrscheinlichkeit. Anschließend können die notwendigen Instandhaltungsarbeiten gezielt geplant und koordiniert werden.

Durch den Einsatz von Predictive Maintenance wird die rechtzeitige Durchführung der Instandhaltung sichergestellt, indem der Funktionsstörungseintritt und die damit verbundenen Folgen gezielt verhindert werden, wie zum Beispiel mangelnde Produktqualität, lange Stillstandszeiten oder Lieferverzögerungen.[121]

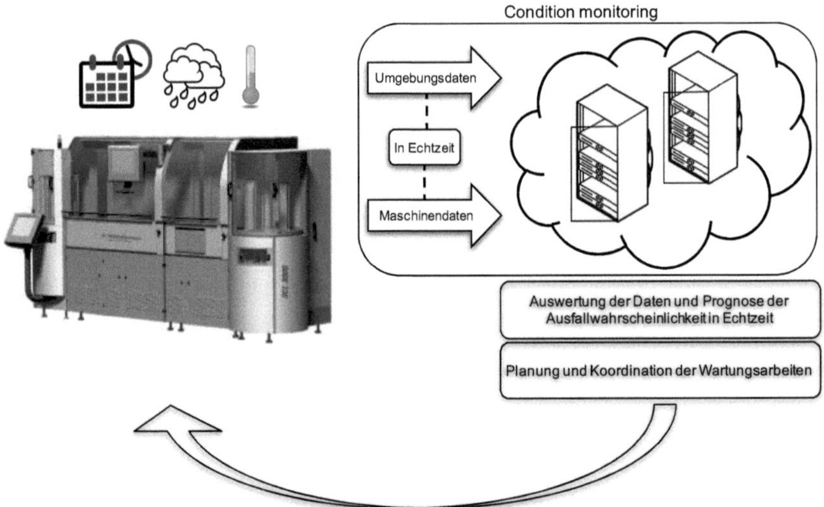

Abbildung 9: Schematische Darstellung von Predictive Maintenance[122]

Für diese Arbeit soll sich der Ansatz des Predictive Maintenance auf verschleißbedingte bzw. abnutzungsbedingte Störungen von Komponenten fokussieren, die zu unerwarteten Zeitpunkten aufgrund mechanischer Einwirkungen auftreten können.[123]

[121] Vgl. Wehle und Dietel (2015), S. 213 und Moubray (1996), S. 138 f.

[122] Quelle: Eigene Darstellung in Anlehnung an Titze (2013), URL siehe Literaturverzeichnis.

Unter Berücksichtigung der in Kapitel 2.2 vorgenommenen Definitionen der Instandhaltung können fünf Prozessschritte für den Dienstleistungserstellungsprozess des Predictive Maintenance sowie notwendige Voraussetzungen zur Realisierung von Predictive Maintenance identifiziert werden. Hierbei handelt es sich um die lokale Zustandserfassung und -speicherung, die zentrale Zustandsspeicherung, die Analyse der Zustandsdaten, die Vorhersage der Ausfallwahrscheinlichkeit sowie die Unterstützung der aktiven Instandhaltungsmaßnahme.[124]

Als Grundvoraussetzung für Predictive Maintenance steht die *lokale Zustandserfassung und -speicherung*. Auf der einen Seite muss die Maschine die möglichen hardwaretechnischen Voraussetzungen besitzen, damit die Zustandsdaten erfasst werden können, zum Beispiel durch Sensoren und Aktoren. Besitzt sie diese, muss sie die Zustandsdaten erfassen, anzeigen und speichern können. Dies kann beispielsweise über ein Sensornetzwerk realisiert werden, welches im Sekundentakt (echtzeitnah) verschleißrelevante Zustandsdaten[125] von Komponenten und deren Gegenkomponenten aufnimmt und diese Daten anschließend an die Cloud übermittelt.[126]

Dies ist jedoch nur möglich, wenn die Maschine in der Lage ist, die lokal erfassten und gespeicherten Zugangsdaten im nächsten Schritt zentral zu speichern, auch *zentrale Zustandsspeicherung genannt*. In diesem Prozessschritt ist es ebenfalls notwendig, dass die Maschine die technischen Schnittstellen aufweist, damit sie die Zustandsdaten an den zentralen Speicherort, sei es dem Intranet oder Internet übermitteln kann. Die an das Netzwerk angeschlossenen intelligenten Maschinen übertragen anschließend in Echtzeit ihre Zustandsdaten[127]. Sämtliche Zustandsdaten, Maschinendaten und -modelle werden so im cloudbasierten Condition Monitoring System physisch verteilt gespeichert.[128] Damit das Predictive Maintenance seine volle Wirkung entfalten kann, ist es hierbei jedoch notwendig, dass diese Daten im Zeitverlauf vorgehalten werden in der internen oder externen Cloud, je nach Datenrichtlinien des Unternehmens.

---

[123] Vgl. Hodapp (2009), S. 141 f., Schuh u.a. (2005), S. 19 und Strunz (2012), S. 2.
[124] Siehe Kapitel 2.2.
[125] Z.B. Gleitgeschwindigkeit, Temperatur, Normalkraft und Verschleißbetrag, vgl. Czichos und Sturm (2015), S. 228 f.
[126] Vgl. Wehle und Dietel (2015), S. 213, 215.
[127] Z.B. Betriebsstatus, Stromverbrauch, Leistung und Wirkungsgrad.
[128] Vgl. Fallenbeck und Eckert (2014), S. 401.

Basierend auf den im *Zeitverlauf vorgehaltenen Zustandsdaten*, welche als historische Daten bezeichnet werden, ist es notwendig, eine Datenanalysesoftware vorzuhalten, welche die Zustandsdaten auswertet und anschließend analysiert, um die Vorhersage der Ausfallwahrscheinlichkeit der Komponenten vorzubereiten.[129]

Für die Vorhersage der Ausfallwahrscheinlichkeit ist anschließend die Verknüpfung der aktuellen Zustandsdaten mit den historischen Zustandsdaten notwendig. An dieser Stelle ist es auch möglich, die Umgebungsdaten zu berücksichtigen. Basierend auf diesen Informationen wird anschließend die Ausfallwahrscheinlichkeit der Maschine prognostiziert. Die Zustandsdaten, Maschinendaten und auswertungsrelevanten Zusatzinformationen werden anhand semantischer Technologien analysiert und verknüpft.[130] Das cloudbasierte Condition Monitoring System bezieht sämtliche auswertungsrelevanten Zusatzinformationen der Komponenten, die nicht über das System erfasst werden aus dem cloudbasierten Instandhaltungsplanungs- und Steuerungssystem.[131] In diesem System werden die Daten ebenfalls physisch verteilt vorgehalten.[132] Die anschließende Auswertung dieser Daten erfolgt basierend auf einem Predictive Algorithmus.[133]

Um den Nutzen von Predictive Maintenance voll auszuschöpfen, wird basierend auf der Prognose unter Berücksichtigung der Instandhaltungsplanungsdaten, wie zum Beispiel geplante Stillstände, Handlungsempfehlungen für die Instandhaltung abgeleitet und basierend auf diesen Ableitungen vorgeschlagen, wann der optimale Zeitpunkt für die nächste aktive Instandhaltungsmaßnahme ist.[134] Diese wird anschließend geplant und koordiniert. Hierbei werden insbesondere die geplanten Maschinenstillstände, die Mitarbeiterverfügbarkeit, die Ersatzteilbestellung sowie das Ersatzteillager berücksichtigt. So identifiziert das cloudbasierte Condition Monitoring System eine künftig zu erwartende potenzielle Störung einer Komponente und teilt der betroffenen Maschine alle wesentlichen Informationen mit.[135] Die intelligente Maschine legt den Termin für die Durchführung eigenständig fest, falls die Maßnah-

---

[129] Vgl. Schenk (2010) S. 4 f. und S. 15.
[130] Vgl. Wehle und Dietel (2015), S. 213 f.
[131] Vgl. Wehle und Dietel (2015), S. 214.
[132] Vgl. Fallenbeck und Eckert (2014), S. 401.
[133] Vgl. Wehle und Dietel (2015), S. 214.
[134] Vgl. Pawellek (2106) S. 161 f.
[135] Vgl. Pawellek (2106) S. 161 ff.

me keinen Stillstand erfordert.[136] Ist die Maßnahme mit einem Stillstand verbunden, stimmt sich die Maschine mit den anderen Maschinen in der Fabrik ab, um einen optimalen Stillstandszeitpunkt zu ermitteln.[137] Die erforderlichen Auftragsdaten zur Abstimmung beziehen die Maschinen vom Produktionsplanungsprogramm. Bei technisch komplexen Maßnahmen, wie zum Beispiel dem Austausch oder der Ausbesserung einer verbauten systemrelevanten Komponente, leitet die Maschine einen Instandhaltungsauftrag an das cloudbasierte Instandhaltungsplanungssystem weiter. Die Maschine beauftragt dieses System, sämtliche erforderliche Ersatzteile, Ausrüstungen und qualifizierte Instandhalter rechtzeitig zum Termin bereitzustellen. Das Instandhaltungsplanungssystem wählt für die Maßnahme einen Instandhaltungsmitarbeiter mit einem passenden Skill Level[138], den die Instandhaltungsfachkraft zur erfolgreichen Durchführung der Maßnahme aufweisen muss.[139] Die Ersatzteile bestellt es direkt beim Ersatzteillieferanten, der die Ersatzteile unmittelbar zum Maschinenbetreiber liefert. Bei einfachen Maßnahmen, zum Beispiel dem Nachfüllen der Betriebsstoffe (Schmierfette oder Schmieröle) oder dem Austausch von Werkzeugen, beordert die Maschine beim ERP-System die erforderlichen Betriebsstoffe beziehungsweise Werkzeuge und beauftragt mit der Maßnahme den Maschinenführer. Diese Ersatzteile werden von intelligenten fahrerlosen Transportsystem-Agenten dem Maschinenführer zum ermittelten Termin rechtzeitig bereitgestellt. Stillstandzeiten teilt die Maschine dem ERP-System und Instandhaltungsplanungssystem mit. Des Weiteren kommuniziert das ERP-System des Maschinenbetreibers mit den global verteilten Zulieferern und Abnehmern entlang der Wertschöpfungskette die Stillstandszeiten, die durch vorwegnehmende Maßnahmen anfallen können.[140] Die gesamte Kommunikation erfolgt automatisiert und gesteuert durch Software. Da in dieser Arbeit die Instandhaltungsart des Predictive Maintenance im Fokus steht und somit nicht der komplette Instandhaltungsprozess, wird auf weitere Möglichkeiten der Digitalisierung des Prozesses, wie die Visualisierung der instandhaltungsrele-

---

[136] Z.B. bei einer Schmierung und Ölung. Für diese Maßnahmen sollen die Maschinen konzipiert sein, dass sie dies ohne Stillstand ausführen können (durch installierte Öl- und Fetttanks).
[137] Vgl. Bischoff (2015), S. 281.
[138] Vgl. Wehle und Dietel (2015), S. 215.
[139] Vgl. Wehle und Dietel (2015), S. 215.
[140] Vgl. Bischoff (2015), S. 102.

vanten Daten und der Einsatz von mobilen Endgeräten Augmented Reality oder das virtuelle Abbild der Maschine, etc. nicht weiter eingegangen.[141]

2.5 Stakeholder des Bewertungsverfahrens

Basierend auf dem in Kapitel 1.2 vorgestellten Forschungsziel der Entwicklung eines Verfahrens zur Bewertung von Predictive Maintenance für Maschinen zur Unterstützung der Investitionsentscheidung für Anbieter von Instandhaltungsdienstleistungen, sollen nachfolgend die unterschiedlichen Stakeholder des Bewertungsverfahrens beschrieben werden. Hierbei ist ein Stakeholder des Bewertungsverfahrens eine Person oder Institution, die durch das Bewertungsverfahren betroffen ist sowie die, die ein Interesse an der Erstellung beziehungsweise Anwendung des Bewertungsverfahrens hat.[142] Im Rahmen dieser Arbeit sind das somit alle Personen und Institutionen, die basierend auf dem Forschungsziel identifiziert werden können, die durch den Einsatz der Bewertungsverfahren eine bessere Entscheidungsgrundlage erhalten oder die durch das Verfahren berücksichtigt werden. Zur Identifikation dieser Stakeholder und zum Aufzeigen deren Einflusses auf dieses Bewertungsverfahren wurde eine Stakeholderanalyse durchgeführt.[143]

Basierend auf dieser Stakeholderanalyse konnten für den Kontext dieser Arbeit drei Interessengruppen identifiziert werden. Zu diesen Interessengruppen gehören alle Unternehmen, die Anbieter von Instandhaltungsdienstleistungen sind, Unternehmen, die Komponenten zur Realisierung von Predictive Maintenance anbieten sowie die Wissenschaft, da basierend auf dem Forschungsziel ein wissenschaftlich begründetes Verfahren entwickelt werden soll.

Generell ist es für alle Stakeholder des Bewertungsverfahrens notwendig, dass sie entweder Maschinen herstellen und/oder betreiben, technisch orientierte und/oder dienstleistungsorientierte Lösungen für diese Branche anbieten oder sich aus der wissenschaftlichen Perspektive mit dem Forschungsgegenstand befassen.

---

[141] Vgl. Bischoff (2015), S. 90 ff., Gorecky u.a. (2014), S. 528, Mayer und Pantförder (2014), S. 483, Beste (2014), URL siehe Literaturverzeichnis, Geisberger und Broy (2012), S. 60, Verl und Lechler (2014), S. 238, Fallenbeck und Eckert (2014), S. 408 und Bauernhansl (2014), S. 16.

[142] Vgl. Pohl und Rupp (2015), S. 3 f. und Pohl (2010), S. 79.

[143] Vgl. Deutsches Institut für Normung (2009), S. 18 und Pohl und Rupp (2015), S. 22.

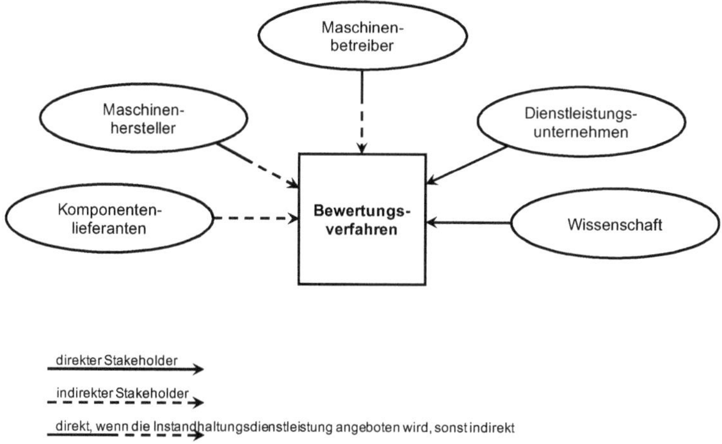

Abbildung 10: Stakeholder des Bewertungsverfahrens[144]

Die Unterteilung der Stakeholder erfolgt in Stakeholder, die einen direkten Einfluss auf das Bewertungsverfahren besitzen sowie in Stakeholder, die einen indirekten Einfluss besitzen, siehe Abbildung 10. Als direkter Einfluss werden hierbei Unternehmen gesehen, die das Bewertungsverfahren aktiv einsetzen, um ihre Investitionsentscheidung zu unterstützen. Einen indirekten Einfluss besitzen Unternehmen, die das Bewertungsverfahren nicht aktiv einsetzen, jedoch davon positiv oder gegebenenfalls auch negativ beeinflusst werden.

Die Anbieter von Instandhaltungsdienstleistungen können in Maschinenhersteller, Maschinenbetreiber und Dienstleistungsunternehmen unterteilt werden. Hierbei ist der *Maschinenhersteller* das Unternehmen, das die Maschinen entwickelt und produziert sowie anschließend an andere Unternehmen veräußert.[145] Um im Rahmen dieser Arbeit als Stakeholder in Frage zu kommen, muss der Maschinenhersteller entweder Instandhaltungsdienstleistungen für die von ihm produzierten Maschinen anbieten, im Rahmen der Gewährleistung oder als zusätzliche Dienstleistung, oder unternehmensintern Instandhaltungsdienstleistungen durchführen, um die Maschinen, die zur Produktion der zu produzierenden Maschinen relevant sind, mit Instandhaltungsdienstleistungen zu betreuen.

---

[144] Quelle: Eigene Darstellung.
[145] Vgl. Kuhn u.a. (2006), S. 7 f.

Unternehmensinterne Instandhaltungsdienstleistungen werden meistens von *Maschinenbetreibern* durchgeführt. Hierbei wird unter Maschinenbetreiber Unternehmen, die die Maschinen in der eigenen Produktion im Einsatz haben, um die für sich wettbewerbswichtigen/-relevanten Erzeugnisse zu erstellen, verstanden.[146] Für den Betrachtungsgegenstand dieser Arbeit ist hierbei wichtig, dass die Maschinenbetreiber Instandhaltungsdienstleistungen durchführen und somit von dem entwickelten Bewertungsverfahren bei der Vorbereitung der Investitionsentscheidung profitieren können. Es ist selbstverständlich möglich, dass ein Maschinenbetreiber mit einer hohen Expertise im Instandhaltungsprozess auch diese Expertise als Dienstleistung an weitere Unternehmen weitergibt und somit dann die Instandhaltungsdienstleistung unternehmensextern anbietet. Hierbei sind somit die Grenzen fließend.

Als *Dienstleistungsunternehmen* werden in diesem Forschungsprojekt Unternehmen eingeordnet, die ausschließlich Instandhaltungsdienstleistungen für Maschinen anbieten, die sie nicht betreiben und ebenfalls nicht produzieren.[147]

Wie bereits erörtert, können neben den direkten Stakeholdern ebenfalls indirekte Stakeholder identifiziert werden. Hierzu gehört der Komponentenlieferant sowie die Wissenschaft. So können beispielsweise die *Komponentenlieferanten* ihren Kunden detailliert aufzeigen, was für Vorteile durch den Einsatz von Predictive Maintenance verbunden sind. Hierbei können Komponentenlieferanten als Unternehmen verstanden werden, die Software oder Hardware für die Realisierung anbieten.[148] Sie sind daran interessiert, dass die Softwareintensivierung schnell funktioniert und dass die Software und IT-Infrastruktur von Ihnen bezogen wird.

Zusätzlich zu diesen Stakeholdern, die sich aus der Instandhaltungsdienstleistung ergebe, lässt sich aus dem Forschungsziel, siehe Kapitel 1.2, zusätzlich ein weiterer Stakeholder ableiten. Bei diesem Stakeholder handelt es sich um die *Wissenschaft*, da ein wissenschaftlich begründetes Verfahren entwickelt werden soll.

---

[146] Vgl. Kuhn u.a. (2006), S. 7 f.
[147] Vgl. Kuhn u.a. (2006), S. 7 f.
[148] Vgl. Kuhn u.a. (2006), S. 7 f.

3. Status quo der Verfahren zur Bewertung der Softwareintensivierung des Instandhaltungsprozesses

Wie in Kapitel 1.1 dargestellt, stellen sich Unternehmen des produzierenden Gewerbes im Zuge der Digitalisierung unter anderem die Frage, ob es für sie vorteilhaft ist, Predictive Maintenance als softwareintensive Dienstleistung einzuführen. Hierfür soll nachfolgend basierend auf drei Querschnittsstudien[149] der Stand der Unternehmenspraxis und der Stand der Wissenschaft dargestellt werden. Der Stand der Unternehmenspraxis wird durch Experteninterviews aus dem Jahr 2015 sowie einer Onlineumfrage aus 2016 aufgezeigt, siehe Kapitel 3.1. Der Stand der Wissenschaft wird in Kapitel 3.2 durch die Ergebnisse einer systematischen Literaturanalyse aus dem Jahr 2015 dargelegt. Anschließend werden in Kapitel 3.3 die unterschiedlichen Erkenntnisse zum Status quo dieser Arbeit aggregiert aufgeführt, um basierend auf diesen Erkenntnissen des Status quo das in Kapitel 1.1 aufgezeigte Forschungsdefizit zu überprüfen.

3.1 Stand der Unternehmenspraxis

Zur Analyse des Stands der Unternehmenspraxis wurden zwei Querschnittsstudien durchgeführt; eine Expertenbefragung im Januar und Februar 2015 sowie eine Onlineumfrage im Januar und Februar 2016. Die Interviews dienten dem Zweck zu erfassen, ob die befragten Unternehmen bereits Methoden oder Verfahren zur Bewertung von Investitionen in neue Technologien besitzen, ob es bereits Methoden oder Verfahren zur Bewertung von softwareintensiven Technologien gibt und ob Methoden oder Verfahren zur Bewertung von Predictive Maintenance vorhanden sind. Die ein Jahr später durchgeführte Onlineumfrage verfolgte zum einen das Ziel, die Erkenntnisse aus den Experteninterviews zu untermauern und zum anderen erneut die Relevanz des Forschungsprojekts abzufragen. Zur Erreichung dieser Ziele wurde durch die Onlineumfrage nach der Wichtigkeit der Softwareintensivierung von Predictive Maintenance, nach vorhandenen Bewertungsverfahren sowie nach der Nützlichkeit eines Verfahrens zur Bewertung der Softwareintensivierung gefragt. Basierend auf den Antworten der Interviews sowie der Onlineumfrage wird nachfolgend

[149] Siehe hierzu das Kapitel 1.3 methodische Vorgehensweise dieser Arbeit.

der Stand der Unternehmenspraxis in Bezug auf dieses Forschungsprojekt aufgezeigt.

3.1.1 Experteninterviews

3.1.1.1 Vorbereitung und Durchführung der Experteninterviews

Im Folgenden wird die Planungs- und Vorbereitungsphase der Experteninterviews sowie die Durchführung und Analyse dieser betrachtet. Die Planungs- und Vorbereitungsphase bestand hierbei aus der Suche und der Kontaktierung der Experten sowie aus der Terminierung und der Vorbereitung der Experteninterviews.

Um als Experte im Rahmen des untersuchten Forschungskontextes in Frage zu kommen, war es erforderlich, in einem Unternehmen tätig zu sein, das einer für das Bewertungsverfahren relevanten Stakeholdergruppe[150] zugeordnet werden kann. Zusätzlich muss die Person das Wissen über die Bewertung von Technologien besitzen, insbesondere in Bezug auf den Instandhaltungsprozess. In Tabelle 4 sind die teilnehmenden Unternehmen, ihre Zuordnung in die jeweilige Stakeholdergruppe sowie die Rolle des Experten im Unternehmen aufgeführt. Auf die Nennung der Namen der einzelnen Interviewteilnehmer wurde verzichtet, da die meisten Experten einer Teilnahme am Experteninterview nur zugestimmt haben, wenn sie nicht namentlich genannt werden und die Ergebnisse ausschließlich in aggregierter Form dargestellt werden.

Unternehmen	Stakeholdergruppe	Rolle des Experten im Unternehmen
Eisenmann SE	Maschinenhersteller	Leiter Innovationsmanagement
HOMAG Group AG	Maschinenhersteller	Leiter des Bereichs Organisation, Prozesse und Methoden innerhalb der Abteilung Forschung und Entwicklung
Institut für Steuerungstechnik der Werkzeugmaschinen und Fertigungseinrichtungen, Universität Stuttgart	Wissenschaft	Forschungskoordinator
Robert Bosch GmbH	Maschinenbetreiber	Leiter Finanzen und Controlling und Gruppenleiterin Werksplanung
Siemens AG	Maschinenbetreiber	Leiter Leittechnik

Tabelle 4: Teilnehmer an der Erhebung des Stands der Unternehmenspraxis[151]

---

[150] Für eine detaillierte Beschreibung und Erläuterung der Stakeholdergruppen, siehe Kapitel 2.5.
[151] Quelle: Eigene Darstellung.

Zur Vorbereitung auf das jeweilige Interview wurden Informationen über das Unternehmen, in dem der Experte tätig ist, und den Experten selbst eingeholt. Dies geschah hauptsächlich über die Internetpräsenz des Unternehmens und über die Hoppenstedt Firmendatenbank für Hochschulen[152]. Anschließend wurde ein für jeden Experten individualisierter Interviewleitfaden erstellt, indem der erste Bereich des Interviewleitfadens mit den recherchierten Firmen- und Personendaten ergänzt wurde. Dieses Dokument diente während den Experteninterviews als Orientierungshilfe, damit eine einheitliche Struktur im Interview eingehalten wird und die verschiedenen Interviews in der anschließenden Auswertung und Analyse besser verglichen werden können.[153] Der Interviewleitfaden wurde in vier Bereiche unterteilt. Hierbei handelt es sich um allgemeine Fragen zur Person und zum Unternehmen, allgemeine Fragen zur Instandhaltung, Fragen zu Methoden zur Technologiebewertung und Fragen zu Methoden und Verfahren zur Bewertung von Predictive Maintenance. Der Interviewleitfaden ist als Anhang 1 dieser Arbeit angefügt.

Insgesamt wurden fünf Experteninterviews mit einer Dauer von 15 bis 25 Minuten durchgeführt. Anschließend wurde für jedes Interview ein Interviewprotokoll erstellt, welches neben den Notizen zum Interview zusätzlich Personen- und Unternehmensdaten enthält. In Bezug auf die Interviewnotizen wurden neben der reinen Texterfassung keine nonverbalen Aspekte, wie beispielsweise die Sprechlaustärke, die Sprechpausen oder die Sprechgeschwindigkeit erfasst. Der Grund hierfür ist, dass für die explorative Aufnahme des Stands der Unternehmenspraxis lediglich der Inhalt der Interviews und somit der Text von Interesse war.[154]

Die Auswertung der Interviews erfolgte durch das strukturierte Verfahren der Inhaltsanalyse[155], da es für die Erfassung des Stands der Unternehmenspraxis die Aussagen zu den Erfahrungen der Experten im Mittelpunkt stehen und es nicht notwendig ist, die latenten Sinnstrukturen als wesentliches Ergebnis zu ermitteln. Hierfür wurden die Interviewprotokolle nach Themen und deren Verflechtung ausgewertet.[156]

---

[152] Bisnode Deutschland GmbH (2016), URL siehe Literaturverzeichnis.
[153] Vgl. Brosius u.a. (2008), S. 115.
[154] Vgl. Koller (2007), S. 351 f. und Jäger und Reinecke (2009), S. 53.
[155] Vgl. Jäger und Reinecke (2009), S. 58 ff.
[156] Vgl. Jäger und Reinecke (2009), S. 58.

3.1.1.2 Erkenntnisse aus den Experteninterviews

Basierend auf den fünf Experteninterviews kann zusammengefasst werden, dass das Themenfeld der digitalen Produktion für Unternehmen aus dem Maschinen- und Anlagenbau höchst relevant ist und diese Unternehmen bereits unterschiedliche Konzepte erarbeiten, welche Einflüsse und Auswirkungen die Digitalisierung des Produktionsumfelds besitzt sowie welche Möglichkeiten dadurch entstehen. Hierbei hat laut den Experten insbesondere die Technologiebewertung für konkrete Lösungen im Themenfeld der digitalen Produktion eine sehr hohe Relevanz, da die Unternehmen momentan nur schwer einschätzen können, welche Technologien im konkreten Anwendungsfall eingesetzt werden können. Zusätzlich möchten die Unternehmen vor der Investition detailliert dargelegt haben, welchen Mehrwert sie durch eine neue Technologie realisieren können.

Wird die Instandhaltung von Maschinen betrachtet, so erfolgt diese momentan meistens zeitgesteuert und basierend auf Ausfallwahrscheinlichkeiten, welche die Hersteller der einzelnen Maschinenkomponenten kommunizieren. Nur in spezifischen Einzelfällen berichteten Experten von dem Einsatz der Instandhaltungsstrategie der korrektiven Instandhaltung.[157]

In der Instandhaltungsstrategie des Predictive Maintenance sehen die Experten eine hohe Relevanz, da sie in dieser Instandhaltungsart sehr große wirtschaftliche Potenziale sehen und zusätzlich die unterschiedlichen Technologien zur Realisierung bereits existieren sowie teilweise schon in anderen Unternehmensfeldern eingesetzt werden. Jedoch vermissen die Experten ein Bewertungsverfahren, durch welches im konkreten Unternehmensanwendungsfall das Predictive Maintenance als softwareintensive Dienstleistung und ihr Einsatz aus wirtschaftlichen Gesichtspunkten bewertet wird, damit basierend auf dieser Bewertung die Investitionsentscheidung unterstützt werden kann.

Aktuell werden basierend auf den Expertenmeinungen solche Entscheidungen entweder in unternehmensinternen Expertengremien ohne die Verfolgung von festgeschriebenen Verfahren beschlossen, was den Entscheidungsprozess teilweise in-

[157] Für eine detaillierte Beschreibung der unterschiedlichen Instandhaltungsstrategien, siehe Kapitel 2.2.

transparent gestaltet, oder rein basierend auf der klassischen Investitionsrechnung. Neben den Bestandteilen der klassischen Investitionsrechnung bedarf es basierend auf den Expertenaussagen jedoch weiterer Faktoren, die zur Bewertung herangezogen werden sollen. Der Grund hierfür liegt für sie darin, dass neue Technologien zur Realisierung von neuen Konzepten oder Strategien oft mit einer sehr hohen Investitionssumme einhergehen und basierend auf einer reinen Investitionsbewertung die Entscheidung meistens gegen die Technologien ausfällt, was jedoch aus der Perspektive der Zukunftssicherung oft nicht zielführend ist. Basierend auf den fünf Experten sollen für die Bewertung neben der klassischen Kostenbetrachtung weitere Faktoren, wie zum Beispiel der anwendungsfallbezogene Nutzen berücksichtigt werden.

3.1.2 Onlineumfrage

3.1.2.1 Vorbereitung und Durchführung der Onlineumfrage

Zu ähnlichen Erkenntnissen kommt eine im Rahmen dieses Forschungsprojekts durchgeführte Onlineumfrage von Hartter, Tauterat und Herzwurm aus dem Jahr 2016. Der Fokus dieser Onlineumfrage liegt auf dem Themenkomplex des Predictive Maintenance, seiner Chancen und Risiken in der Smart Factory sowie des Softwareeinsatzes heute.[158] Im Rahmen dieser Querschnittsstudie wurde neben den Chancen und Risiken des Predictive Maintenance in der Smart Factory unter anderem erneut der aktuelle Stand der Unternehmenspraxis bezüglich des Predictive Maintenance als softwareintensive Dienstleistung sowie zu bestehenden Verfahren und Methoden zur Unterstützung der Investitionsentscheidung erhoben. So konnte ein Jahr nach der Datenerhebung basierend auf den Experteninterviews erneut der aktuelle Stand der Unternehmenspraxis erhoben werden.

Wie bereits bei den Experteninterviews wurden für die Onlineumfrage ausschließlich Umfrageteilnehmer berücksichtigt, die einer der identifizierten Stakeholdergruppen[159] zugeordnet werden können. Die Gestaltung der Onlineumfrage erfolgte in Anlehnung

[158] Für eine detaillierte Beschreibung der Onlineumfrage siehe Hartter u.a. (2016).
[159] Für eine detaillierte Beschreibung der Stakeholdergruppen siehe Kapitel 2.5.

an die Vorgehensweise aus der wissenschaftlichen Literatur für quantitative standardisierte Befragungen.[160]

Insgesamt setzt sich die Umfrage aus 40 Fragen zusammen, welche neben dem Stand der Unternehmenspraxis in Bezug auf Bewertungsverfahren zur Unterstützung der Investitionsentscheidung unterschiedliche Fragen im Themenkomplex des Predictive Maintenance berücksichtigen. So sind Bestandteile dieser Umfrage ebenfalls Inputgeber für unterschiedliche Bewertungsaspekte in Kapitel 6. Die Fragen der Umfrage sind dieser Arbeit als Anhang 2 angefügt. Nachfolgende drei Fragen der Onlineumfrage sind insbesondere für den Status quo der Unternehmenspraxis relevant:

- Welche Bedeutung hat für sie eine Softwareintensivierung von Predictive Maintenance?
- Verfügen sie bereits über Bewertungsmethoden zur Bewertung einer Softwareintensivierung von „Predictive Maintenance"?
- Würde ihnen eine Bewertungsmethode zur Softwareintensivierung von „Predictive Maintenance“ für die Unterstützung einer Investitionsentscheidung helfen?

Wie basierend auf diesen drei Fragen der Onlineumfrage festgestellt werden kann, wurde durch die Onlineumfrage im Gegensatz zu den Experteninterviews der Fokus ausschließlich auf die für diese Arbeit relevante Instandhaltungsstrategie des Predictive Maintenance gelegt und nicht die Instandhaltung generell betrachtet. Dies erfolgte vor dem Hintergrund, dass so detailliertere Erkenntnisse über das Predictive Maintenance im Speziellen erlangt werden sollten.

Nach Fertigstellung des Fragebogens wurde dieser unter anderem hinsichtlich der Verständlichkeit seiner Fragen, der Eindeutigkeit und Vollständigkeit seiner Antworten, der Bearbeitungsdauer sowie hinsichtlich auswertungstechnischer Aspekte, beispielsweise der Filterführung oder dem Anlegen des Datensatzes, geprüft.[161] Die Bereitstellung des Onlinefragebogens erfolgte über die Umfragesoftware EFS Survey von Unipark der Firma QuestBack.

---

[160] Vgl. Mayer (2009), S. 58.
[161] Vgl. Kuckartz u.a. (2011), S. 47 ff. und Mayer (2009), S. 98.

Im Rahmen der Akquise von Teilnehmern konnten 1.084 Stakeholder[162] identifiziert und kontaktiert werden. Hierfür wurden die Kontaktdaten basierend auf der Hoppenstedt-Firmendatenbank[163] sowie über das Online-Magazin Instandhaltung[164] recherchiert.

Insgesamt haben 165 Personen die Umfrage aufgerufen und 60 Personen die Befragung abgeschlossen, was eine Beendigungsquote von 36,36 Prozent ergibt. Nach der Datenbereinigung konnten 55 Datensätze als für die Auswertung relevant klassifiziert werden, da nur Datensätze von Teilnehmern ausgewertet wurden, die einer Stakeholdergruppe zugeordnet werden können. Somit beträgt die Bruttorücklaufquote 5,53 Prozent und die Nettorücklaufquote 5,07 Prozent.

Anschließend wurden die Datensätze bereinigt und auf ihre Plausibilität geprüft.[165] Zur Bereinigung der Rohdaten wurden mehrere Qualitätskriterien aufgestellt, zum Beispiel blieben sämtliche Datensätze mit der Antwort „Keine Angabe“ bei jeder Frage unberücksichtigt. Zur Prüfung der Plausibilität der Fragen wurde eine erste Auswertung des bereinigten Datenbestands mit Hilfe von Häufigkeitsverteilungen vorgenommen.[166] Mögliche logische Inkonsistenzen von Antworten wurden durch Anwendung von Kreuztabellen bei entsprechenden Fragen gesichtet.[167] Für den aktuellen Stand von Predictive Maintenance wurde zur Prüfung der Reliabilität eine Faktoranalyse durchgeführt.[168]

3.1.2.2 Erkenntnisse aus der Onlineumfrage

Basierend auf der Onlineumfrage beurteilen 60 Prozent der Teilnehmer, dass Predictive Maintenance großes Potenzial für ihr Unternehmen besitzt, 47 Prozent der befragten Unternehmen sehen die Realisierung von Predictive Maintenance als not-

---

162 Für eine Abgrenzung und Beschreibung der unterschiedlichen Stakeholder in dieser Arbeit, siehe Kapitel 2.5.

163 Bisnode Deutschland GmbH (2016), URL siehe Literaturverzeichnis.

164 verlag moderne industrie GmbH (2016), URL siehe Literaturverzeichnis.

165 Vgl. Lück (2011), S. 66, Micheel (2010), S: 93 und Mayer (2009), S. 113 ff.

166 Vgl. Kuß u.a. (2014), S. 153 und Lück (2011), S. 67.

167 Vgl. Lück (2011), S. 66 und Mayer (2009), S. 107 f.

168 Vgl. Jacob u.a. (2013), S. 35.

wendig, um die Aufrechterhaltung der Wettbewerbsfähigkeit sicherzustellen. Lediglich vier Prozent sehen Predictive Maintenance als kurzandauernden Hype.[169]

Software spielt bei der Realisierung von Predictive Maintenance in der Smart Factory eine erhebliche, wenn nicht sogar existenzielle Rolle. Sei es zur Auswertung der erfassten Zustandsdaten, der Generierung von Prognosen beziehungsweise Simulationen, der instandhaltungsübergreifenden Vernetzung oder der Planung und Steuerung der Instandhaltungsmaßnahmen. Über diese Bedeutung des zunehmenden Einsatzes von Software zur erfolgreichen Umsetzung von Predictive Maintenance insbesondere in der Smart Factory und der damit verbundenen Automatisierung ist sich die überwiegende Mehrheit der Teilnehmer der Befragung einig. Für sie ist eine Softwareintensivierung von Predictive Maintenance von hoher bis sehr hoher Bedeutung, siehe Abbildung 11.

Damit Predictive Maintenance als softwareintensive Dienstleistung erfolgreich eingesetzt werden kann, sind laut Umfrageteilnehmer die vorab zu tätigenden Investitionen aus wirtschaftlicher Sicht zu bewerten. Bei den Umfrageteilnehmern verfügen lediglich 15 Prozent über geeignete Bewertungsverfahren oder -methoden und 73 Prozent der Befragten besitzen keine anwendungsfallspezifischen Bewertungsverfahren oder -methoden. Von diesen 73 Prozent haben 71 Prozent der Teilnehmer ein Interesse an Bewertungsverfahren zur Unterstützung der Investitionsentscheidungen von Predictive Maintenance, siehe Abbildung 11.[170]

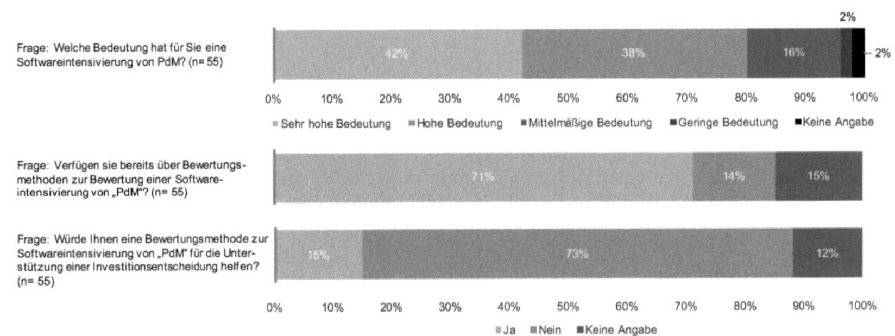

Abbildung 11: Softwareintensivierung von Predictive Maintenance[171]

[169] Vgl. Hartter u.a. (2016), S. 9.
[170] Vgl. Hartter u.a. (2016), S. 9.
[171] Quelle: Hartter u.a. (2016), S. 9.

3.2 Stand der Wissenschaft

Für die Erfassung des Stands der Wissenschaft, wurden zwei Literaturanalysen durchgeführt; eine eher unstrukturierte Literaturanalyse, um allgemein Methoden der Wirtschaftlichkeitsbewertung zu identifizieren sowie eine strukturierte Literaturanalyse, um Methoden und Verfahren zur Bewertung von Predictive Maintenance, Condition Monitoring und Softwaresystemen zu identifizieren und zu analysieren. Die unstrukturierte Literaturrecherche war der strukturierten vorgelagert und diente zusätzlich dem Aufbau von neuem Wissen und der Vertiefung von bestehendem Wissen im Themenfeld der Wirtschaftlichkeitsbewertung von neuen Technologien.

3.2.1 Vorbereitung und Durchführung der strukturierten Literaturrecherche

Eine systematische Literaturanalyse soll, im Gegensatz zur unstrukturierten Literaturanalyse, sicherstellen, dass durch die systematische Dokumentation der einzelnen Bearbeitungsschritte die Transparenz und die intersubjektive Nachvollziehbarkeit sichergestellt wird.[172] Basierend auf unterschiedlichen wissenschaftlichen Veröffentlichungen zur Konzeption und Durchführung von systematischen Literaturrecherchen[173] wurde für diese Arbeit eine fünf Phasen Vorgehensweise gewählt, siehe Abbildung 12.

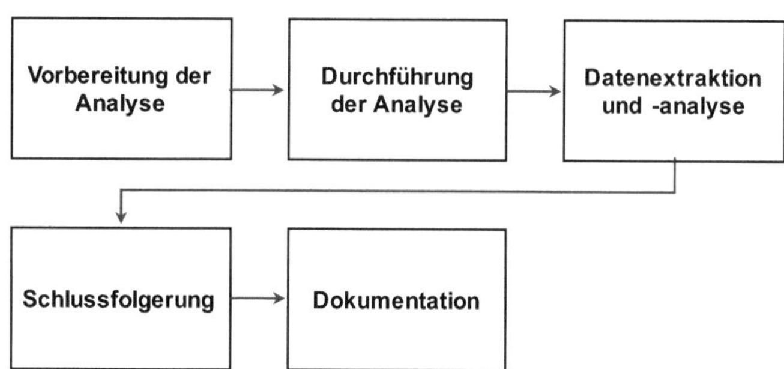

Abbildung 12: Vorgehensweise bei der strukturierten Literaturrecherche[174]

In der Vorbereitungsphase wird das Recherchezziel, die Einschlusskriterien sowie die Literaturdatenbanken definiert. Das Ziel dieser Literaturanalyse ist es, den aktuellen

[172] Vgl. Petticrew und Roberts (2006), S. 11 ff. und Peine (2014), S. 95.
[173] Vgl. hierzu exemplarisch Peine u.a. (2013), Maglyas u.a. (2011), Vom Brocke u. a. (2009), Kitchenham, Charters (2007) und Rowley und Slack (2004).
[174] Quelle: Eigene Darstellung.

Stand der Wissenschaft in Bezug auf Verfahren zur Bewertung von Predictive Maintenance, Condition Monitoring und Softwaresystemen aufzunehmen. Als Einschlusskriterien wurden neben der Publikationsart, die Qualität der Veröffentlichung, die Sprache und der Suchraum definiert, siehe Tabelle 5.

Kriterium der Veröffentlichung	Ausprägung
Publikationsart	Buch, Artikel
Qualität	Peer-Review
Sprache	Deutsch, Englisch
Suchraum	Titel, Abstract

Tabelle 5: Einschlusskriterien der Literaturrecherche[175]

Um die für diese Literaturrecherche relevanten Literaturdatenbanken zu identifizieren, wurde basierend auf den Rankinglisten des Verbands der Hochschullehrer für Betriebswirtschaft (Teilranking Wirtschaftsinformatik und Informationsmanagement) von 2011[176], der WI-Orientierungsliste von 2008[177] und des MIS Journal Rankings[178] jeweils die mit „A" und „B" bewerteten Medien recherchiert und analysiert, in welcher Literaturdatenbank diese aufgelistet werden. Dies erfolgte aus dem Grund, da den mit A und B gerankten Medien eine hohe Qualität und somit eine hohe Wichtigkeit im Rahmen der Wirtschaftsinformatik zugesprochen wird. Basierend auf dieser Analyse konnten die Datenbanken ACM Digital Library[179], EBSCOhost Business Source Premier[180], IEEE Xplore[181], ScienceDirect[182] und SpringerLink[183] als relevante Datenbanken für diese Literaturrecherche identifiziert werden. Da es über die Suchfunktion von SpringerLink nicht möglich ist, eine Suche auf einen Suchraum, im Falle dieser Arbeit, den Titel und das Abstract, zu reglementieren, musste in dieser Datenbank eine Volltextsuche durchgeführt werden, welche jedoch ausschließlich auf die durch die Rankings identifizierten Medien angewendet wurde. Bei den restlichen Datenbanken erfolgte die Recherche in der kompletten Datenbank. Die eigentliche

[175] Quelle: Eigene Darstellung.
[176] Verband der Hochschullehrer für Betriebswirtschaft (2008), URL siehe Literaturverzeichnis.
[177] O.V. (2008), S. 155 ff.
[178] Association for Information Systems (2015), URL siehe Literaturverzeichnis.
[179] ACM Digital Library (2015), URL siehe Literaturverzeichnis.
[180] EBSCOhost Business Source Premier (2015), URL siehe Literaturverzeichnis.
[181] IEEE Xplore Digital Library (2015), URL siehe Literaturverzeichnis.
[182] ScienceDirect (2015), URL siehe Literaturverzeichnis.
[183] SpringerLink (2015), URL siehe Literaturverzeichnis.

Recherche in den unterschiedlichen Literaturdatenbanken erfolgte über einen vordefinierten Suchterm, in deutscher sowie in englischer Sprache, welcher sich aus drei Bestandteilen zusammensetzt. Zum ersten aus den Begrifflichkeiten „Methode", „Verfahren" und „Vorgehensweise", zum zweiten aus „Wirtschaftlichkeit*" sowie „Kosten-Wirksamkeits-Analyse", „Kosten-Nutzen-Analyse" sowie „Nutzwertanalyse" und zum dritten aus „Predictive Maintenance", „condition monitoring" und „Software". Der erste Teil des Suchterms repräsentiert hierbei die Verfahren, der zweite Term die Art der Bewertung und der dritte Teil das Objekt, auf das die Bewertung angewendet werden soll. Da der Fokus dieser Arbeit auf der Instandhaltungsart des Predictive Maintenance liegt und Condition Monitoring ein essentieller Bestandteil davon darstellt, wurden diese zwei Begrifflichkeiten verwendet. Da das Predictive Maintenance als softwareintensive Dienstleistung gesehen wird, siehe Kapitel 2.4, wurde ebenfalls dieser Begriff in den Suchterm aufgenommen. Die drei unterschiedlichen Bereiche wurden jeweils mit einer UND-Verknüpfung verknüpft und innerhalb dieser Bereiche die ODER-Verknüpfung verwendet. Der genaue Suchterm ist in Englisch sowie in Deutsch dieser Arbeit dem Anhang 3 beigefügt.

Zusätzlich zur Datenbankrecherche mit einem Suchterm wurde eine Backwards-Suche durchgeführt. Hierbei werden in den für relevant erachteten Veröffentlichungen die Literaturverzeichnisse nach weiteren relevanten Veröffentlichungen analysiert.[184]

3.2.2 Ergebnisse der Literaturrecherche

3.2.2.1 Quantitative Ergebnisse

Basierend auf der Literaturrecherche kann festgehalten werden, dass insgesamt 243 Beiträge über die Datenbanksuche gefunden wurden. Durch die Backwards-Suche konnten zusätzlich weitere zwölf Beiträge identifiziert werden. Von diesen 255 Beiträgen waren 18 Dubletten, da sie über mehrere Datenbanken als Resultate angezeigt wurden. Somit identifizierte die Literaturrecherche 237 Veröffentlichungen, von welchen die Abstracts gelesen und auf Basis dieser Abstracts die Relevanz für das Forschungsprojekt bewertet wurde. Insgesamt konnten 46 Veröffentlichungen als re-

---

[184] Vgl. Vom Brocke u. a. (2009), S. 8.

levant identifiziert werden. Diese Veröffentlichungen wurden anschließend vollständig gelesen und bewertet, um die weitere Relevanz für das Forschungsprojekt zu prüfen. Basierend auf dieser Bewertung konnten 37 Veröffentlichungen als relevant für diese Arbeit identifiziert werden. Hierfür wurde der Inhalt der jeweiligen Veröffentlichung basieren auf unterschiedliche Bewertungskriterien untersucht, wie zum Beispiel: Werden qualitative und/oder quantitative Faktoren thematisiert, wurde ein Verfahren entwickelt und/oder angewendet oder stellt das Verfahren eine Entscheidungshilfe für die Investitionsentscheidung dar. Als Bewertungsdimensionen der Bewertungskriterien wurde „ja", „teilweise" oder „nein" bewertet. „Ja" wurde gewählt, wenn mindestens eins der Bewertungskriterien erfüllt ist. „Nein", wenn kein Bewertungskriterium erfüllt wird und „teilweise" wenn ein Bewertungskriterium thematisiert wird, jedoch der Fokus der Veröffentlichung auf einem anderen Aspekt liegt.

3.2.2.2 Qualitative Ergebnisse

Aus qualitativer Sicht hat die Recherche ergeben, dass eine Vielzahl an allgemeinen Methoden existieren, um die Wirtschaftlichkeit zu bewerten sowie Methoden, die insbesondere auf die Bewertung der Wirtschaftlichkeit von Softwaresystemen orientiert sind. Jedoch wurde kein konkretes Verfahren zur Bewertung von Predictive Maintenance und/oder Condition Monitoring als Kernbestandteil von Predictive Maintenance identifiziert.

Die allgemeinen Methoden zur Bewertung der Wirtschaftlichkeit können zwei Kategorien zugeordnet werden. So gibt es Methoden aus der Investitionsrechnung und Methoden aus der Technologiebewertung, siehe Abbildung 13. Bei den Methoden aus der Investitionsrechnung können hierbei weitere Unterscheidungen vorgenommen werden. Zum einen gibt es Methoden, die ausschließlich eine monetäre Bewertung vornehmen, wie beispielsweise die Kapitalwertmethode oder die Amortisationsmethode. Zum anderen gibt es Methoden, die qualitative Faktoren quantifizieren und basierend auf diesen anschließend die Bewertungen vorgenommen werden, wie beispielsweise die Kosten-Nutzen-Analyse.[185]

---

[185] Vgl. exemplarisch Kruschwitz (2014), Schlink (2014), Andree (2011) und Warnecke u.a. (1996).

Werden die Methoden zur Technologiebewertung betrachtet, so werden hier, abhängig von den Anforderungen des Unternehmens, unterschiedliche Methoden verwendet. Neben den Methoden, die ebenfalls den qualitativen Methoden aus der Investitionsrechnung zugeordnet werden können, gibt es unterschiedliche weitere Methoden, die je nach Art oder Phase bei der Technologiebewertung unterschiedliche Faktoren berücksichtigen, siehe Abbildung 13.[186] So kann die Trendextrapolation beispielsweise der quantitativen Technologiebewertung in der Phase der Folgeabschätzung zugeordnet werden oder die Methode der Nutzwert-Analyse der Phase der Bewertung. Hierbei werden qualitative und quantitative Faktoren bei der Bewertung verwendet.

Methode	Art		Phase		
	Qualitativ	Quantitativ	Definition Strukturierung	Folgen-abschätzung	Bewertung
Trendextrapolation		●		●	
Historische Analogiebildung	●	●		●	
Brainstorming	●		●	●	
Delphi-Expertenumfrage	●	●	●	●	●
Morphologische Klassifikation	●		●	●	
Relevanzbaum-Analyse	●	●	●	●	●
Risiko-Analyse		●		●	●
Verflechtungsmatrix-Analyse	●	●		●	●
Modell-Simulation		●	●	●	●
Szenario-Gestaltung	●		●	●	●
Kosten-Nutzen-Analyse		●			●
Nutzwert-Analyse	●	●			●

Abbildung 13: Methoden der Technologiebewertung[187]

Die durch die Literaturanalyse identifizierten Veröffentlichungen, die softwarespezifische Methoden berücksichtigen, können wie folgt eingeordnet werden; Methoden

[186] Vgl. exemplarisch Verein Deutscher Ingenieure (2000).
[187] Quelle: Darstellung in Anlehnung an Verein Deutscher Ingenieure (2000).

zur Unterstützung der Softwareauswahl[188], Methoden, die nur quantitative Faktoren berücksichtigen[189], Wirtschaftlichkeitsbetrachtung aus anderen Domänen[190] und Methoden zur Softwareentwicklung[191]. Neben dieser groben Einordnung wurde zusätzlich noch eine differenziertere Bewertung der Inhalte vorgenommen. Hierbei erfolgte die Bewertung der Inhalte dadurch, ob die Veröffentlichung nur die Anwendung eines Verfahrens präsentiert oder ebenfalls detailliert die Entwicklung bzw. Anpassung des angewendeten Verfahrens beschreibt. Diese Bewertungen erfolgten bezogen auf quantitative Faktoren sowie bezogen auf qualitative Faktoren. Zusätzlich wurde bewertet, ob die Veröffentlichung als Investitionsentscheidungshilfe verwendet werden kann und ob die Einführung von IT, insbesondere Software, adressiert wird, siehe Tabelle 6.

Inhalt			
Wird () Behandelt	ja	teilw.	nein
(a) Entwicklung / Anpassung Verfahren monetäre Faktoren	9	11	5
(b) Entwicklung / Anpassung Verfahren qualitative Faktoren	2	5	18
(c) Anwendung Verfahren (monetär)	13	10	2
(d) Anwendung Verfahren (qualitativ)	3	6	16
(e) Einführung von Software / IT / IKT	2	7	16
(f) Entscheidungshilfe	9	11	5

Tabelle 6: Ermittelte Inhalte aus der Literaturanalyse[192]

Basierend auf diesen Ergebnissen der systematischen Literaturanalyse kann festgestellt werden, dass die Entwicklung bzw. Anpassungen eines Verfahrens lediglich bei neun Veröffentlichungen der Fall war. Hierbei berücksichtigten nur zwei Veröffentlichungen auch qualitative Faktoren. Die Anwendung eines Verfahrens wurde in 13 Veröffentlichungen detailliert beschrieben und durchgeführt. Insgesamt dienten neun Veröffentlichungen als Investitionsentscheidungshilfe und zwei der Einführung von Software, IT oder IKT.

188 Vgl. Bernroider und Koch (2000) und Kohonen (1984).
189 Vgl. Jede und Teuteberg (2014), Karat (2005), Badri u.a. (2001) und Taudes u.a. (2000).
190 Vgl. Röthing (2007), Wolf und Krcmar (2005) und Ioannou und Sullivan (1999).
191 Vgl. Lee (2008), Kazman u.a. (2001) und Soares und Fernandes (1999).
192 Quelle: Eigene Darstellung.

Einige Veröffentlichungen thematisierten die unterschiedlichen Inhalte, siehe Tabelle 6, nur teilweise. Das bedeutet, dass die aufgeführten Inhalte nicht im Fokus der Veröffentlichung liegen. Sie stellen lediglich einen Nebenaspekt dar und werden daher nicht ausführlich thematisiert.

Im Hinblick auf bestehende Verfahren oder Methoden, die softwarespezifische Faktoren bei der Bewertung berücksichtigen, kann beispielhaft das von Hanssen (2010)[193] entwickelte Modell zur Bestimmung und Bewertung der Wertschöpfung der IT innerhalb eines Unternehmens anhand einer monetären Kennzahl genannt werden oder die von Lamberth und Weisbecker (2010)[194] entwickelte erweiterte Nutzwertanalyse, um basierend auf quantitativen und qualitativen Faktoren die Wirtschaftlichkeit des Einsatzes von Cloud Computing im Vergleich zur Anschaffung und dem Betrieb unternehmenseigener IT aufzuzeigen. Eine Methode mit Bezug auf die Produktion stellt die von Volkmann (2014)[195] entwickelte Methode zur Konzeption und zur Bestimmung der Wirtschaftlichkeit des Einsatzes von Digital Engineering-Systemen dar.

Ein weiterer Bereich der Bewertung stellt die Innovationsbewertung dar. Für den methodischen Ablauf einer Bewertung der Innovation kann das Grundmodell von Tintelnot u.a.[196] verwendet werden. Dieses Grundmodell besteht aus sechs Schritten und wurde basierend auf dem ursprünglichen Grundmodell von Heyde u.a.[197] aus dem Jahr 1991 weiterentwickelt, siehe Abbildung 14. Hierbei sollen die sechs Bewertungsschritte durch die analytische und strategische Arbeit im Unternehmen vorbereitet werden sowie anschließend konsequent und gewissenhaft durchlaufen werden.[198] Als mögliche Bewertungsmethoden für die Bewertung von Innovationen werden nach der Ist- und Soll-Analyse hierbei Methoden der qualitativen Bewertung sowie der quantitativen Bewertung empfohlen.[199]

---

[193] Vgl. Hanssen (2010).
[194] Vgl. Lambert und Weisbecker (2010).
[195] Vgl. Volkmann (2014).
[196] Vgl. Tintelnot u.a. (1999), S. 8.
[197] Vgl. Heyde u.a. (1991), S. 19.
[198] Vgl. Heyde u.a. (1991), S. 19.
[199] Vgl. Heyde u.a. (1991), S. 195.

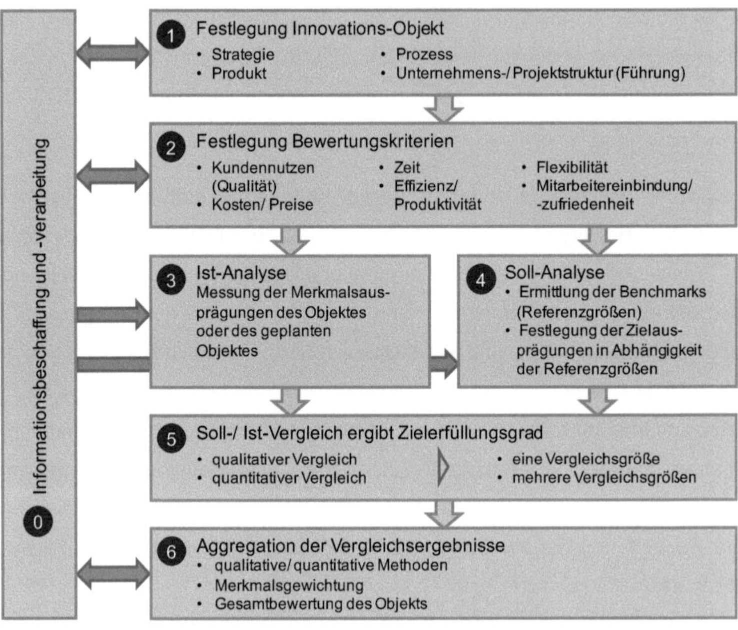

Abbildung 14: Bewertung im Innovationsprozess nach Tintelnot u.a.[200]

Zusammenfassend kann basierend auf der Literaturanalyse festgestellt werden, dass es unterschiedliche allgemeine Methoden zur Bewertung aus der Investitionsrechnung, der Technologiebewertung und der Innovationsbewertung gibt. Durch ihren generischen Aufbau können diese Methoden je nach Anwendungsfall zur Bewertung von Predictive Maintenance eingesetzt werden. Jedoch wurde kein anwendungsfallspezifisches Verfahren zur Bewertung von Predictive Maintenance identifiziert, welches Predictive Maintenance fokussierte Bewertungskriterien berücksichtigt, um Unternehmen eine wissenschaftlich begründete und allgemein akzeptierte Vorgehensweise zur Verfügung zu stellen. Ebenfalls fehlt es an Verfahren die Condition Monitoring als einen der Kernbestandteile von Predictive Maintenance berücksichtigen.

Zusätzlich gibt es in den für diese Arbeit für relevant identifizierten Literaturdatenbanken eine Vielzahl an Veröffentlichungen, die softwarespezifische Methoden zur

[200] Quelle: Tintelnot u.a. (1999), S. 8.

Bewertung berücksichtigen und bei denen die Anwendung einer Bewertungsmethode basierend auf monetären Faktoren durchgeführt wird. Jedoch gibt es kaum Veröffentlichungen, die eine Methode oder ein Verfahren entwickeln, um vor der Investitionsentscheidung ein Softwaresystem basierend auf quantitativen sowie qualitativen Faktoren zu bewerten.

3.3 Erkenntnisse zu Verfahren zur Bewertung von Predictive Maintenance basierend auf dem erhobenen Status quo

Basierend auf dem Stand der Unternehmenspraxis sowie dem Stand der Wissenschaft ergeben sich nachfolgende Prämissen.

Aus Unternehmenspraxisperspektive besitzt die Einführung von Predictive Maintenance als softwareintensive Dienstleistung bei vielen Unternehmen eine hohe bis sehr hohe Bedeutung. So sehen Unternehmen die Einführung von Predictive Maintenance als technologisch umsetzbar an, da die einzelnen unterschiedlichen Technologien, die für die Realisierung eingesetzt werden sollen, bereits existieren. Jedoch sehen die Unternehmen aktuell das Problem darin, dass sie über kein konkretes Verfahren zur Bewertung verfügen, welches die spezifischen Kriterien von Predictive Maintenance berücksichtigt. Das Ziel eines solchen Bewertungsverfahrens soll es sein, die aktuelle Situation der Instandhaltung mit dem möglichen zukünftigen Predictive Maintenance Prozess zu vergleichen, um damit die Investitionsentscheidung für Instandhaltungsanbieter zu unterstützen.

Basierend auf den Ergebnissen der Literaturanalyse kann festgehalten werden, dass es unterschiedliche generische Methoden aus dem Umfeld der Investitionsrechnung, der Technologiebewertungen und der Innovationsbewertung gibt. Manche dieser Methoden werden in leicht abgeänderter Weise bereits auch auf softwarespezifische Aspekte angewendet. Da bei Predictive Maintenance neben den neuen Technologien unter anderem die Softwareintensivierung des Instandhaltungsprozesses im Vordergrund steht, sollte ein Verfahren zur Bewertung von Predictive Maintenance auch diesen Aspekt adressieren. Den Ergebnissen der Literaturanalyse zu Folge gibt es kein wissenschaftlich begründetes und allgemein akzeptiertes Verfahren, das die Entscheidungsfindung für die Investitionsentscheidung in Predictive Maintenance unterstützt.

Somit kann unter Berücksichtigung des erarbeiteten Status quo sowie basierend auf den daraus resultierenden Erkenntnissen das in Kapitel 1.1 aufgestellte Forschungsdefizit und das damit einhergehende Forschungsziel der Entwicklung eines wissenschaftlich begründeten und allgemein akzeptierten Verfahrens zur Bewertung von Predictive Maintenance für Maschinen zur Unterstützung der Investitionsentscheidung für Anbieter von Instandhaltungsdienstleistungen durch diesen Status quo bestätigt werden.

4. Anforderungen an Verfahren zur Bewertung von Predictive Maintenance zur Unterstützung der Investitionsentscheidung

Basierend auf dem für diese Arbeit definierten Forschungsziel, der Entwicklung eines wissenschaftlich begründeten und allgemein akzeptierten Verfahren zur Bewertung von Predictive Maintenance als softwareintensive Dienstleistung für Maschinen zur Unterstützung der Investitionsentscheidung für Anbieter von Instandhaltungsdienstleistungen, können zwei Anforderungsgruppen für diese Arbeit abgeleitet werden. Das ist auf der einen Seite die wissenschaftliche Begründung des Verfahrens, welche durch die konsequente Einhaltung anerkannter wissenschaftlicher Vorgehensweisen realisiert werden soll sowie auf der anderen Seite die allgemeine Akzeptanz des Verfahrens. Die allgemeine Akzeptanz soll durch die Berücksichtigung der Anforderungen, die die unterschiedlichen Stakeholder an das Bewertungsverfahren haben, erreicht werden. Die Erhebung dieser Anforderungen erfolgt nachfolgend über Experteninterviews. Das Ziel hierbei ist die Ermittlung der konkreten Anforderungen, die die Wissenschaft sowie die Unternehmenspraxis an ein Bewertungsverfahren und den dazugehörigen Bewertungsprozess hat, um basierend auf den Bewertungsergebnissen die Investitionsentscheidung für Predictive Maintenance zu unterstützen. Nachfolgend wird in Kapitel 4.1 die Vorgehensweise der Anforderungsermittlung erläutert sowie die unterschiedlichen ermittelten Anforderungen in Kapitel 4.2 Anforderungen an die inhaltliche Ausgestaltung des Bewertungsverfahrens und Kapitel 4.3 Metaanforderungen an das Bewertungsverfahren beschrieben.

4.1 Vorgehensweise bei der Anforderungserhebung

Die Vorgehensweise bei der Anforderungserhebung kann in vier Schritte unterteilt werden. Hierbei handelt es sich um die Vorbereitung und Durchführung der Experteninterviews, siehe Kapitel 4.1.1, sowie um die Auswertung und Strukturierung der erhobenen Daten, siehe Kapitel 4.1.2.

4.1.1 Vorbereitung und Durchführung der Experteninterviews

Basierend auf dem in den vorangegangenen Kapiteln aufgezeigten Defizit an Bewertungsverfahren im Themenkomplex des Predictive Maintenance, verfolgt die Anforderungserhebung die Explorationsstrategie basierend auf dem Führen von Experteninterviews. Nachfolgend werden die Vorbereitung und die Durchführung dieser Experteninterviews beschrieben. Hierfür wird in der Vorbereitung der Interviews auf den Interviewleitfaden und die Interviewpartner eingegangen und anschließend die Durchführung der Experteninterviews beschrieben.

Interviewleitfaden

Der Interviewleitfaden dient bei den Experteninterviews als Orientierungshilfe während der Durchführung der Interviews. Dadurch soll gewährleistet werden, dass eine gewisse Struktur im Interview eingehalten wird und die verschiedenen Interviews in der anschließenden Auswertung und Analyse verglichen werden können.[201] Ein nicht personifizierter Interviewleitfaden wurde dieser Arbeit im Anhang 4 angefügt.

Zur Sicherstellung einer gewissen Struktur während des jeweiligen Interviews, wurde der Interviewleitfaden in drei Bereiche gegliedert. Hierbei handelt es sich um die Bereiche allgemeine Fragen zur interviewten Person und dessen Unternehmen, Fragen zur allgemeinen Instandhaltung und zu Predictive Maintenance als softwareintensive Dienstleistung im Speziellen sowie um den Fragebereich Anforderungen an ein Verfahren zur Bewertung von Predictive Maintenance als softwareintensive Dienstleistung. Der Hauptteil der Interviews bezieht sich hierbei auf die Thematisierung der Anforderungen, welche in die Bereiche Anforderungen an die inhaltliche Ausgestaltung des Bewertungsverfahrens und Anforderungen an den Prozess der Bewertung unterteilt werden.

Der erste Bereich des Interviewleitfadens dient hierbei der Einordnung des Unternehmens, in welchem der Experte tätig ist, und der Tätigkeit des Experten. Dieser Bereich beinhaltet beispielsweise die Frage: „Wie würden sie ihre Tätigkeit im Unternehmen beschreiben und wie ist die Bezeichnung dafür?“. Im Rahmen der Vorbereitung auf ein Gespräch werden diese Daten, soweit bekannt, bereits vorab ausgefüllt und im Interview lediglich kurz durch den Experten bestätigt. Ist es jedoch im Vorhinein nicht beziehungsweise nur teilweise möglich, die nötigen Daten zu erhalten, so wird diese Fragen zu Beginn des Gesprächs an den Experten gestellt.

---

[201] Vgl. Brosius u.a. (2008), S. 115.

Im zweiten Abschnitt des Interviews wird nochmals nachgefragt, ob die Experten es für notwendig erachten, dass ein wissenschaftlich begründetes und allgemein akzeptiertes Bewertungsverfahren entwickelt werden soll. Dies erfolgte zwar bereits über die Erarbeitung des Stands der Wissenschaft und der Unternehmenspraxis, dient an dieser Stelle jedoch nochmals der Bestätigung der Erkenntnisse aus den Erhebungen zur Ermittlung des Status quo. In diesem zweiten Bereich liegt der Fokus auf der Digitalisierung der Fabrik, insbesondere des Instandhaltungsprozesses, sowie im Speziellen in Bezug auf Predictive Maintenance. Dieser Teil soll als Einstieg und als Sensibilisierung für die Thematik der Digitalisierung und der unterschiedlichen Konzepte der Instandhaltung dienen sowie das individuelle thematische Verständnis des Experten erfragen, damit ein einheitliches Begriffsverständnis für das Gespräch geschaffen werden kann. In diesem Teilbereich wird beispielhaft die Frage „Was ist ihr Verständnis von Predictive Maintenance als softwareintensive Dienstleistung?“ gestellt.

Der dritte Teilbereich des Interviews ist zugleich der größte und umfangsreichste des Interviews. In diesem wird direkt nach den Anforderungen an ein Bewertungsverfahren gefragt. Hierbei wird nach Anforderungen an die inhaltliche Ausgestaltung des Bewertungsverfahrens und nach Anforderungen an den Prozess des Bewertungsverfahrens unterschieden. Die Unterscheidung dieser zwei Arten von Anforderungen besteht darin, dass es sich bei den inhaltlichen Anforderungen um Anforderungen handelt, die nach Meinung der Experten in dem Verfahren berücksichtigt sein sollen. Die Anforderungen an den Prozess des Bewertungsverfahrens sind sogenannte Metaanforderungen, welche der Bewertungsprozess des Bewertungsverfahrens übergreifend erfüllen soll. Zur Ermittlung dieser Anforderungen wird eine offene Frage gestellt, um zu erfahren, welche Anforderungen der Experte an ein Bewertungsverfahren hat. Basierend auf den vom Experten genannten Anforderungen wird vertiefend nachgefragt. Ist der Experte nicht unmittelbar in der Lage, seine Anforderungen im Detail zu nennen und/oder zu beschreiben, so werden ihm weitere, tiefergehende Fragen gestellt. Beispielsweise, ob er quantifizierbare und qualitative Faktoren in dem Bewertungsverfahren für notwendig erachtet und welche für ihn bei einer Bejahung wichtig beziehungsweise relevant sind. Als letzte Frage des dritten Frageblocks werden die Metaanforderungen thematisiert. Falls ein Experte bereits bei der

Beantwortung der offenen Frage nach den Anforderungen, Metaanforderungen nennt, so werden diese im weiteren Verlauf nicht nochmals abgefragt.

Als letzte Frage des Interviews wird die Frage gestellt, ob dem Experten eine Thematik fehlt, die nicht angesprochen wurde und die er noch in das Interview einfließen lassen möchte.

Abschließend wird geklärt, ob das Unternehmen genannt werden darf und die Erkenntnisse aus dem Interview in anonymisierter und aggregierter Form verwendet werden dürfen.

Vor der Durchführung der Experteninterviews wurde der Interviewleitfaden keinem expliziten Pretest unterzogen, da in der Literatur zu Leitfaden gestützten Interviews meistens angefügt wird, dass der Interviewleitfaden keinem speziellen Pretest zu unterziehen sei, sondern dieser während der gesamten Zeit der Interviews einem kontinuierlichen Verbesserungsprozess unterzogen werden sollte.[202] Das bedeutet, falls etwaige Fragestellungen nicht die erhoffte Antwort hervorrufen, diese Frage jederzeit modifiziert werden kann. Hierbei ist jedoch wichtig, dass der Kern der Frage nicht abgeändert wird, damit trotz unterschiedlicher Fragestellungen noch eine Vergleichbarkeit der Antworten sichergestellt wird.

Von diesem iterativen Verbesserungsmechanismus musste nach drei durchgeführten Experteninterviews Gebrauch gemacht werden. Der Grund hierfür war, dass basierend auf der offenen Frage zu den Anforderungen kaum Metaanforderungen genannt wurden. Somit wurde dieser offenen Frage eine weitere Frage hinzugefügt, um die Metaanforderungen explizit abzufragen und bei Bedarf vordefinierte Metaanforderungen, die zuvor aus der Literatur erarbeitet wurden, diskutieren zu können.

Interviewpartner

Neben der Erstellung des Interviewleitfadens ist es in der Vorbereitungsphase notwendig, die relevanten Experten zu identifizieren sowie zu kontaktieren.[203] Werden die unterschiedlichen Rollen betrachtet, die die Personen als Experten qualifizieren, so werden in dieser Arbeit unterschiedliche Kriterien berücksichtigt. Das erste Krite-

---

[202] Vgl. Jäger und Reinecke (2009), S. 45.
[203] Vgl. Kurz. u.a. (2009), 467 ff.

rium stellt hierbei das Unternehmen dar. So ist es notwendig, dass die Person bei einem Unternehmen oder einer Forschungseinrichtung tätig ist, welches in eine der identifizierten Stakeholdergruppen eingeordnet werden kann und welches bereits erste Erfahrungen im Themenkomplex der Digitalisierung der Produktion gesammelt hat. Des Weiteren muss sie Investitionsentscheidungen in Bezug auf die Instandhaltung treffen dürfen beziehungsweise maßgeblich an der Entscheidungsfindung beteiligt sein und ein detailliertes Wissen über die digitale Produktion und über die damit einhergehende Softwareintensivierung des Instandhaltungsprozesses besitzen.

Insgesamt konnten 62 Personen in 53 Unternehmen als potenzielle Experten identifiziert werden, welche anschließend angeschrieben wurden. Neben der Kontaktdatenbank des Lehrstuhls für Allgemeine Betriebswirtschaftslehre und Wirtschaftsinformatik II der Universität Stuttgart wurden Anfragen basierend auf der Recherche auf der Plattform XING[204], der Landkarte Industrie 4.0[205] und der Hoppenstedt Firmendatenbank [206] versendet. Zusätzlich wurde auf persönliche Kontakte des Verfassers dieser Arbeit zurückgegriffen.

Die 62 identifizierten Experten wurden telefonisch kontaktiert oder durch eine personalisierte E-Mail angeschrieben. Von diesen 62 kontaktierten Personen haben sich 24 bereit erklärt ein Experteninterview durchzuführen. Die restlichen kontaktierten Personen haben sich entweder nicht zurückgemeldet oder die Teilnahme aus verschiedensten Gründen abgelehnt, wie beispielsweise, dass der Terminkalender es leider nicht zulasse ein Interview zu führen oder einfach mangelndes Interesse an dieser Studie teilzunehmen. Bei den Personen, die sich nach dem Erstkontakt nicht gemeldet haben, wurde nach einem Monat eine Erinnerungsemail versendet. Sollten die Personen sich trotz zweimaliger Kontaktierung nicht gemeldet haben, wurde davon ausgegangen, dass kein Interesse besteht, an solch einem Interview teilzunehmen.

Mit den 24 Experten, die sich bereiterklärt haben das Interview durchzuführen, wurden jeweils separate Termine für die Durchführung der Experteninterviews verein-

[204] XING AG (2016), URL siehe Literaturverzeichnis.
[205] Bundesministerium für Wirtschaft und Energie (2016), URL siehe Literaturverzeichnis.
[206] Bisnode Deutschland GmbH (2016), URL siehe Literaturverzeichnis.

bart. In Tabelle 7 werden die geführten Experteninterviews durch Nennung des Unternehmens, des Datums der Durchführung, der Art der Durchführung und der Stakeholdergruppe, welcher der Experte zugeordnet werden kann, aufgelistet. Aufgrund der Tatsache, dass die meisten Experten der Teilnahme am Experteninterview nur zugestimmt haben, wenn die Ergebnisse in anonymisierter und aggregierte Form verwendet werden, muss an dieser Stelle auf die Nennung der Namen und der Stellenbezeichnung verzichtet werden. Jedoch ist festzuhalten, dass alle Experten den vorangegangen beschriebenen Kriterien entsprechen.

Zur Vorbereitung auf das Interview wurden Informationen über das jeweilige Unternehmen des Experten und den Experten selbst, soweit möglich, eingeholt. Dies geschah hauptsächlich über die Internetpräsenz des Unternehmens und über die Hoppenstedt Firmendatenbank für Hochschulen[207]. Anschließend wurde ein für jeden Experten personifizierter Interviewleitfaden erstellt, indem der erste Bereich des Interviewleitfadens mit den recherchierten Firmen- und Personendaten ergänzt wurde. Dieses Dokument wurde anschließend mit in das Interview genommen und diente als Orientierungs- und Strukturierungshilfe während des Experteninterviews.

Durchführung der Experteninterviews

Wie vorangehend dargelegt, wurden 24 Experteninterviews geführt, siehe Tabelle 7. Diese Interviews dauerten jeweils zwischen 30 und 180 Minuten, wurden telefonisch oder persönlich durchgeführt und durch einen Sprachrecorder aufgezeichnet, falls der Experte dies erlaubte, was eine spätere Auswertung der Interviews erleichterte. In der nachfolgenden Tabelle sind die Teilnehmer der Experteninterviews aufgeführt. Es ist jeweils der Name des Unternehmens, die Art des Interviews (persönlich oder telefonisch), der Zeitpunkt des Interviews sowie die jeweilige Stakeholdergruppe genannt. Von der Auflistung der Namen der Interviewpartner und ihrer Stellenbezeichnung wurde abgesehen, da auf diese Art und Weise eine gewisse Anonymisierung vorgenommen werden konnte und einige Experten der Verwendung ihres Namens widersprachen.

---

[207] Bisnode Deutschland GmbH (2016), URL siehe Literaturverzeichnis.

Lfd.	Unternehmen	Datum	Art	Stakeholdergruppe
1	Wallstein Service GmbH	26. Mai 15	Telefonisch	Dienstleistungsunternehmen
2	Oltrogge & Co. KG	26. Mai 15	Telefonisch	Dienstleistungsunternehmen
3	autinity systems GmbH	27. Mai 15	Telefonisch	Komponentenlieferanten
4	IBM Schweiz	01. Jun 15	Telefonisch	Komponentenlieferanten
5	IAS Mexis GmbH	04. Jun 15	Persönlich	Komponentenlieferanten
6	Bosch Rexroth AG	05. Jun 15	Persönlich	Maschinenbetreiber
7	MAG IAS GmbH	30. Jun 15	Telefonisch	Maschinenhersteller
8	HEMPEL Unternehmensgruppe	06. Jul 15	Telefonisch	Dienstleistungsunternehmen
9	DMG MORI Global Service Milling GmbH	07. Jul 15	Telefonisch	Maschinenhersteller
10	Duale Hochschule Baden-Württemberg Mannheim	13. Jul 15	Telefonisch	Wissenschaft
11	Linde Hydraulics GmbH & Co. KG	20. Jul 15	Telefonisch	Maschinenbetreiber
12	University of Applied Sciences Aachen	23. Jul 15	Persönlich	Wissenschaft
13	Hochschule Pforzheim	25. Aug 15	Persönlich	Wissenschaft
14	Robert Bosch GmbH	02. Sep 15	Telefonisch	Maschinenbetreiber
15	IBM Deutschland	02. Sep 15	Telefonisch	Komponentenlieferanten
16	INDEX-Werke GmbH & Co. KG	09. Okt 15	Persönlich	Maschinenhersteller
17	Festo AG & Co. KG	12. Okt 15	Telefonisch	Maschinenhersteller
18	Wittenstein SE	23. Okt 15	Telefonisch	Maschinenhersteller
19	iTiZZiMO AG	28. Okt 15	Telefonisch	Komponentenlieferanten
20	SAP AG	01. Dez 15	Persönlich	Komponentenlieferanten
21	OSRAM GmbH	07. Dez 15	Telefonisch	Maschinenbetreiber
22	Pirelli Deutschland GmbH	11. Dez 15	Persönlich	Maschinenbetreiber
23	ABB Ltd.	02. Feb 16	Telefonisch	Maschinenbetreiber
24	TRUMPF GmbH + Co. KG	16. Feb 16	Persönlich	Maschinenhersteller

Tabelle 7: Teilnehmer an der Anforderungserhebung[208]

[208] Quelle: Eigene Darstellung.

Wird die Zuordnung der teilnehmenden Unternehmen und Experten nach den Stakeholdergruppen betrachtet, so kann festgehalten werden, dass sechs der Experten der Stakeholdergruppe der Maschinenhersteller zugeordnet werden können, sechs den Maschinenbetreibern, drei Experten den Dienstleistungsunternehmen, sechs den Komponentenlieferanten und drei der Wissenschaft. Nach der Durchführung dieser 24 Interviews wurden keine weiteren Interviews geführt, da eine theoretische Sättigung erreicht wurde. Das bedeutet, es konnten keine theoretisch relevanten Unterschiede in den erhaltenen Informationen festgestellt werden.[209]

4.1.2 Auswertung und Strukturierung der Daten

Nach der Durchführung der Experteninterviews begann die Auswertung der Daten mit der Transkription der geführten Interviews.[210] Hierfür wurden die Sprachdateien, die im Einvernehmen mit den Experten bei den Interviews per Sprachrecorder aufgezeichnet wurden, verwendet und diese Dateien durch einen Transkriptionsprozess in eine schriftliche Form überführt. Zu jedem Experteninterview wurde hierfür ein Interviewprotokoll erstellt, welches neben den transkribierten Interviews, Daten zur Person und dem Unternehmen enthält. Da für die Analyse dieser Arbeit lediglich der Inhalt der Interviews von Interesse war, wurde die Umwandlung der Sprachaufnahmen in eine Textfassung ohne Berücksichtigung von nonverbalen Aspekten durchgeführt.[211] Hatte ein Experte der Aufnahme des Interviews nicht zugestimmt, so wurde basierend auf den Notizen, die während dem Interview notiert wurden, ein Gedächtnisprotokoll erstellt.

Als Auswertungsverfahren eines Experteninterviews kann zwischen dem strukturierten und dem gegenstandsbezogenen Verfahren gewählt werden. Die Auswertung durch das strukturierte Verfahren, auch Inhaltsanalyse genannt, zeichnet sich dadurch aus, dass in den Interviewprotokollen eine Auswertung nach Themen und deren Verflechtung stattfindet, so „wird nach der inhaltlichen Struktur von Begrifflichkeiten oder Themen eines Textes“[212] gesucht. Im Gegensatz dazu ist das Ziel des gegenstandsbezogenen Verfahrens die Sinnstrukturen herauszufinden, welche im

209 Vgl. Kelle und Kluge (2010), S. 49.
210 Vgl. Hitzler (2009), S. 214.
211 Vgl. Koller (2009), S. 351 f. und Jäger und Reinecke (2009), S. 53.
212 Jäger und Reinecke (2009), S. 58.

Verborgenen des Interviewpartners liegen. So soll mit Hilfe dieses Verfahrens erkannt werden, was hinter dem Gesagten des Experten liegt. Diese latenten Strukturen aufzufinden ist mit einem sehr hohen Aufwand verbunden, da hierzu der Text ausgiebig analysiert werden muss und die verbalen Aspekte mit einbezogen werden müssen.[213]

Da für die Gewinnung neuer Erkenntnisse, wie es für diese Arbeit notwendig ist, nicht die latenten Sinnstrukturen als wesentliches Ergebnis ermittelt werden sollten, sondern die Aussagen zu den Erfahrungen der Experten zu dem Themenkomplex der Bewertung von Predictive Maintenance als softwareintensive Dienstleistung im Mittelpunkt steht, wurde für die Analyse der Experteninterviews die Inhaltsanalyse als Verfahren angewendet.

Durch die systematische Auswertung der Interviewprotokolle konnten unterschiedliche Anforderungen an das Bewertungsverfahren identifiziert werden. Zusätzlich war es möglich, konkrete Bewertungskriterien zu identifizieren, welche in Kapitel 6 beschrieben werden. Bei der Identifikation der Anforderungen war nicht die Häufigkeit der Nennung einer Anforderung ausschlaggebend für die weitere Betrachtung, sondern auch einzelne Nennungen wurden aufgenommen. Die identifizierten Anforderungen wurden in einem Strukturierungsprozess nach inhaltlichen Gemeinsamkeiten geordnet und zu unterschiedlichen Bereichen zusammengefasst. Hierbei handelt es sich um Anforderungen an die inhaltliche Ausgestaltung des Bewertungsverfahrens sowie um Metaanforderungen an das Bewertungsverfahren.

Die einzelnen Anforderungen werden in den nachfolgenden zwei Unterkapiteln beschrieben und analysiert.

4.2 Anforderungen an die inhaltliche Ausgestaltung des Bewertungsverfahrens

Die Anforderungen an die inhaltliche Ausgestaltung des Verfahrens werden in diesem Kapitel beschrieben. Für diese Beschreibung werden hauptsächlich die Erkenntnisse aus den Experteninterviews herangezogen, da es kaum Literatur zu den

---

[213] Vgl. Jäger und Reinecke (2009), S. 59 f.

Anforderungen an ein Bewertungsverfahren für Predictive Maintenance zum Erhebungszeitpunkt gibt. Es ist anzumerken, dass es der mehrheitliche Wunsch der Unternehmen ist, die Ergebnisse der Interviews ausschließlich in aggregierter Form zu veröffentlichen. Aus diesem Grund wird im weiteren Verlauf des Kapitels auf Bezüge zu einem einzelnen Interview verzichtet. Zusätzlich ist festzuhalten, dass durch das explorative Forschungsdesign, siehe Kapitel 1.3, keine Wertung oder Ranking der Anforderungen bezüglich der Anzahl der Nennungen erfolgt, da der explorative Charakter im Vordergrund steht.

Insgesamt konnten zwölf Anforderungen identifiziert werden. Hierbei handelt es sich um die Berücksichtigung der Prozessbetrachtung, des aktuellen Instandhaltungsprozesses, des Predictive Maintenance Prozesses, der Wirtschaftlichkeitsbetrachtung, des Betrachtungshorizonts, der kurzen und detaillierten Bewertung, der anwendungsfallspezifischen Bewertung, der Nutzen-, Aufwand- und Risikobetrachtung sowie die Berücksichtigung von quantitativen und qualitativen Faktoren, siehe Abbildung 15. Diese Anforderungen werden nachfolgend beschrieben. Die Berücksichtigung von quantitativen und qualitativen Faktoren wird hierbei jeweils innerhalb der einzelnen Anforderungen beschrieben.

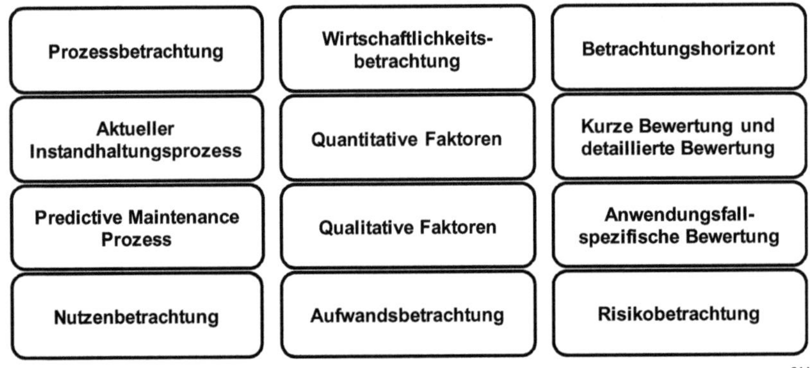

Abbildung 15: Anforderungen an die inhaltliche Ausgestaltung des Bewertungsverfahrens[214]

---

[214] Quelle: Eigene Darstellung.

Prozessbetrachtung
(Aktueller Instandhaltungsprozess und Predictive Maintenance Prozess)

Um eine sinnvolle Bewertung durchführen zu können, soll basierend auf der Expertenerhebung, eine Instandhaltungsprozessbetrachtung durchgeführt werden. Hierbei soll eine Gegenüberstellung des aktuellen Instandhaltungsprozesses mit dem potentiellen zukünftigen Predictive Maintenance Prozess erfolgen. Der aktuelle Instandhaltungsprozess soll in diesem Fall basierend auf seiner softwareintensiven Ausgestaltung gegenüber dem Predictive Maintenance eingeordnet werden. Hierbei sollen die jeweiligen einzelnen Instandhaltungsprozessschritte betrachtet und analysiert werden, inwieweit dort bereits Software eingesetzt wird. Das bedeutet, dass der aktuelle Instandhaltungsprozess bezüglich seiner Softwareintensivierung aufgenommen wird, um anschließend als Ausgangspunkt für die Bewertung zu fungieren. Basierend auf den Experten kann ein großes Problem hierbei die unsaubere bzw. nicht vorhandene Dokumentation der Prozessdaten sein. Neben der Aufnahme des aktuellen Instandhaltungsprozesses soll das Bewertungsverfahren den Zielinstandhaltungsprozess des Predictive Maintenance vordefinieren. Diese Erhebung des aktuellen Instandhaltungsprozesses und die Definition des Soll-Prozesses stellt für die Experten die Grundlage für die anschließende Bewertung dar, da so ein Vergleich der beiden Prozesse erfolgen kann und anschließend bewertet werden kann, wie die Transformation des aktuellen Instandhaltungsprozesses zum Predictive Maintenance erfolgen kann. Bei dieser Prozessbetrachtung sollen unterschiedliche Dimensionen und Aspekte berücksichtigt werden, welche als weitere Anforderungen nachfolgend beschrieben werden.

Anwendungsfallspezifische Bewertung

Bei der Anforderung der anwendungsfallspezifischen Bewertung ist es für die Experten notwendig, dass das Bewertungsverfahren die Möglichkeit besitzt, die anwendungsfallspezifischen Gegebenheiten eines Unternehmens zu berücksichtigen und somit für das jeweilige Anwendungsszenario eines Unternehmens eine situative Einzelfallbetrachtung erstellt werden kann. Hierrunter wird verstanden, dass je nach Gegebenheiten des Unternehmens unterschiedliche Bewertungsalternativen respektive Bewertungsaspekte berücksichtig werden. So möchten die Experten bei der Bewertung in der Lage sein, dass je nach individueller Wichtigkeit unterschiedliche

Bewertungsbestandteile berücksichtigt werden können. Des Weiteren soll das Bewertungsobjekt frei wählbar sein.

Kurze Bewertung und detaillierte Bewertung

Die Unterscheidung in eine easy-to-use Bewertung und in eine detaillierte Bewertung soll ebenso vorgenommen werden können. So sehen die befragten Experten in dieser Unterscheidung den Vorteil, dass Unternehmen, bei denen eine initiale Bewertung bereits eindeutig ergibt, dass es für sie keinen Sinn macht, die Instandhaltungsart auf Predictive Maintenance umzustellen, keine weiteren Ressourcen in Form von Zeit, Geld, Mitarbeiter, etc. investieren zu müssen, um die komplette Bewertung durchzuführen.

Betrachtungshorizont

Der Betrachtungshorizont soll festlegen, welche Zeitdauer durch das Bewertungsverfahren berücksichtigt werden soll. Hierbei verweisen die Experten darauf, dass eine Unterteilung des Betrachtungshorizontes in kurz-, mittel- und langfristig wünschenswert ist. Die konkrete Dauer, wie lange ein solches Intervall dauern soll, ist je nach Experten und Unternehmen unterschiedlich.

In diesem Zusammenhang ist ebenfalls der Planungshorizont relevant für die Betrachtung. Darunter verstehen die Experten die Zeitdauer bis zu der die betriebliche Planung reicht. Hierfür ist es notwendig, innerhalb des Unternehmens, das die Bewertung durchführen möchte, den Planungszeitrum zu definieren, um die Bewertung basierend auf dem Betrachtungshorizont optimal vorzunehmen.

Wirtschaftlichkeitsbetrachtung

Als weitere Anforderung an die Ausgestaltung des Bewertungsverfahrens wurde die wirtschaftliche Betrachtung genannt. Hierbei ist es für die Experten notwendig, qualitative sowie quantitative Faktoren zu berücksichtigen.

So verfolgt die Wirtschaftlichkeit im monetären Sinn die Berücksichtigung von quantitativen Faktoren, die ökonomischen Prinzipien des Minimalprinzips und des Maximalprinzips. Bei dem Maximalprinzip soll mit einem bestimmten Mitteleinsatz der größtmögliche Erfolg erzielt werden. Im Gegensatz dazu verfolgt das Minimalprinzip das Ziel, mit dem geringstmöglichen Mitteleinsatz einen vordefinierten Erfolg zu erzielen.[215] Zusätzlich kann eine Unterscheidung in absolute und relative Wirtschaftlichkeit erfolgen. Die absolute Wirtschaftlichkeit beurteilt, ob eine Handlung für ein Unternehmen wirtschaftlich ist. Dies ist der Fall, wenn der Ertrag bzw. die Leistung einer Handlung größer ist als der Aufwand bzw. die Kosten und somit der Kapitalwert größer Null ist. Bei der relativen Wirtschaftlichkeit werden zwei oder mehrere Handlungen bzgl. ihrer absoluten Wirtschaftlichkeit verglichen. So ist beispielsweise die Handlung A relativ wirtschaftlich, wenn ihr Kapitalwert größer ist als der von Handlung B.[216]

Von erweiterter Wirtschaftlichkeit kann gesprochen werden, wenn neben den monetären Faktoren ebenfalls qualitative Faktoren berücksichtigt werden, die nicht quantifiziert werden können. Solche Faktoren können beispielsweise Faktoren der qualitativ-strategischen Bedeutung sein oder auch externe Effekte.[217]

Die durch die Experten thematisierte Wirtschaftlichkeit wird als erweiterte Wirtschaftlichkeit verstanden, da die Auffassung besteht, dass durch das Predictive Maintenance nach einer gewissen Zeit ein qualitativer und quantitativer Nutzen realisiert werden kann und dieser soll durch die Bewertung den Kosten gegenübergestellt werden. Neben der Tatsache, dass die Anforderung der Wirtschaftlichkeitsbetrachtung im Rahmen der explorativen Erhebung genannt wurde, ergibt sich diese Anforderung zusätzlich aus dem Forschungsziel dieser Arbeit, da ein Bewertungsverfahren zur Unterstützung der Investitionsentscheidung entwickelt werden soll.

Wie bereits beschrieben, ist es basierend auf der explorativen Erhebung aus Sicht der Experten notwendig im Rahmen der Wirtschaftlichkeitsbetrachtung die Aufwandsseite sowie die Nutzenseite zu berücksichtigen. Hierfür werden diese zwei Sichtweisen nachfolgend als eigenständige Anforderungen nochmals detailliert beschrieben.

---

[215] Vgl. Jung (2010), S. 4 f. und Bea u.a. (2006a), S. 4 f.

[216] Vgl. Zelewski (1999), S. 17 ff., Bea u.a. (2006a), S. 4 f. und Thommen und Achleitner (2006), S. 112.

[217] Vgl. Röthing (2007), S. 5 f. und S. 16 ff. und Hanssen (2010), S. 4.

Aufwandbetrachtung

Eine weitere Anforderung der Experten ist die Aufwandsbetrachtung. Hierbei soll der Aufwand in quantitative oder qualitative Faktoren dargestellt werden. In Bezug auf die quantitativen Faktoren kann der Aufwand beispielsweise in Arbeitsstunden, in Geldeinheiten oder in Materialbedarf angegeben werden. Die Berücksichtigung qualitativer Faktoren erfolgt meistens über den Vergleich oder die Bewertung der quantitativen Faktoren.

In Hinblick auf das Bewertungsverfahren ist laut den Experten die Quantifizierung des Aufwands ein wesentlicher Bestandteil. Hierbei sollen je nach Ausgangssituation des Unternehmens unterschiedliche anwendungsspezifische Aufwands- und Kostenfaktoren berücksichtigt werden. Diese Faktoren sollen im Rahmen des Bewertungsprozesses ausgewählt und für das jeweilige Unternehmen ausgestaltet werden können. Zu beachten ist hierbei jedoch, dass der Aufwand für den neuen Predictive Maintenance Instandhaltungsprozess aufgenommen wird, jedoch ebenfalls die aktuellen Instandhaltungskosten bzw. die zukünftigen Instandhaltungskosten nach der Umgestaltung des Prozesses einbezogen werden.

Eine weitere Anforderung innerhalb der Aufwandsbetrachtung ist die Berücksichtigung der Kosten bei der Bewertung. So sollen die Investitionskosten, die Kosten für die Durchführung der Instandhaltung im aktuellen Prozess und die Kosten, die ein neuer softwareintensiver Instandhaltungsprozess verursacht, berücksichtigt werden. Die Kosten des aktuellen Instandhaltungsprozesses sind alle Kosten, die im Zusammenhang mit der Instandhaltungsmaßnahme anfallen. Sie repräsentieren somit die jeweiligen aktuellen Betriebskosten. Die Kostenthematik ist bei der Betrachtung des Predictive Maintenance Prozesses komplexer, da neben den Betriebskosten auch die Kosten für die Investition, die Inbetriebnahme sowie mögliche Folgekosten, wie beispielsweise Lizenzkosten, Service, etc., der Software berücksichtigt werden sollen. Durch den Vergleich dieser zwei Prozesskosten kann aufgezeigt werden, ob es Einsparungen rein auf Kostenseite gibt oder nicht. Zusätzlich sollten je nach Instandhaltungsstrategien noch die indirekten Kosten oder auch Kosten durch die Vermeidung von Stillständen berücksichtigt werden.

Nutzenbetrachtung

Neben der Aufwandsbetrachtung ist es für die befragten Unternehmen ebenfalls notwendig, den Nutzen des Predictive Maintenance aufgezeigt zu bekommen sowie die Möglichkeit zu haben, diesen zu bewerten. Hierzu ist laut den Experten eine Nutzenbetrachtung inklusive der Berücksichtigung von anwendungsfallspezifischen Nutzenfaktoren notwendig. So ist es notwendig, die unterschiedlichen Nutzenaspekte je nach Eigenschaften zu betrachten. Hierbei können qualitative sowie quantitative Nutzenfaktoren unterschieden werden. Quantitative Faktoren sind harte Faktoren, die durch Zeit, Geld, etc. gemessen werden können und qualitative Faktoren sind weiche Faktoren, die nur schwer beziehungsweise nur teilweise quantifizierbar sind. Die Herausforderung laut den Experten ist es, alle Nutzenaspekte, die für den jeweiligen Anwendungsfall relevant sind zu identifizieren, zu berücksichtigen und für den konkreten Anwendungsfall auszugestalten. Hierfür existiert der Wunsch der Experten nach einer Sammlung von Nutzenaspekten, die je nach Situation des Unternehmens ausgewählt und/oder priorisiert werden können.

Risikobetrachtung

Neben der Betrachtung des Nutzens und des Aufwands, sollen ebenfalls die Risiken basierend auf den Expertenmeinungen innerhalb dem Bewertungsverfahren berücksichtigt werden. Hierbei handelt es sich um Risiken, die mit dem Predictive Maintenance einhergehen. Basierend auf den Expertenmeinungen sind diese nicht zwingend ausschlaggebend für die Investitionsentscheidung, jedoch sollen die Risiken berücksichtigt werden, damit ein Bewusstsein über diese bei der Investitionsentscheidung geschaffen wird und gegebenenfalls Vorkehrungen getroffen werden können, um diese abzuschwächen oder im besten Fall sogar eliminieren zu können. Hierfür empfehlen die Experten bereits innerhalb des Bewertungsverfahrens eine Sammlung von unterschiedlichen Risiken zu erstellen, welche durch den Anwender ausgewählt werden können, falls diese in seiner jeweiligen Situation des Unternehmens relevant sind. Wie bei der Anforderung der Berücksichtigung des Nutzens und die Einbeziehung konkreter Nutzenaspekte für Predictive Maintenance sollen auch bei der Risikobewertung die Predictive Maintenance anwendungsfallspezifischen Risiken in die Betrachtung einfließen.

4.3 Metaanforderungen an das Bewertungsverfahren

Nachdem im vorangehenden Unterkapitel auf die Anforderungen an die inhaltliche Ausgestaltung des Bewertungsverfahrens eingegangen wurde, erfolgt in diesem Unterkapitel die Betrachtung der Metaanforderungen an das Bewertungsverfahren, siehe Abbildung 16. Hierbei werden unter den Metaanforderungen übergreifende Anforderungen an den Prozess des Bewertungsverfahrens verstanden.[218] Durch sie soll die Akzeptanz und die Qualität des Bewertungsverfahrens erhöht werden.[219] Diese Metaanforderungen wurden, wie bereits in Kapitel 4.1 beschrieben, basierend auf den Experteninterviews explorativ erhoben sowie anschließend durch die gegenwärtige Literatur ergänzt. Der Grund der Ergänzung durch die Literatur liegt darin, dass es basierend auf der identifizierten Literatur des Status quo ersichtlich ist, dass Metaanforderungen unabhängig von spezifischen Ausgestaltungen einer Methode für Bewertungsverfahren zutreffen und somit die gewonnenen Metaanforderungen aus den Experteninterviews durch die aus der Literatur ergänzt werden können. In Bezug auf die Literatur ist zu beachten, dass die Bezeichnung der Metaanforderungen je nach Publikation teilweise variiert. Exemplarisch werden diese Anforderungen bei Weiland „formale Anforderungen“[220] genannte sowie bei Greiffenberg[221] und Baumöl[222] als „unabhängige Anforderungen“ an Methoden mit einem Fokus auf die Qualität der Methoden bezeichnet.

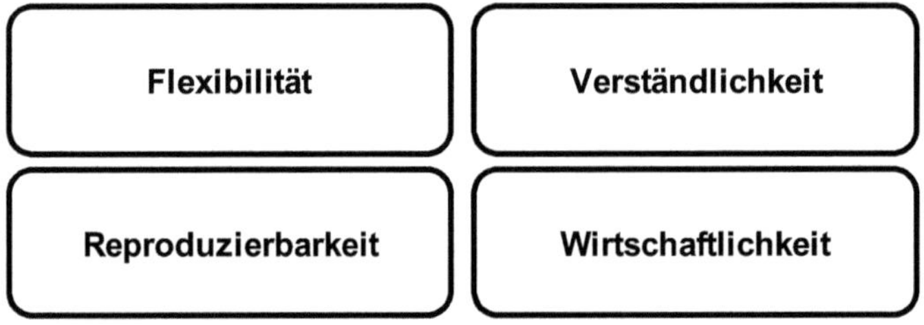

Abbildung 16: Metaanforderungen an das Bewertungsverfahren[223]

[218] Vgl. Pelzl (2016), S. 20 ff.
[219] Vgl. Baumöl (2008), S. 60.
[220] Vgl. Weiland 1994, S. 51 f.
[221] Vgl. Greiffenberg (2003), S. 962.
[222] Vgl. Baumöl (2008), S. 63.
[223] Quelle: Eigene Darstellung.

Verständlichkeit

Die Anforderung der Verständlichkeit des Bewertungsverfahrens ergibt sich basierend auf den Expertenmeinungen aus zwei Aspekten. Aus der Transparenz sowie aus der Nachvollziehbarkeit des Bewertungsverfahrens. Wird die *Transparenz* betrachtet, so sollen die einzelnen Prozessschritte des Bewertungsverfahrens nicht als Blackbox durchlaufen werden, sondern den Personen, die an der Bewertung mit dem Verfahren beteiligt sind, soll der Bewertungsprozess des Verfahrens klar dargelegt werden. Diese Transparenz im Bewertungsprozess führt zu dem zweiten Aspekt innerhalb der Verständlichkeit, der *Nachvollziehbarkeit* des Bewertungsverfahrens. Diese bezieht sich auf den Bewertungsprozess sowie seine Zwischenergebnisse und das anschließende Endergebnis der Bewertung. So kann festgehalten werden, dass basierend auf den Expertenmeinungen die Transparenz der Prozessschritte zur Nachvollziehbarkeit dieser führen kann. Durch den dadurch realisierten transparenten und nachvollziehbaren Bewertungsprozess sollen im besten Fall ebenfalls die durch das Bewertungsverfahren generierten Ergebnisse nachvollziehbar sein. Das Ziel der Nachvollziehbarkeit ist, dass die Verständlichkeit des Verfahrens erhöht wird und eventuell somit die Akzeptanz des Bewertungsverfahrens gegenüber den Entscheidern verbessert werden kann. Jedoch ist zu beachten, dass nachvollziehbare Prozesse respektive Ergebnisse nicht unmittelbar die Verständlichkeit erhöhen, diese jedoch fördern.

In der Literatur wird diese Metaanforderung unter anderem von Weiland als Transparenz und Nachvollziehbarkeit[224] sowie von Vahs und Brem als Benutzerfreundlichkeit[225] aufgeführt. Im Rahmen der Grundsätze ordentlicher Modellierung wird die Flexibilität durch den Grundsatz der Klarheit[226] repräsentiert.

Flexibilität

Auf Grund der Tatsache, dass laut den Experteninterviews für die Investitionsfrage und der damit verbundenen Entscheidungsfindung je nach Unternehmen unterschiedliche Faktoren für die Bewertung eine Wichtigkeit besitzen, ist eine weitere Metaanforderung an das Verfahren die Flexibilität. Die Flexibilität soll ermöglichen,

---

224 Vgl. Weiland (1994), S. 52.
225 Vgl. Vahs und Brem (2015), S. 328.
226 Vgl. Becker u.a. (2012), S. 35 f.

dass das Bewertungsverfahren je nach Unternehmenseigenschaften und Fokussierung des Unternehmens anwendungsfallspezifisch und somit situativ angepasst werden kann. Die Anpassung soll hierbei in Hinblick auf den Aufbau des Bewertungsverfahrens sowie auf den Ablauf erfolgen. Der flexible Verfahrensaufbau betrifft hierbei die Ausgestaltung des Bewertungsprozesses. So ist es laut Experten wünschenswert, dass ein Kerngerüst der Ausgestaltung vorgegeben wird inklusive einer Empfehlung, wie dieses zu durchlaufen ist. Jedoch soll die Möglichkeit bestehen, gewisse Verfahrensschritte überspringen zu können oder bei Bedarf durch unternehmensspezifische Bewertungsverfahrensschritte zu ergänzen. Des Weiteren sollen unterschiedliche Bewertungskriterien je nach Unternehmenssituation und Priorisierung individuell einbezogen werden können. So soll das jeweilige Unternehmen nur die Bewertungskriterien berücksichtigen, die in ihrem Anwendungsfall für die Bewertung notwendig sind. Diese Kriterien sollen regelmäßig aktualisiert werden, damit basierend auf den zukünftigen Entwicklungen im Themenkomplex der Arbeit immer die aktuellsten Bewertungskriterien in einem Bewertungskriterienkatalog erfasst und berücksichtigt werden.

Diese von den Experten angesprochene Flexibilität wird nur bedingt aus der gegenwärtigen Literatur ersichtlich. So wird die Flexibilität in der Literatur unter anderem von Baumöl (2008) und Greiffenberg (2003) in Bezug auf die Qualität von Methoden in der Unterkategorie des Zweckbezugs, ob eine Methode für den Einsatz geeignet ist, berücksichtigt.[227]

Wirtschaftlichkeit

Mit Hilfe des zu entwickelnden Bewertungsverfahrens ist die Wirtschaftlichkeit der Einführung von Predictive Maintenance zu beurteilen. Welche Kriterien hierbei zum Tragen kommen, wurde im vorangehenden Unterkapitel beschrieben. Die Wirtschaftlichkeit des Bewertungsverfahrens selbst, d.h. die Beantwortung der Frage, welchen Aufwand und welchen Nutzen ein Anwender hat, wenn er überhaupt eine Bewertung durchführt, ist eine weitere Metaanforderung an das Bewertungsverfahren.

[227] Vgl. Baumöl (2008), S. 63 und Greiffenberg (2003), S. 962.

Dies bedeutet, dass der Ertrag, der durch die Durchführung des Bewertungsverfahrens entsteht, mindestens gleich dem Aufwand der Durchführung ist beziehungsweise im besten Fall größer als dieser. Als Aufwand können hierbei der Zeitaufwand, der Mitarbeiteraufwand, der Aufwand für die Beschaffung der Daten, welche für die Vorbereitung und anschließend während der Bewertung benötigt werden, und der Aufwand für das Equipment, welches benötigt wird, z.B. Infrastruktur, Devices, etc., verstanden werden. Diese unterschiedlichen Aufwandsaspekte können als Kostenaufwand monetisiert werden. Im Gegensatz dazu können als Erträge des Bewertungsverfahrens die Ergebnisse und anschließenden Erkenntnisse des Bewertungsverfahrens gesehen werden. Je höher der Erkenntniswert ist, desto höher ist somit auch der Ertrag für das Unternehmen durch die Bewertung.

In der Literatur wird die Metaanforderung der Wirtschaftlichkeit exemplarisch von Vahs, Brem (2015)[228], Volkmann (2014)[229] und den Grundsätzen zur Ordnungsgemäßen Modellierung von Becker u.a. (2012)[230] berücksichtigt. So sieht Vahs und Brem (2015) „die Kosten für die Bewertungsverfahren sollten in einer vernünftigen Relation zu dem Nutzen stehen, der mit ihren Ergebnissen verbunden ist.“[231]. Jedoch ist zu beachten, dass der Nutzen des Bewertungsverfahrens gleich null ist, wenn die Investition ohne Bewertung gemacht wird. Der Nutzen ist jedoch groß, wenn dadurch eine Fehlinvestition vermieden wird oder eine Investition getätigt wird, die tatsächlich einen Nutzen stiftet.

Reproduzierbarkeit

Durch die Reproduzierbarkeit soll sichergestellt werden, dass basierend auf denselben Inputparametern auch immer dasselbe Bewertungsergebnis durch das Verfahren generiert wird. So wird eine gewisse Stabilität und Zuverlässigkeit der Bewertung sichergestellt. Durch die Reproduzierbarkeit des Bewertungsverfahrens ist es möglich, die unterschiedlichen Bewertungsergebnisse besser nachzuprüfen und vergleichbar zu machen und somit eine gewisse Objektivität sicherzustellen. Laut den Experten liefern reproduzierbare Ergebnisse auch überprüfbare Ergebnisse.

---

[228] Vgl. Vahs und Brem (2015), S. 328.
[229] Vgl. Volkmann (2014), S. 43.
[230] Vgl. Becker u.a. (2012), S. 34 f.
[231] Vahs und Brem (2015), S. 328.

Weiland sieht in dieser Metaanforderung zwei Aspekte. Das ist auf der einen Seite die Objektivität und auf der zweiten Seite die Reliabilität. Hierbei wird durch die Objektivität das Wertsystem operationalisiert und die Bewertungsregeln festgelegt, damit die Ergebnisse von der Person des Bewerters unabhängig sind. Die Reliabilität soll sicherstellen, dass unter der Verwendung von gleichen Rahmenbedingungen bei einer erneuten Ausführung des Bewertungsverfahrens dieses immer zu den gleichen Ergebnissen führt.[232]

---

[232] Vgl. Weiland (1994), S. 51.

5. Übersicht über bestehende generische Bewertungsmethoden

Wie bereits in Kapitel 1.1 und Kapitel 3 dargelegt, existieren unterschiedliche Verfahren und Methoden, die die Instandhaltung im Allgemeinen, die Investition in IT, neue Technologien oder Innovationen bewerten, jedoch fehlt Unternehmen ein wissenschaftlich begründetes und allgemein akzeptiertes Verfahren für die Bewertung von Predictive Maintenance[233]. Basierend auf dieser Ausgangslage werden in diesem Kapitel bestehende generische Bewertungsmethoden beschrieben und analysiert, inwieweit sie im Rahmen dieser Arbeit zur Konstruktion des Bewertungsverfahrens für Predictive Maintenance verwendet werden können. Hierbei ist anzumerken, dass die in diesem Kapitel beschriebenen Methoden ausschließlich Methoden sind, welche bereits mindestens eine inhaltliche Anforderung aus der Anforderungserhebung erfüllen und somit für die Vorbereitung oder die Unterstützung der Investitionsentscheidung verwendet werden können.

Die für diese Arbeit relevanten Methoden werden in den nachfolgenden Unterkapiteln beschrieben sowie deren Bewertung auf die Anwendbarkeit zur Unterstützung der Investitionsentscheidung von Predictive Maintenance analysiert. Hierfür werden die betrachteten Methoden in eindimensionale sowie in mehrdimensionale Methoden unterteilt, siehe Abbildung 17. Den eindimensionalen Methoden werden hierbei Bewertungsmethoden zugeordnet, durch die qualitative Faktoren unberücksichtigt bleiben. Die Investitionsentscheidung bei diesen Methoden beruht ausschließlich auf finanziellen Kenngrößen. Im Gegensatz dazu werden durch mehrdimensionale Bewertungsmethoden neben den finanziellen Kenngrößen noch weitere Kenngrößen betrachtet. So werden bei diesen Methoden ebenfalls qualitative Faktoren berücksichtigt, wie beispielsweise nicht monetarisierbarer Nutzen und/oder Risiken.[234]

---

[233] Siehe hierzu den Status quo in Kapitel 3.
[234] Vgl. Herzwurm und Pietsch (2009), S. 275 f.

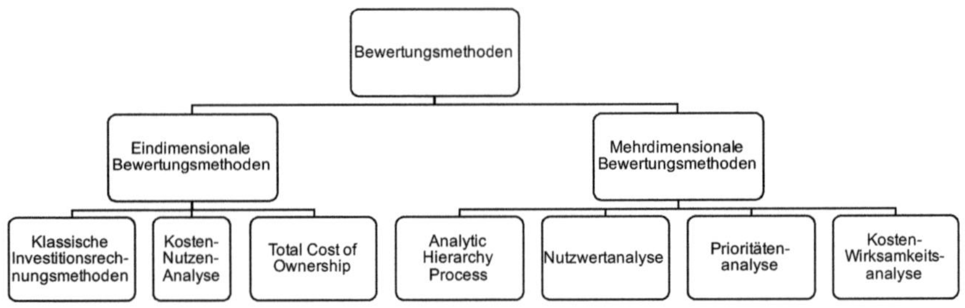

Abbildung 17: Für diese Arbeit relevante generische Bewertungsmethoden[235]

5.1 Eindimensionale Bewertungsmethoden

Durch den Einsatz von eindimensionalen Bewertungsmethoden wird die quantitative Wirtschaftlichkeit berücksichtigt. Dies bedeutet, dass ausschließlich monetäre Faktoren bei der Entscheidungsfindung einbezogen werden.[236] Die für diese Arbeit relevanten eindimensionalen Bewertungsmethoden werden im Nachfolgenden in die Methoden der klassischen Investitionsrechnung, in die Kosten-Nutzen-Analyse und in den Total Cost of Ownership unterteilt.

5.1.1 Methoden der klassischen Investitionsrechnung

Die klassische Investitionsrechnung wird häufig als Standardwerkzeug für die Wirtschaftlichkeitsberechnung verwendet und kann in zwei Bereiche unterteilt werden, die statische und dynamische Investitionsrechnung.[237] Die statische Investitionsrechnung berücksichtigt ausschließlich eine Rechnungsperiode. Dadurch bleiben die zeitliche Struktur von Ein- und Auszahlungen sowie der Zeitwert des Geldes bei der Berechnung unberücksichtigt.[238] Trotz dieser Einschränkung finden diese Methoden eine große Anwendung in der Unternehmenspraxis.[239]

Im Gegensatz dazu ist es durch die dynamischen Methoden der klassischen Investitionsrechnung möglich, mehrere Perioden zu betrachten und somit den Zeithorizont

---

235 Quelle: Eigene Darstellung.
236 Vgl. Kargl und Kütz (2007), S. 45 ff.
237 Vgl. Brugger (2005), S. 140.
238 Vgl. Kargl und Kütz (2007), S. 49 und Kruschwitz (2014), S. 29 f.
239 Vgl. Däumler und Grabe (2014), S. 165 f.

zu berücksichtigen. Durch diese Berücksichtigung können die Kosten und Leistungen verteilt über die gesamte Lebensdauer der Investition betrachtet werden.[240] Hierfür werden die anfallenden Zahlungen auf einen gemeinsamen Vergleichszeitpunkt auf- oder abgezinst.[241]

Im Rahmen dieser Arbeit werden nachfolgend die Methoden der Kostenvergleichsrechnung und der Amortisationsrechnung als statische Methoden betrachtet und als dynamische Methoden ebenfalls die Amortisationsrechnung, die Kapitelwertmethode, die Annuitätenmethode und der interne Zinsfuß.

Kostenvergleichsrechnung

Die Kostenvergleichsrechnung zählt zu den statischen Methoden der Investitionsrechnung. Basierend auf dem Vergleich der Kosten zweier oder mehrerer Investitionsvarianten soll die Investitionsvariante ausgewählt werden, die die geringsten Kosten aufweist.[242] Für jede Investitionsvariante werden hierbei dieselben monetär quantitativen Nutzenaspekte unterstellt oder die Nutzenaspekte bleiben unberücksichtigt.[243] Zur Durchführung des Vergleichs ist es notwendig, dass alle Kosten der betrachteten Investitionsalternative innerhalb einer Periode anfallen.[244] Der Vergleich eignet sich sowohl pro Periode als auch pro Stück.[245]

Amortisationsrechnung

Bei der Amortisationsrechnung kann eine Unterteilung in die statische und die dynamische Variante vorgenommen werden.[246] Bei der statischen Variante wird der Zeitraum zwischen den gewonnenen positiven Nettoeinzahlungen und der anfänglichen Auszahlung für die Investition ermittelt.[247] Bei der dynamischen Variante werden zusätzlich die Kapitalrückflüsse verzinst.[248] Je kürzer die Amortisationsdauer, desto sicherer gilt eine Investition. Das liegt daran, da angenommen wird, dass eine

240 Vgl. Kargl und Kütz (2007), S. 49.
241 Vgl. Kruschwitz (2014), S. 33.
242 Vgl. Herzwurm und Pietsch (2009), S. 276.
243 Vgl. Pepels (2013), S. 825.
244 Vgl. Pepels (2013), S. 825.
245 Vgl. Däumler und Grabe (2014), S.169.
246 Vgl. Herzwurm und Pietsch (2009), S. 278.
247 Vgl. Däumler und Grabe (2014), S. 211.
248 Vgl. Herzwurm und Pietsch (2009), S. 278.

Investition mit einem längeren Zeithorizont für den Rückfluss voraussichtlich ein höheres Risiko des Ausfalls besitzt.[249]

Kapitalwertmethode

Die Kapitalwertmethode errechnet den Kapitalwert, auch Barwert genannt, einer Investition und wird den dynamischen Verfahren zugeordnet.[250] Als Kapitalwert wird „die Differenz zwischen den barwertigen Einzahlungen und den barwertigen Auszahlungen einer Investition“[251] verstanden. Für die Berechnung des Kapitalwerts werden alle Ein- und Auszahlungen einer Investition summiert und mit dem Kalkulationszinssatz auf den Zeitpunkt des Investitionsbeginns diskontiert. Ist der Kapitalwert positiv, so kann eine Investition als wirtschaftlich betrachtet werden.[252] Durch das Diskontieren auf den aktuellen Zeitpunkt wird sichergestellt, dass Zahlungen umso niedriger bewertet werden, desto weiter sie in der Zukunft liegen. Hierbei wird der Kalkulationszinssatz verwendet, der sich aus dem Marktzins zuzüglich eines Risikoaufschlags zusammensetzt[253] und einen Maßstab für die Zeitpräferenz darstellt.[254] Durch den Kapitalwert können Investitionsentscheidungen unabhängig von Konsum- und Zeitpräferenzen getroffen werden.[255] Bei dieser Methode ist zu beachten, dass es notwendig ist, den Betrachtungszeitraum festzulegen und dass durch die Festlegung der Höhe des Diskontierungszinssatzes das Ergebnis maßgeblich beeinflusst werden kann.[256]

Annuitätenmethode

Durch die Anwendung der Annuitätenmethode wird die Annuität berechnet, welche ebenfalls als durchschnittlicher Kapitalwert bezeichnet wird.[257] Sie kann als äquivalent zur Kapitalwertmethode gesehen werden.[258] Die Berechnung der Annuität erfolgt über die gleichmäßige Verteilung der diskontierten Ein- und Auszahlungen einer

[249] Vgl. Däumler und Grabe (2014), S. 211 und Herzwurm und Pietsch (2009), S. 278.
[250] Vgl. Herzwurm und Pietsch (2009), S. 279.
[251] Däumler und Grabe (2007), S. 24.
[252] Vgl. Däumler und Grabe (2014), S. 64.
[253] Vgl. Hermann und Huber (2013), S. 212.
[254] Vgl. Däumler und Grabe (2014), S. 64.
[255] Vgl. Kruschwitz (2014), S. 78.
[256] Vgl. Herzwurm und Pietsch (2009), S. 279.
[257] Vgl. Herzwurm und Pietsch (2009), S. 279.
[258] Vgl. Kruschwitz (2014), S. 75.

Investition auf den Zeithorizont des Investitionsgutes.[259] Hierbei entspricht der Zeithorizont der geplanten Nutzungsdauer des Gutes, welcher wie bei der Kapitalwertmethode eindeutig festgelegt sein sollte.[260] Eine Investition wird als empfehlenswert angesehen, wenn die Annuität positiv ist,[261] oder wenn der Durschnitt der jährlichen Einzahlungen mindestens gleich dem Durschnitt der jährlichen Auszahlungen ist, basierend auf dem ausgewählten Kalkulationszinssatz.[262] Durch die Verwendung dieser Methode soll in der Unternehmenspraxis meistens die Fragestellung beantwortet werden, ob ein materielles oder immaterielles Gut in Eigenerstellung oder in Fremdbeschaffung realisiert werden soll.[263]

Interne Zinsfuß Methode

Der interne Zinsfuß wird in der Unternehmenspraxis häufig angewendet und kann den dynamischen Methoden der Investitionsrechnung zugeordnet werden.[264] Der interne Zinssatz einer Investition gibt den Zinssatz an, bei dem der Kapitalwert einer Investition genau null wird. Damit gilt der Kapitalwert als Vorstufe des internen Zinsfußes.[265] Dieser Zinssatz kann als Orientierung für die Rendite der Investition gesehen werden.[266] So kann eine Investition basierend auf wirtschaftlichen Gesichtspunkten als vorteilhaft gesehen werden, wenn deren interner Zinssatz mindestens gleich der Mindestverzinsungsanforderung, die der Investor an das Investitionsobjekt stellt, ist.[267]

5.1.2 Kosten-Nutzen-Analyse

Durch die Kosten-Nutzen-Analyse wird das Verhältnis zwischen den Kosten- und Nutzenaspekten bewertet. Bei der Kosten-Nutzen-Analyse wird davon ausgegangen, dass neben den Kostenaspekten ebenfalls die Nutzenaspekte in monetären Größen ausgedrückt werden können. Diese werden anschließend gegenübergestellt.[268] Ist

---

[259] Vgl. Däumler und Grabe (2014), S. 126.
[260] Vgl. Herzwurm und Pietsch (2009), S. 279.
[261] Vgl. Pepels (2013), S. 828.
[262] Vgl. Däumler und Grabe (2014), S. 137.
[263] Vgl. Herzwurm und Pietsch (2009), S. 279.
[264] Vgl. Kruschwitz (2014), S. 92.
[265] Vgl. Däumler und Grabe (2014), S. 62, Kruschwitz (2014), S. 92 und Herzwurm und Pietsch (2009), S. 280.
[266] Vgl. Herzwurm und Pietsch (2009), S. 280.
[267] Vgl. Däumler und Grabe (2014), S. 87.
[268] Vgl. Herzwurm und Pietsch (2009), S. 277 und S. 280.

es nicht möglich, einen Nutzenaspekt als monetäre Größe auszudrücken, so wird dieser Aspekt nicht weiter berücksichtigt oder zusätzlich zur eigentlichen Analyse in qualitativer Form hinzugefügt.[269] Sollen durch die Kosten-Nutzen-Analyse mehrere Perioden berücksichtigt werden, so ist es für die Gewährleistung der Vergleichbarkeit notwendig, die Werte abzuzinsen. Nach der Abzinsung ist es möglich, die Investitionsvarianten zu vergleichen. Anschließend ist die Investitionsalternative zu wählen, die die beste Rentabilität oder das beste Gesamtergebnis aufweist.[270]

5.1.3 Total Cost of Ownership

Die Total Cost of Ownership (TCO) Methode zählt zu den eindimensionalen Methoden und wurde 1987 durch Bill Kirwin, Mitarbeiter des Unternehmens Gartner, im Auftrag von Microsoft entwickelt.[271] Durch sie sollen die gesamten Lebenszykluskosten eines Gutes geschätzt werden, indem die Anschaffungskosten sowie die Kosten, die durch die Nutzung des Gutes entstehen, berücksichtigt werden. Diese Kosten stellen somit die Gesamtkosten des Investitionsgutes dar.[272] Die Kosten werden hierbei in budgetierbare und nicht budgetierbare Kosten unterteilt.[273] Bei den budgetierbaren Kosten handelt es sich um direkte Kosten, die beispielsweise für Geräte und Personal anfallen. Die nicht budgetierten Kosten sind indirekte Kosten, die meist auf der Seite des Endnutzers anfallen, vornehmlich in Form von Tätigkeiten, die dessen Produktivität mindern.[274] Das Ziel der Total Cost of Ownership Methode ist das Aufdecken von Kostentreibern und versteckter Kosten, bevor die Investition getätigt wird, um diese Erkenntnisse in den Entscheidungsprozess einfließen zu lassen.[275] Basierend auf der Aufnahme dieser Kostenstrukturen können anschließend Empfehlungen zur Reduzierung der Kosten erarbeitet werden.[276]

[269] Vgl. Hanssen (2010), S. 107.
[270] Vgl. Hesse (1969) S. 49 ff.
[271] Vgl. Brugger (2009), S. 263.
[272] Vgl. Herzwurm und Pietsch (2009), S. 276.
[273] Vgl. Krcmar (2015), S. 144.
[274] Vgl. Thomas (2008), S. 26 f. und Krcmar (2015), S. 145.
[275] Vgl. Herzwurm und Pietsch (2009), S. 277.
[276] Vgl. Gadatsch und Mayer (2010), S. 112.

5.2 Mehrdimensionale Bewertungsmethoden

Nachdem in Kapitel 5.1 die eindimensionalen Bewertungsmethoden betrachtet wurden, welche die monetären Faktoren berücksichtigen und somit die quantitative Wirtschaftlichkeit repräsentieren, werden nachfolgend die mehrdimensionalen Bewertungsmethoden betrachtet. Durch diese können zusätzlich Faktoren, die nur indirekt messbar sind oder abgeschätzt werden müssen, betrachtet werden. Aufgrund dieser zusätzlichen Berücksichtigung der nicht monetären Faktoren, werden diese Bewertungsmethoden als mehrdimensionale Bewertungsmethoden bezeichnet und beziehen die qualitative Wirtschaftlichkeit ein. Als zusätzliche Faktoren können beispielsweise nicht-monetär quantifizierbare Nutzenaspekte sowie Risiken gesehen werden.[277] Nachfolgend werden vier generische mehrdimensionale Bewertungsmethoden, welche als relevant für diese Arbeit identifiziert werden konnten, beschrieben. Hierbei handelt es sich um den Analytic Hierarchy Process (AHP), die Prioritätenanalyse, die Kosten-Wirksamkeits-Analyse sowie die Nutzwertanalyse.

5.2.1 Nutzwertanalyse

Die Nutzwertanalyse ist ein Verfahren, welches neben quantitativen Faktoren auch qualitative Faktoren zur Bewertung der Wirtschaftlichkeit berücksichtigt.[278] Hierdurch ist es möglich, komplexe Sachverhalte zu bewerten und somit das Risiko von Fehlentscheidungen zu verringern.[279] Es handelt sich bei dieser Art von Bewertung um ein sogenanntes Scoringmodell, durch welches unterschiedliche Zielkriterien qualitativer und quantitativer Art definiert werden und anschließend dem jeweiligen Ziel entsprechend seiner Bedeutung eine Gewichtung zugeordnet wird.[280] So können unterschiedliche Investitionsalternativen verglichen werden.[281] Das Ziel ist es hierbei, für jede Alternative den für den Entscheidungsträger bestimmten Nutzen zu betrachten. Egal ob dieser monetär dargestellt werden kann oder nicht.[282]

Bei der Anwendung der Nutzwertanalyse werden zu Beginn alle Kriterien (Ziele) in einem Zielsystem basierend ihrer logischen Verknüpfung aufgeführt und anschlie-

277 Vgl. Herzwurm und Pietsch (2009), 276 ff. und Kargl und Kütz (2007), S. 45 ff.
278 Vgl. Gadatsch und Mayer (2014), S. 229.
279 Vgl. Nollau (2004).
280 Vgl. Pepels (2013), S. 458.
281 Vgl. Herzwurm und Pietsch (2009), S. 283.
282 Vgl. Rinza und Schmitz (1992), S. 36.

ßend für jedes Kriterium ein Wert innerhalb einer zuvor festgelegten einheitlichen Skala vergeben.[283] Dieser Wert repräsentiert, wie stark das jeweilige Kriterium bewertet wird.[284] Für jede Investitionsalternative wird anschließend eine Punktezahl vergeben, die angibt, wie gut das Kriterium durch die Alternative erfüllt wird.[285] Abschließend wird die jeweilige Punktezahl mit dem jeweiligen Gewichtungsfaktor multipliziert und anschließend aufaddiert. Dieser Wert wird als Nutzwert bezeichnet und spiegelt für jede Alternative den erwarteten Gesamtnutzen in Form eines Zahlenwerts wider. Die unterschiedlichen Nutzwerte können anschließend in eine Rangfolge gebracht werden. Die Alternative mit dem größten Nutzwert ist die wirtschaftlichste Investitionsalternative.[286]

5.2.2 Prioritätenanalyse

Durch diese Analyse ist es möglich, unabhängige Kriterien hinsichtlich ihrer Bedeutung zu gewichten und anschließend in eine Rangordnung zu bringen. Dies geschieht durch die Gewichtung der einzelnen Kriterien durch den Anwender der Methode. Zu diesem Zweck wird jedes einzelne Kriterium in einer Präferenzmatrix mit jedem anderen Kriterium paarweise verglichen und je nach Bedeutung mit 0, 1 oder 2 Punkten bewertet.[287] Die Summe der Einzelbewertungen führt zu einer Aussage über das Gesamtgewicht jedes einzelnen Kriteriums. Um eine höhere Objektivität zu erreichen, werden solche Bewertungen meist von mehreren Personen vorgenommen.[288] Dabei bewertet jede Person die Kriterien alleine. Aus den verschiedenen Rangfolgen, die so entstehen, wird eine einheitliche Gesamtrangfolge gebildet.

Der Ablauf der Prioritätenanalyse beginnt mit der Festlegung der Kriterien, die bei der Gewichtung berücksichtigt werden sollen. Aus diesen Kriterien wird anschließend eine Präferenzmatrix erstellt und jedes Kriterium gegenüber den anderen Kriterien durch das Eintragen der jeweiligen Bewertungspunkte in das entsprechende Matrixfeld, bewertet. Wurden alle Kriterien miteinander verglichen, werden die Punkte eines Kriteriums je Zeile summiert. Die Summen werden anschließend in eine

[283] Vgl. Herzwurm und Pietsch (2009), S. 283.
[284] Vgl. Hoffmeister (2000), S. 286 ff.
[285] Vgl. Herzwurm und Pietsch (2009), S. 283.
[286] Vgl. Pepels (2013), S. 458 und Herzwurm und Pietsch (2009), S. 283.
[287] Vgl. Koch (2015), S. 99 f.
[288] Vgl. Bundesministerium des Innern und Bundesverwaltungsamt (2017), S. 321 ff.

Rangfolge gebracht. Das Kriterium mit der höchsten Summe ist das, welches basierend auf der Bewertung als das Wichtigste erachtet wird. [289]

5.2.3 Analytic Hierarchy Process

Die Methode des Analytic Hierarchy Process (AHP) liefert eine Entscheidungshilfe bei der Investitionsentscheidung, indem durch einen definierten Prozess Prioritäten für unterschiedliche Kriterien gefunden werden. Hierbei ist der AHP der Nutzwertanalyse ähnlich, da durch ihn ebenfalls die Betrachtung der Alternativen durch die Gewichtung der Zielkriterien stattfindet.[290] Ausgangslage des AHP ist die Erarbeitung der Problemstellung, um das Hauptziel der Bewertung zu definieren. Anschließend wir festgelegt, welche Informationen hierfür gewonnen werden müssen.[291] Basierend auf dem Hauptziel wird eine Hierarchie erstellt. Diese besteht aus Unterzielen, die von dem Hauptziel abgeleitet werden. Diese Unterziele können erneut in Unterziele aufgeteilt werden, bis auf der untersten Ebene die Bewertungskriterien dargestellt werden können. Ist diese Hierarchie erstellt, erfolgt die Gewichtung innerhalb der Hierarchie durch den paarweisen Vergleich.[292] Hierbei werden die einzelnen Kriterien einer Stufe paarweise miteinander verglichen und bewertet, welche Alternative im direkten Vergleich die wichtigere darstellt. Dies kann beispielsweise basierend auf einem Wert einer Skala von eins bis neun erfolgen. Je höher der Wert eines Kriteriums ist, desto wichtiger ist die Alternative. Bei einem Wert gleich eins sind diese gleichbedeutend. Diese Werte werden in einer Matrix dokumentiert, um die Prioritäten der einzelnen Kriterien durch das Aufaddieren und das anschließende Teilen durch den Gesamtwert der Tabelle zu berechnen.[293]

5.2.4 Kosten-Wirksamkeits-Analyse

Durch die Berücksichtigung von quantitativen sowie qualitativen Faktoren wird die Kosten-Wirksamkeits-Analyse den mehrdimensionalen Bewertungsmethoden zugeordnet.[294] Durch sie sind Bewertungen der Wirtschaftlichkeit unterschiedlicher Investitionsalternativen möglich, die die Kosten als eine wichtige Größe bei der Investiti-

[289] Vgl. Koch (2015), S. 99 f.
[290] Vgl. Hanssen (2010), S. 104 und Schneeweiß (1991), S. 157.
[291] Vgl. Carnero (2006), S. 948 f.
[292] Vgl. Hanssen (2010), S. 105.
[293] Vgl. Saaty (2008), S. 85 ff.
[294] Vgl. Pawellek (2016), S. 272.

onsentscheidung besitzen und dadurch explizit ausgewiesen werden sollen. Da jedoch die Nutzenaspekte ebenfalls für die Entscheidungsfindung einen wichtigen Anteil haben, werden diese bei der Kosten-Wirksamkeitsanalyse zusätzlich berücksichtigt.[295] Durch die getrennte Kostenbetrachtung von den übrigen Kriterien, werden diese nicht gewichtet. Für die Kostenbetrachtung eignen sich die in Kapitel 5.1.1 dargestellten klassischen Methoden der Investitionsrechnung, insbesondere werden in der Literatur hierbei die Kapitalwertmethode oder die Kostenvergleichsrechnung als zielführende Methoden genannt. Die qualitative Bewertung der weiteren Kriterien erfolgt in Anlehnung an die Nutzwertanalyse, siehe 5.2.1. Wurden die Kosten sowie die Nutzwerte ermittelt, so werden diese zueinander ins Verhältnis gesetzt. Dieses Verhältnis wird Kosten-Wirksamkeits-Kennziffer genannt. Es drückt aus, mit welchen Kosten eine bestimmte Wirkung erreicht werden kann. Durch das Dividieren von Nutzwert und Kosten wird der Kosten-Wirksamkeits-Quotient errechnet. Es ist die Investitionsalternative zu wählen, welche den kleinsten Quotienten aufweist, da so die geringsten Kosten pro Nutzenpunkt entstehen.[296]

5.3 Bewertung der generischen Bewertungsmethoden basierend auf den erhobenen inhaltlichen Anforderungen an das Bewertungsverfahren

Die in den vorangegangenen Unterkapiteln dieses Kapitels beschriebenen Bewertungsmethoden werden nachfolgend basieren auf die Erfüllung der in Kapitel 4 dargestellten inhaltlichen Anforderungen an ein Bewertungsverfahren zur Unterstützung der Investitionsentscheidung von Predictive Maintenance analysiert. Dies erfolgt im ersten Schritt für die eindimensionalen generischen Bewertungsmethoden und anschließend für die mehrdimensionalen Bewertungsmethoden.

5.3.1 Bewertung der eindimensionalen Bewertungsmethoden

Wie in Kapitel 5.1 dargestellt, werden im Rahmen dieser Arbeit den eindimensionalen generischen Bewertungsmethoden die Methoden der klassischen Investitions-

---

[295] Vgl. Hall (2002), S, 59, Pawellek (2016), S. 275 und Andree (2011), S. 150.
[296] Vgl. Andree (2011), S. 233 ff.

rechnung, die Kosten-Nutzen-Analyse sowie die Methode Total Cost of Ownership zugeordnet.

Unter Berücksichtigung der unterschiedlichen inhaltlichen Anforderungen an ein Verfahren zur Bewertung von Predictive Maintenance und der in Kapitel 5.1 vorgenommen Beschreibungen der eindimensionalen generischen Bewertungsmethoden kann festgestellt werden, dass durch diese Bewertungsmethoden ausschließlich quantitative Faktoren bei der Bewertung berücksichtig werden. So werden die quantitativen Faktoren durch die Aufwandsbewertung bei jeder der betrachteten Methoden berücksichtigt. Die Kosten-Nutzen-Analyse berücksichtigt zusätzlich den quantitativen Nutzen und stellt diesen dem Aufwand gegenüber.

Werden die eindimensionalen Bewertungsmethoden in Hinblick auf die Berücksichtigung des Aufwands betrachtet, der durch die Einführung und den Betrieb von Predictive Maintenance entstehen, so werden diese von allen eindimensionalen Bewertungsmethoden abgedeckt.

Aus den Methoden der klassischen **Investitionsrechnung** hat die Kostenvergleichsrechnung den Vorteil, dass durch sie zwei Investitionsalternativen basierend auf den Kosten gegenübergestellt werden können. Unter dieser Voraussetzung kann die Kostenvergleichsrechnung für das Predictive Maintenance beispielsweise für einen Alternativenvergleich, für eine Ersatzbeschaffung oder für die Erfolgskontrolle erfolgen. Der Vorteil dieser Methode ist, dass schnell ein Überblick über verschiedene Investitionsalternativen dargestellt werden kann.

Durch die **Amortisationsrechnung** wird der Break-Even Punkt der Predictive Maintenance Investition errechnet. Basierend auf diesem Punkt ist es anschließend jedoch nur schwer möglich, einen Vergleich mit dem aktuellen Instandhaltungsprozess durchzuführen. Für einen Vergleich muss angenommen werden, dass die Kosten des aktuellen Instandhaltungsprozesses konstant bleiben und so aufgezeigt wird, nach welchem Zeitraum sich die Investition in Predictive Maintenance als softwareintensive Dienstleistung aus monetären Gesichtspunkten als lohnenswert erweist.

Die Verwendung der **Kapitalwertmethode** ermöglicht es, den individuellen Zeithorizont der Ein- und Auszahlungen für den Kapitalwert des Predictive Maintenance transparent aufzuzeigen. Die Höhe des verwendeten Kalkulationszinssatzes wird gemäß den jeweiligen Präferenzen angepasst. Durch die Verwendung dieser Methode zur Bewertung von Predictive Maintenance kann über eine Kapitalwertkurve verdeutlicht werden, wie der Kapitalwert mit steigendem Kalkulationszinssatz sinkt. So kann aufgezeigt werden, wie sich die Investitionsentscheidung in Predictive Maintenance basierend auf der finanziellen Perspektive auswirkt.

Basierend auf den Ergebnissen der **Annuitätenmethode** kann bewertet werden, ob die Lebenszyklusphase des Predictive Maintenance, bestehend aus der Einführung und dem Betrieb, basierend auf einem bestimmten Planungshorizont lohnenswert ist. Diese Art der Bewertung ist für Predictive Maintenance hilfreich, wenn die einmalige geplante Investition mit einer über mehrere Jahre sich erstreckenden Investition verglichen werden soll.

Der **interne Zinsfuß** eignet sich für die Bewertung von Predictive Maintenance, wenn sich, wie bei der Kapitelwertmethode, Zahlungsströme identifizieren lassen.

Bei der **Total Cost of Ownership Methode** können die gesamten Kosten des Predictive Maintenance betrachtet werden. So werden durch sie ebenfalls die indirekten Kosten, die während des Betriebs des Predictive Maintenance Systems anfallen berücksichtigt. Die Total Cost oft Ownership Methode eignet sich grundsätzlich für die Aufwandsbetrachtung von Predictive Maintenance. Jedoch ist diese Methode problematisch bei der Erfassung nicht budgetierter Kosten. Hierfür gibt es keine klare Erklärung, wie diese erfasst werden sollen. Zusätzlich stellt sich die Frage, ob bei einem Ausfall des Predictive Maintenance Systems die dafür vorgesehenen Kosten wirklich auftreten. Solange ein kurzfristiger Systemausfall nicht zu einem Maschinenausfall führt, besitzen diese Kosten wenig Auswirkung auf die Instandhaltung.

Der Vorteil der **Kosten-Nutzen-Analyse** bei der Bewertung von Predictive Maintenance liegt darin, dass neben den quantifizierbaren Aufwänden zusätzlich der quantifizierbare Nutzen einbezogen werden kann und dieser den Kosten gegenübergestellt wird. So ist es möglich, die jeweilige Investitionsentscheidung basierend auf dem monetären Kosten-Nutze-Verhältnis zu treffen.

5.3.2 Bewertung der mehrdimensionalen Bewertungsmethoden

Nachfolgend soll aufgezeigt werden, welche inhaltlichen Anforderungen die unterschiedlichen mehrdimensionalen generischen Bewertungsmethoden, welche im

Rahmen dieser Arbeit betrachtet wurden, erfüllen. Der Vorteil der mehrdimensionalen Bewertungsmethoden ist, dass sie neben den quantitativen Faktoren ebenfalls qualitative Faktoren berücksichtigen.

Die **Nutzwertanalyse** berücksichtigt monetäre als auch qualitative Kennzahlen. Diese können anhand des Bewertungssystems der Nutzwertanalyse verglichen werden. Die Methode berücksichtigt bei der Entscheidungsunterstützung oder der Analyse der Wirtschaftlichkeit somit Kennzahlen, die die bisher analysierten Methoden nicht verwenden. Die Durchführung der Nutzwertanalyse verbindet sich jedoch mit einer subjektiven Einschätzung, da die zu definierenden Erfüllungskriterien von einer oder mehrerer Personen bewertet werden und in Folge dieser das Ergebnis direkt beeinflussen.

Durch die **Prioritätenanalyse** ist es möglich, die unterschiedlichen Faktoren der Aufwands-, Nutzen- und Risikobetrachtung einfließen zu lassen, indem die unterschiedlichen für Predictive Maintenance relevanten Aspekte durch die Methode ausgewählt werden und anschließend priorisiert werden. Durch diese generische Methode ist es somit möglich, die unterschiedlichen Aspektesammlungen der jeweiligen Betrachtungsweise des Predictive Maintenance auszuwählen sowie zu priorisieren.

Der Einsatz des **Analytic Hierarchy Process** während der Bewertung von Predictive Maintenance berücksichtigt ebenfalls die unterschiedlichen Anforderungen an die inhaltliche Ausgestaltung des Bewertungsverfahrens. Hierbei besteht im Gegensatz zur Prioritätenanalyse die Gefahr, dass mit zunehmender Komplexität des Entscheidungsproblems die Durchführung ebenfalls sehr komplex wird oder es zu Handhabungsproblemen kommt, wenn die unterschiedlichen Aspekte des Predictive Maintenance unklar definiert sind. Zusätzlich besteht das Problem, dass durch die Verdichtung der Entscheidungen auf eine enge Betrachtungsweise wichtige Informationen für die Investitionsentscheidung von Predictive Maintenance verloren gehen können.

Die **Kosten-Wirksamkeits-Analyse** eignet sich, wenn Investitionsentscheidungen schwer monetär bewertbar sind. Sie bezieht neben den qualitativen Faktoren ebenfalls quantitative Faktoren mit ein. Hier werden die unterschiedlichen Investitionsalternativen basierend auf einer Kosten-Wirksamkeits-Kennziffer, welche sich aus dem

Verhältnis zwischen Kosten einer Investitionsalternative und dessen Nutzen ergibt verglichen. Ein Vergleich mit einem bestehenden Prozess ist nur schwer möglich.

5.3.3 Schlussfolgerung

Basierend auf der vorangehenden Darstellung und Bewertung der unterschiedlichen generischen Bewertungsmethoden kann festgestellt werden, dass für die Erfüllung der unterschiedlichen erhobenen Anforderungen für ein Verfahren zur Bewertung von Predictive Maintenance eine einzige generische Methode nicht ausreicht. So wird erst durch die Kombination von unterschiedlichen Methoden die Grundlage für eine Bewertung geschaffen, welche die Investitionsentscheidung in Predictive Maintenance unterstützt. Eine Besonderheit hierbei ist, dass nicht unterschiedliche Investitionsentscheidungsalternativen verglichen und bewertet werden, wie es durch die Nutzwertanalyse oder die Kosten-Wirksamkeits-Analyse möglich ist, sondern basierend auf den ermittelten Anforderungen soll der aktuelle Instandhaltungsprozess ausschließlich mit seinen Aufwänden in die Investitionsentscheidung einfließen, da diese bereits realisiert sind. Der potenzielle zukünftige Predictive Maintenance Prozess soll wiederum nicht ausschließlich mit seinen Aufwänden, die er verursacht, berücksichtigt werden, sondern bei der Bewertung sollen zusätzlich die qualitativen sowie quantitativen Nutzen- und Risikoaspekte einbezogen werden.

Somit wird im Rahmen dieser Arbeit basierend auf den erhobenen Anforderungen eine Kombination von generischen Bewertungsmethoden empfohlen, um die jeweiligen quantitativen und qualitativen Faktoren insbesondere bei der Aufwands-, Nutzen- und Risikobewertung zielführend zu berücksichtigen. So können die unterschiedlichen Anforderungen der Experten erfüllt werden und die unterschiedlichen Faktoren aus der Anforderungserhebung in das Verfahren einfließen.

Für den klassischen monetären Kostenvergleich des aktuellen Instandhaltungsprozesses und dem zukünftigen Predictive Maintenance Prozesses wird die generische quantitativ geprägte Bewertungsmethode der Kostenvergleichsrechnung verwendet. Dies erfolgt, da im Rahmen dieser Arbeit die unterschiedlichen spezifischen Aufwände detailliert für den aktuellen Instandhaltungsprozess und des Predictive Maintenance mit seinen unterschiedlichen Aspekten aufgezeigt werden soll.

Für die Einbeziehung der unterschiedlichen Nutzen- und Risikoaspekte wird im weiteren Verlauf dieser Arbeit die Prioritätenanalyse verwendet. Diese generische Methode wurde gewählt, da so die unterschiedlichen Nutzen- und Risikoaspekte aus den jeweiligen Sammlungen für den jeweiligen Anwendungsfall ausgewählt und spezifiziert werden können. Basierend auf dieser Priorisierung sollen sie den Kosten aus der Kostenvergleichsrechnung gegenübergestellt werden, damit basierend auf dieser Gegenüberstellung die Investitionsentscheidung unterstützt werden kann.

6. Bewertungsverfahren zur Unterstützung der Investitionsentscheidung in Predictive Maintenance

Wie in Kapitel 1.3 dargestellt, wird das Bewertungsverfahren unter der Verwendung der Forschungsmethode der analytischen-deduktiven Analyse und basierend auf der Konstruktionsstrategie entwickelt. Die eigentliche Entwicklung des Verfahrens findet hierbei in der Design und Entwicklung Phase des Design Science statt. Wie bereits in Kapitel 1.3.2, Ausgestaltung der Forschungsmethodik, dargelegt ist, wird im Rahmen dieser Arbeit eine angepasste Vorgehensweise des Situational Method Engineerings verfolgt, siehe Abbildung 5 in Kapitel 1.3.2.

Die Basis für die Ausgestaltung dieser Vorgehensweise bilden hierbei die Anforderungen an das Bewertungsverfahren, welche in Kapitel 4 beschrieben werden, sowie die generischen Bewertungsmethoden, die potenziell für das Bewertungsverfahren verwendet werden können, siehe Kapitel 5. Diese zwei vorangegangenen Verfahrensentwicklungsschritte können den Phasen Anforderungen an das Verfahren spezifizieren sowie Verfahrens-/Methodenbasis der eingeführten Verfahrensentwicklungsvorgehensweise zugeordnet werden. Sie dienen hierbei als Vorarbeiten, um basierend auf ihren Erkenntnissen das Bewertungsverfahren zu entwickeln. Hierfür wurden in den Phasen Auswahl der Verfahrensbestandteile und Zusammenfügen der Verfahrensbestandteile die unterschiedlichen generischen Methoden basierend auf den Anforderungen ausgewählt und für die spezifische Anwendung auf das Predictive Maintenance angepasst. Anschließend wurden diese Methoden für den Einsatz im Rahmen dieser Arbeit ausgestaltet und zu dem Bewertungsverfahren zur Unterstützung der Investitionsentscheidung in Predictive Maintenance zusammengefügt.

Nachfolgend wird in diesem Kapitel dieses Bewertungsverfahren basierend auf seinen unterschiedlichen Verfahrensprozessen beschrieben sowie erläutert, wie diese bei der Bewertungsdurchführung durchgelaufen werden. Zur Steigerung der Verständlichkeit des Bewertungsverfahrens wird jeweils zuerst eine Abbildung des Bewertungsverfahrenshauptprozesses und seiner einzelnen Prozesse dargestellt. Anschließend werden die einzelnen Verfahrensprozesse basierend auf ihren unterschiedlichen Prozessschritten detailliert beschrieben und der konkrete Ablauf dieser dargestellt. Dies erfolgt indem der jeweilige Verfahrensprozess benannt, der Input und der Output spezifiziert und der Ablauf der Durchführung beschrieben wird.

Für die Darstellung des Bewertungsverfahrens wird die von Fahrwinkel entwickelte Objektorientierte Methode zur Geschäftsprozessmodellierung und –analyse (OMEGA) verwendet. Diese Modellierungsmethode soll die vollständige Modellierung von Ablauforganisationen, Prozessorganisationen und Geschäftsprozessmodellen erleichtern sowie diese durch eine einfache und prägnante Visualisierung darstellen.[297] Durch den objektorientierten Ansatz ermöglicht sie eine realitätsgetreue und vorstellungsnahe Abbildung der im Unternehmen bestehenden Strukturbeziehungen sowie der Interaktionen der Geschäftsprozesse. Durch diese Eigenschaften eignet sie sich ebenfalls, um die unterschiedlichen Bewertungsprozesse darzustellen insbesondere unter der Berücksichtigung der verwendeten Ressourcen und der Darstellung der (Teil-)Ergebnisse des Verfahrens.[298] In der nachfolgenden Tabelle werden die im Rahmen dieser Arbeit verwendeten Symbole von OMEGA aufgezeigt und beschrieben. Hierbei handelt es sich um Geschäftsprozesse, unterschiedliche Informationsobjekte, externe Objekte, IT-Applikationen oder –Speicher sowie um Kommunikationsbeziehungen.

Symbol und Bezeichnung	Beschreibung
Geschäftsprozess	Ein Prozess ist ein aktives Element, d.h., er zeigt ein Verhalten. Durch Operationen werden die Zustandswechsel des Prozesses bewirkt. Er kann die Zustände aktiv, wartend und beendet annehmen.
IT-Informationsobjekt	Ein IT-Informationsobjekt entsteht, wenn ein Prozess bei der Erzeugung eines Outputobjektes durch eine IT-Applikation unterstützt wird. Ein IT-Informationsobjekt wird durch seinen Namen beschrieben.
Papierinformations-objekt	Ein Papierinformationsobjekt entsteht dann, wenn ein Prozess Informationen auf dem Medium Papier erzeugt. Der erzeugende Prozess ist entweder nicht durch eine IT-Applikation unterstützt oder er ist IT-unterstützt, druckt aber die erzeugte Information für die weitere Bearbeitung aus.

[297] Vgl. Fahrwinkel (1995), S. 62 ff.
[298] Vgl. Fahrwinkel (1995), S. 62 ff.

Symbol und Bezeichnung	Beschreibung
Mündliches Informationsobjekt	Ein mündliches Informationsobjekt wird durch seinen Namen eindeutig beschrieben und kann durch den Inhalt der Nachricht spezifiziert werden. Für mündliche Informationsobjekte werden keine Kopien vorgesehen, da diese sich einer formalen Erfassung entziehen.
Informationsgruppe	Eine Informationsgruppe wird durch ihren Namen beschrieben. Die Informationsbestandteile werden bei dem gleichnamigen Attribut ausgewiesen. Informationsgruppen können auch aus Informationsgruppen bestehen. Von Informationsgruppen gibt es ebenfalls keine Kopien, da eine Informationsgruppe eine semantisch motivierte Aggregation ist (sie kann sich aber aus Kopien von IT- und Papierinformationsobjekten zusammensetzen).
Externes Objekt	Jedes externe Objekt wird eindeutig durch seinen Namen beschrieben. Beispiele für ein externes Objekt sind ein Kunde, ein Lieferant oder der Gesetzgeber. Externe Objekte sind aktive Modellelemente. Sie können die Zustände aktiv und nicht aktiv annehmen.
IT-Applikation oder -Speicher	Jede IT-Applikation wird eindeutig durch ihren Namen beschrieben und verweist auf die Prozesse, die sie als Ressource einsetzen bzw. auf sie zugreifen. Für eine genauere Beschreibung bzw. Planung der Informationsverarbeitung kann eine IT-Applikation durch die Angabe ihrer Bearbeitungsform wie z.B. Dialog oder Batch-Betrieb, ihrer Plattform zur Angabe der eingesetzten Hardware wie PC, Workstation, etc. und der durch sie bearbeitbaren Formate näher spezifiziert werden. Untereinander kompatible IT-Applikationen weisen Schnittstellen zueinander auf, deren Existenz oder Fehlen Hinweise auf die Güte der IT-Abstimmung zwischen den Prozessen geben. Da eine IT-Applikation Speicherort für IT-Informationsobjekte sein kann, wird mit dem Attribut gespeicherte IT-Informationsobjekte auf diese verwiesen.
Kommunikationsbeziehung	Eine Kommunikationsbeziehung ist als eine Übermittlung der Input- bzw. Outputobjekte eines Geschäftsprozesses, unabhängig davon, ob es sich bei diesen um Information oder Material handelt, definiert worden. Diese Definition wird hier wie folgt präzisiert. Mit einer Kommunikationsbeziehung wird also zum einen ein Bearbeitungsobjekt übermittelt, zum anderen wird der Empfänger von dem Sender zur Ausführung der genannten Operation aufgefordert. Die Kommunikationsbeziehung erfüllt daher zwei Funktionen: sie verdeutlicht den Fluss der Bearbeitungsobjekte und stellt zugleich einen Kontrollfluss dar, d.h., sie beschreibt, wie die aktiven Modellkonstrukte (Prozess, externes Objekt und technische Ressource) aktiviert werden.

Tabelle 8: Beschreibung der verwendeten Symbole von OMEGA[299]

6.1 Übersicht über das Bewertungsverfahren

In diesem Unterkapitel wird der Aufbau des Bewertungsverfahrens basierend auf seinen vier Hauptverfahrensprozessen, siehe Abbildung 18, beschrieben. Die detaillierte Betrachtung des Ablaufes dieser Hauptverfahrensprozesse des Bewertungsverfahrens inklusive der konkreten Ausgestaltung der einzelnen Prozessschritte erfolgt in den darauffolgenden Unterkapiteln. Durch diesen Aufbau soll sichergestellt

[299] Quelle: Eigene Darstellung in Anlehnung an Fahrwinkel (1995), S. 78 ff.

werden, dass im ersten Schritt basierend auf der Beschreibung des Ablaufs und der Verknüpfung der einzelnen Hauptprozesse eine erste Übersicht über das Bewertungsverfahren erhalten wird. Im zweiten Schritt soll durch die anschließende detaillierte Betrachtung der konkreten Ausgestaltung der einzelnen Hauptverfahrensprozesse der Bewertungsablauf durch die jeweiligen Verfahrensschritte erläutert werden.

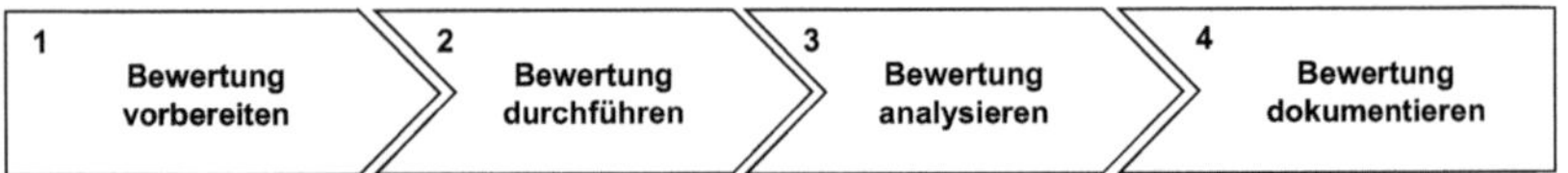

Abbildung 18: Hauptprozesse des Bewertungsverfahrens[300]

Das im Rahmen dieser Arbeit entwickelte Verfahren zur Bewertung von Predictive Maintenance als softwareintensive Dienstleistung zu Unterstützung der Investitionsentscheidung besteht aus vier Hauptprozessen. Diese Hauptprozesse lassen sich wiederum in Prozesse aufgliedern, welche aus Prozessschritten bestehen. Das Bewertungsverfahren besteht aus den nachfolgenden Hauptprozessen, siehe Abbildung 18:

1. Bewertung vorbereiten
2. Bewertung durchführen
3. Bewertung analysieren
4. Bewertung dokumentieren

Werden diese vier Bewertungsverfahrenhauptprozesse betrachtet, so wird die eigentliche Bewertung, ob eine Investition in Predictive Maintenance im betrachteten Anwendungsfall empfehlenswert ist, im zweiten Prozess, **Bewertung durchführen**, vollzogen. Dies erfolgt unter der Berücksichtigung von Predictive Maintenance spezifischen Kosten-, Nutzen- und Risikoaspekten. Zur Durchführung dieser Bewertung bedarf es jedoch unterschiedliche Vorbereitungen, welche durch den ersten Hauptprozess des Bewertungsverfahrens, **Bewertung vorbereiten**, vollzogen werden. Neben der organisatorischen Planung des Termins erfolgt die Erfassung des aktuellen Instandhaltungsprozesses inklusive der Einordnung in ein Reifegradmodell in

---

[300] Quelle: Eigene Darstellung.

Bezug auf seine Softwareintensivierung. Dies erfolgt, um basierend auf dieser Einordnung die Bewertung gegenüber dem zukünftigen Predictive Maintenance Prozess durchführen zu können. Der auf die Bewertung durchführen folgende Prozess, **Bewertung analysieren**, ermöglicht es die aus der Bewertung gewonnen Erkenntnisse zu kombinieren und auszuwerten, um die Investitionsentscheidung vorzubereiten. Der abschließende Bewertungsverfahrenhauptprozess stellt der Prozess **Bewertung dokumentieren** dar. Dieser beinhaltet neben der schriftlichen Aufbereitung und Dokumentation der Ergebnisse ebenfalls die Kommunikation dieser an die entsprechenden Entscheidungsträger, die schlussendlich durch die Ergebnisse bei der Investitionsentscheidung in Predictive Maintenance unterstützt werden.

Für die Durchführung des Bewertungsverfahrens ist hierbei vorgesehen, dass die Bewertung im Rahmen eines Workshops stattfindet. Hierbei fungiert eine Person als Moderator. Dieser kann eine unternehmensinterne oder unternehmensexterne Person sein. Wichtig ist jedoch, dass er die Vorgehensweise inklusive der unterschiedlichen Prozesse des Bewertungsverfahrens detailliert kennt und damit in der Lage ist, den Workshop zu leiten. Zusätzlich zur Leitung des Bewertungsworkshops ist der Moderator dafür zuständig, dass alle organisatorischen Vorbereitungen getroffen werden sowie verantwortlich für die Dokumentation und Nachbereitung des Workshops. Für die Bewertung ist es hierbei unerheblich, ob der Moderator aktiv in den Bewertungsprozess eingreift oder nicht, solange die Rolle als Moderator weiterhin verfolgt wird. Jedoch wird empfohlen, dass der Moderator ausschließlich für die Organisation und Leitung des Workshops zuständig ist und er nicht beide Rollen einnimmt, da somit eine klare Trennung zwischen Moderation (Beobachtung) und aktiver Bewertung stattfinden kann. Durch diese Trennung soll die Objektivität des Moderators sichergestellt werden.

6.2 Hauptverfahrensprozess 1: Bewertung vorbereiten

Der erste Bewertungsverfahrenhauptprozess, **Bewertung vorbereiten**, besteht aus den nachfolgenden vier Prozessen, siehe Abbildung 19:

1.1. Termin organisatorisch vorbereiten
1.2. Bewertungsobjekt festlegen
1.3. Instandhaltungsprozess erfassen
1.4. Instandhaltungsprozess in Reifegradmodell einordnen

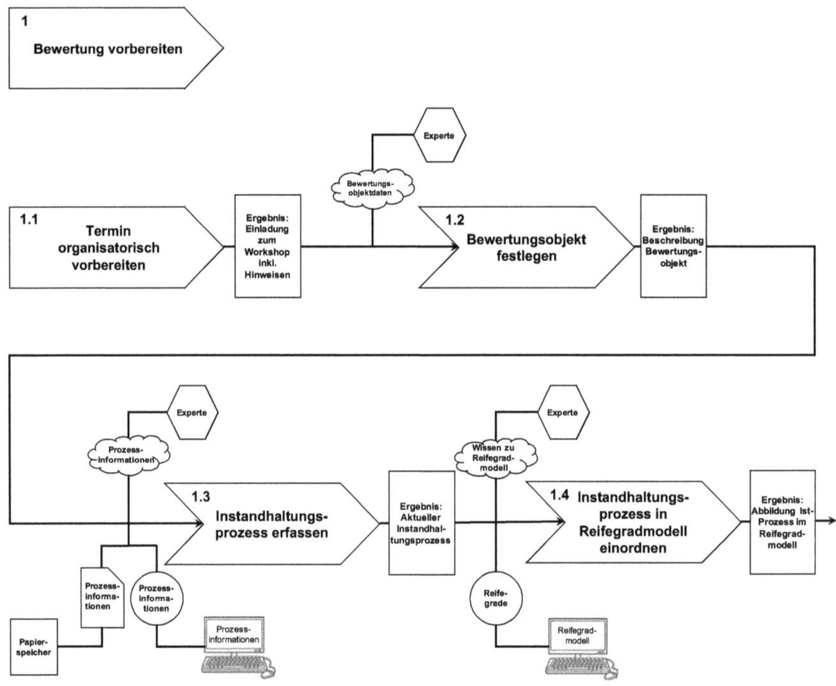

Abbildung 19: Hauptverfahrensprozess 1 - Bewertung vorbereiten[301]

Grundlage für die Initiierung des Bewertungsverfahrens ist, dass das Unternehmen, welches die Instandhaltungsdienstleistung unternehmensintern oder unternehmensextern anbietet, wissen möchte, ob die Einführung von Predictive Maintenance für das Unternehmen von Vorteil gegenüber der aktuellen Instandhaltungsstrategie ist. Wird diese Frage positiv beantwortet, so wird der Durchlauf des Bewertungsverfahrens mit dem Prozess **Termin organisatorisch vorbereiten** gestartet. Durch diesen Prozess soll sichergestellt werden, dass ein Termin, Ort und Raum für den Bewertungsworkshop ermittelt wird sowie die relevanten Personen für diesen Workshop eingeladen werden. Hinzu kommt, dass die relevanten Personen die für die Bewertung notwendigen Daten über den aktuellen Instandhaltungsprozess bereitstellen. Zu den relevanten Personen zählen hierbei Personen, die den Instandhaltungsprozess des Unternehmens kennen, wie zum Beispiel der Leiter der Instandhaltung, und da-

[301] Quelle: Eigene Darstellung.

bei das Wissen über die Kosten der Instandhaltung besitzen. Wird der Workshop von einem unternehmensexternen Moderator geleitet, so sollen die potenziellen Teilnehmer des Unternehmens in Rücksprache mit dem Moderator ausgewählt werden. Ist der Moderator unternehmensintern, so kann er basierend auf den Unternehmenskontaktdaten der jeweiligen Mitarbeiter die relevanten Mitarbeiter kontaktieren und für die Teilnahme einladen. Zusätzlich muss sichergestellt werden, dass die für die Durchführung notwendige Infrastruktur vorhanden ist beziehungsweise an dem Termin für die Bewertung vorhanden sein wird. So ist es notwendig, dass ein Raum mit einer ausreichenden Anzahl an Sitzplätzen für die Teilnehmer vorhanden ist und dieser einen Beamer und Metaplantafeln inklusive Stecknadeln besitzt, damit die unterschiedlichen Bewertungsaspekte visualisiert werden können. Des Weiteren ist es bei diesem Prozess notwendig, dass der Moderator des Workshops den teilnehmenden Personen kommuniziert, welche Daten für die Bewertung benötigt werden, um in den jeweiligen Bewertungsprozessen die notwendigen Daten und Informationen vorhalten zu können. Hierfür können die teilnehmenden Personen bereits im Vorfeld die für ihren Instandhaltungsprozess relevanten Daten vorbereiten, damit sie diese während der Bewertung direkt einfließen lassen können. Zu diesen Daten gehören Informationen, die den aktuellen Instandhaltungsprozess beschreiben sowie charakterisieren. Das sind unter anderem die Häufigkeit der Wartung, die Vorgehensweise bei der Instandhaltung, die notwendigen Materialien, die Dauer einer Instandhaltungsmaßnahme, die Anzahl der Mitarbeiter, die Kosten eines Ersatzteiles, die Kosten eines Stillstands, die Kosten der Mitarbeiter. Zum Abschluss dieses Prozesses wird die Einladung zum Workshop versendet. Diese beinhaltet neben dem Raum, die Uhrzeit sowie die Daten und Informationen über den aktuellen Instandhaltungsprozess, welche von den Teilnehmern vorbereitet werden sollen.

Der darauffolgende Bewertungsprozess **Bewertungsobjekt festlegen** ist der erste Prozessschritt, welcher während des Bewertungsworkshops stattfindet. Das Ziel dieses Prozesses ist es, dass basierend auf den Daten und Informationen, welche über den aktuellen Instandhaltungsprozess vorliegen, das Objekt, welches basierend auf dem Verfahren bewertet werden soll, festgelegt sowie beschrieben wird. Anzumerken ist hierbei, dass prinzipiell alle Objekte in Betracht gezogen werden können, die eine Instandhaltung benötigen. Hierbei soll nicht nur das Bewertungsobjekt ausgewählt werden, sondern ebenfalls dieses anhand seiner Produktinformationen beschrieben werden. Im Rahmen dieses Prozesses soll unter anderem die Frage, welche Objekte eignen sich für Predictive Maintenance und welche sollten im ersten Betrachtungsschritt unberücksichtigt bleiben, beantwortet werden. So eignen sich für ein Predictive Maintenance insbesondere alle Objekte, welche basierend auf ihrer Anordnung in der Maschine nur schwer zu erreichen sind, was eine zeitaufwändige Instandhaltung zur Folge hat, deren Ersatzteile hohe Kosten verursachen oder Objekte, durch deren Ausfall hohe Kosten basierend auf einem Stillstand entstehen oder die Qualität des zu fertigenden Produkts mindern. Basierend auf den Daten, die die Workshopteilnehmer bereitstellen, kann der Moderator anschließend unter Berücksichtigung der eben genannten Kriterien bewerten, für welche potenziellen Objekte sich der Verfahrensdurchlauf lohnt und für welche im ersten Schritt nicht.

Unter Verwendung der Beschreibung des zuvor festgelegten Bewertungsobjektes wird im darauffolgenden Verfahrensprozess, **Instandhaltungsprozess erfassen**, der aktuelle Instandhaltungsprozess zu diesem Bewertungsobjekt aufgenommen. Neben den Informationen aus dem vorherigen Verfahrensprozess werden hierfür Informationen über den Instandhaltungsprozess als Input verwendet. Diese Informationen können basierend auf drei Quellen gewonnen werden. So kann beispielsweise das Wissen der an der Bewertung beteiligten Experten berücksichtigt werden. Zusätzlich werden Daten in digitalisierter Form oder in physischer Form, zum Beispiel auf Papier oder aus einem IT-System verwendet, um den derzeitigen Instandhaltungsprozess für das Bewertungsobjekt zu erfassen und anschließend zu beschreiben. Hierbei wird berücksichtigt, welche Informationsflüsse und organisatorische Abläufe durchlaufen werden, um die Instandhaltung zu realisieren. Dies erfolgt über Gespräche und/oder eine Dokumentenanalyse. Erfasst werden neben den Informationsflüssen und Abläufen ebenfalls die unterschiedlichen Prozessschritte, die Schnittstellen zu anderen Prozessen sowie die Datenflüsse und Bereiche in denen bereits IT bei dem aktuellen Instandhaltungsprozess im Einsatz ist. Das Ergebnis dieses Verfahrensschrittes ist die detaillierte Beschreibung des aktuellen Instandhaltungsprozesses für das Bewertungsobjekt. Dieser ist notwendig, da basierend auf diesem Instandhaltungsprozess die Bewertung gegenüber dem Predictive Maintenance erfolgen soll. Insbesondere nachfolgende aktuelle Instandhaltungsdaten sollen aufgenommen werden:

Anzahl der Mitarbeiterstunden, die benötigt werden, um die Instandhaltung durchzuführen, hierbei soll in qualifizierte und unqualifizierte Mitarbeiter unterschieden werden. Zusätzlich sind die Kosten der jeweiligen Mitarbeiter sowie Kosten eines Stillstands des Bewertungsobjekts aufzunehmen. Hierbei stellt sich die Frage, wie hoch sind die Kosten für den Produktionsausfall, für den Produktionsmitarbeiter, der seiner Arbeit nicht nachgehen kann, sowie für die Absicherung der Lieferung. Neben den Kosten ist ebenfalls zu erfassen, in welcher Häufigkeit ein Service durchgeführt wird, wie lange eine Instandhaltungsmaßnahme dauert und somit ein Stillstand anhält und welche Kosten für die neuen Komponenten entstehen, inklusive Beschaffungskosten und Materialkosten.

Die Aufnahme des aktuellen Instandhaltungsprozesses dient neben der Erfassung des aktuellen Standes der Instandhaltung und der damit verbundenen Analyse und Bewertung der Abläufe in Hinblick auf die Verwendung von IT und Software zusätzlich der Schaffung von Transparenz im Unternehmen in Bezug auf den Instandhaltungsprozess. So können auf Basis dieser Aufnahme Prozessschritte identifiziert werden, die potenziell durch IT und/oder Software unterstützt werden können. Einmal in Hinblick auf den konkreten Anwendungsfall des Predictive Maintenance für das in dieser Arbeit entwickelte Bewertungsverfahren und auf der anderen Seite in Hinblick auf weitere Unterstützung der Instandhaltung durch Software und IT. So können beispielsweise mobile Endgeräte genutzt werden, um gewisse Daten direkt an der Maschine über Radio Frequency Identification (RFID) abzurufen.[302] Die Ermittlung des Instandhaltungsprozesses kann über unterschiedliche Möglichkeiten erstellt werden, wie zum Beispiel durch das Führen von Interviews oder der Durchführung von Dokumentenanalysen. Im Rahmen dieses Bewertungsverfahrens wird zur Ermittlung des aktuellen Instandhaltungsprozesses die Vorgehensweise des Workshops verwendet. Bei diesen Workshops werden die relevanten Mitarbeiter befragt und zusätzlich eine Dokumentenanalyse im Vorfeld mit digitalen oder materiellen Dokumenten durchgeführt.

[302] Zusätzliche Möglichkeiten und Chancen der Softwareintensivierung des Instandhaltungsprozesses neben dem Predictive Maintenance sollen basierend auf der Zielsetzung dieser Arbeit, siehe Kapitel 1.3, nicht betrachtet werden.

Unter Verwendung dieser Beschreibung wird der **aktuelle Instandhaltungsprozess in das Reifegradmodell bezüglich seines Softwareintensivierungsgrads eingeordnet**. Als Inputfaktoren fungieren hierbei neben der Beschreibung des aktuellen Instandhaltungsprozesses, das in digitaler Form vorliegende Reifegradmodell sowie erneut die Mitarbeiter, mit welchen gemeinsam mit dem Moderator die Einordnung in das Reifegradmodell vollzogen wird. Das Ergebnis ist die Einordnung des Grads der Softwareintensität des aktuellen Instandhaltungsprozesses. Diese Einordnung ist notwendig, da so im weiteren Verlauf der Bewertung dieser Grad als Referenzpunkt verwendet werden kann, mit welchem das Predictive Maintenance verglichen und somit auch bewertet wird. So kann nach der Einordnung eine Aussage darüber getroffen werden, auf welcher Stufe sich der aktuelle Instandhaltungsprozess momentan befindet. Das Reifegradmodell, siehe Abbildung 20, wurde im Rahmen dieser Arbeit entwickelt und wird nachfolgend erläutert.

	Softwareintensivierungsgrad der Instandhaltung in Bezug auf Predictive Maintenance					
Predictive Maintenance Prozessschritte	**Grad 0**	**Grad I**	**Grad II**	**Grad III**	**Grad IV**	**Grad V**
Lokale Zustandserfassung und -speicherung		✓	✓	✓	✓	✓
Maschine besitzt notwendige Hardware (z.B. Sensoren, etc.) Zustandsdaten erfassen Zustandsdaten anzeigen Zustandsdaten speichern						
Zentrale Zustandsspeicherung			✓	✓	✓	✓
Mit Netzwerk (Intranet/Internet) verbunden Zustandsdaten übermitteln Zustandsdaten im Zeitverlauf zentral in interner oder externer Cloud vorhalten						
Analyse der Zustandsdaten				✓	✓	✓
Zentrale Datenanalysesoftware in interner oder externer Cloud vorhanden Strukturierung und Auswertung der Daten zur Zustandsvorhersage Analyse der Daten zur Zustandsvorhersage						
Vorhersage der Ausfallwahrscheinlichkeit					✓	✓
Verknüpfung der Daten zur Zustandsvorhersage Prognose der Ausfallwahrscheinlichkeit basierend auf den Zustandsdaten						
Unterstützung der aktiven Instandhaltungsmaßnahme						✓
Ableitung von Handlungsempfehlungen Planung der Instandhaltung Koordination der Instandhaltung						

Abbildung 20: Reifegradmodell[303]

Das Reifegradmodell besteht aus zwei Dimensionen. Das sind auf der einen Seite die unterschiedlichen Eigenschaften des Predictive Maintenance sowie auf der anderen Seite der Softwareintensivierungsgrad der Instandhaltung in Bezug auf das

[303] Quelle: Eigene Darstellung.

Predictive Maintenance, durch welchen angegeben wird, ob eine Eigenschaft des Predictive Maintenance erfüllt wird. Die Eigenschaften des Predictive Maintenance werden in lokale Zustandserfassung und -speicherung, zentrale Zustandsspeicherung, Analyse der Zustandsdaten, Vorhersage der Ausfallwahrscheinlichkeit und Unterstützung der aktiven Instandhaltungsmaßnahme unterschieden. Sind jeweils alle Faktoren einer Stufe erfüllt, so ist der jeweilige Grad der Softwareintensivierung erfüllt. Hierbei ist zu beachten, dass die unterschiedlichen Ebenen aufeinander aufbauen und somit jeweils die Voraussetzung für die nächsthöhere Ebene darstellt.

Die Grundvoraussetzung, dass Predictive Maintenance im Sinne dieser Arbeit durchgeführt werden kann ist die lokale Zustandserfassung und -speicherung. Hierfür ist es notwendig, dass die Komponente, welche das Betrachtungsobjekt darstellt, die notwendige Hardware besitzt, um einen Zustand zu erfassen. Diese Hardware kann beispielsweise ein Sensor sein. Durch diese Hardware ist die Komponente in der Lage, ihren Zustand zu erfassen. Macht sie das und besteht die Möglichkeit diesen anzuzeigen und zu speichern, so ist der erste Grad erreicht. Ist es möglich, die Zustandsdaten der Komponente zu erfassen sowie zu speichern, ist für die Realisierung des Predictive Maintenance die zentrale Zustandsspeicherung notwendig. Hierfür muss die Komponente über eine Schnittstelle mit dem Intranet oder dem Internet verbunden sein. Durch diese Integration in das Netzwerk soll es ermöglicht werden, dass die Zustandsdaten an einen zentralen Datenspeicher, sei es in der internen Cloud oder der externen Cloud, übermittelt werden und dort im Zeitverlauf zentral vorgehalten werden. Sind die Daten in dieser Form vorgehalten, so ist es möglich, dass im dritten Grad diese Zustandsdaten analysiert werden. Hierfür ist ebenfalls als erstes die Voraussetzung zu schaffen, indem eine zentrale Datenanalysesoftware in der Cloud vorhanden ist, welche die Daten verarbeiten kann. Durch diese Software soll die Strukturierung und anschließende Analyse der Daten zur Zustandsvorhersage erfolgen. Basierend auf der Strukturierung der Daten können anschließend Analysen bezüglich des Zustandes vorhergesagt werden. Durch die Verknüpfung der Zustandsdaten soll es ermöglicht werden, dass die einzelnen Daten gemeinsam mit weiteren Zuständen und Einflüssen berücksichtigt werden. So kann beispielsweise eine Komponente schneller ausfallen, wenn diese permanent großer Hitze ausgesetzt ist. Je mehr Daten durch das System erfasst und analysiert werden können, desto genauer kann anschließend die Ausfallwahrscheinlichkeit prognostiziert werden. Hierfür werden die Zustandsdaten sowie alle weiteren Daten, welche in digitaler Form der Software zur Verfügung stehen, berücksichtigt und basierend auf den historischen Daten in Kombination mit den Zustandsdaten in Echtzeit die Ausfallwahrscheinlichkeit prognostiziert. Neben der Prognose der Ausfallwahrscheinlichkeit einer Komponente, womit der größte Softwareteil abgeschlossen ist, ist es bei der Instandhaltungsart des Predictive Maintenance ebenfalls wichtig, dass die aktive Instandhaltungsmaßnahme, das heißt, die konkrete Durchführung der Instandhaltung an der Maschine erfolgt. Für diese Unterstützung soll das Predictive Maintenance System in der Lage sein, Handlungsempfehlungen für den Instandhaltungsmitarbeiter auszusprechen bzw. abzuleiten. In diesem Zug spielt die Planung und Koordination der Instandhaltung eine sehr große Rolle. So kann die Instandhaltung durch das Einbeziehen von unterschiedlichen weiteren Datenquellen, wie zum Beispiel geplante Stillstandszeiten, organisatorische Stillstandszeiten, Reservelager, Lieferzeiten, Mitarbeiter, die Vorort sind, Mitarbeiter, die ggf. im Urlaub sind, etc. berücksichtigt werden. Sowie anschließend die Planung der Ersatzteilbeschaffung und der Instandhaltungsmitarbeiter. Bei den Mitarbeitern ist zu berücksichtigen, ob eine gelernte Fachkraft oder nur ein Hilfsarbeiter benötigt wird, an welchem Ort diese aktuell im Einsatz sind und inwieweit sie aktuell verfügbar sind, um eine Instandhaltung durchzuführen. Mit Abschluss des vierten Prozesses ist der erste Bewertungsverfahrenhauptprozess abgeschlossen. Seine Erkenntnisse dienen als Input für den nachfolgenden Verfahrenshauptprozess Bewertung durchführen.

6.3 Hauptverfahrensprozess 2: Bewertung durchführen

Die Einordnung des aktuellen Instandhaltungsprozesses in das Reifegradmodell, als Ergebnis des Verfahrensprozesses Bewertung vorbereiten, dient als Input für den zweiten Bewertungsverfahrenhauptprozess **Bewertung durchführen**. Dieser Prozess besteht aus den nachfolgenden vier Unterprozessen und ist in Abbildung 21 dargestellt:

2.1. Vergleich aktueller Instandhaltungsprozess mit Predictive Maintenance am Reifegradmodell durchführen
2.2. Aufwandsbetrachtung für Predictive Maintenance durchführen
2.3. Nutzenbetrachtung für Predictive Maintenance durchführen
2.4. Risikobetrachtung für Predictive Maintenance durchführen

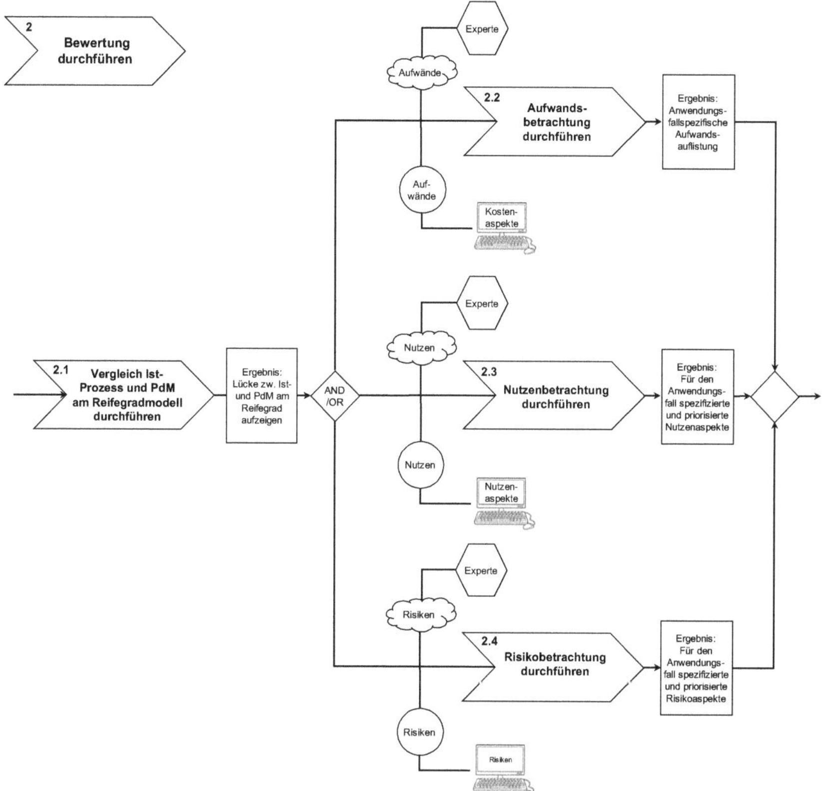

Abbildung 21: Hauptverfahrensprozess 2 - Bewertung durchführen[304]

Für den Verfahrensschritt **Vergleich aktueller Instandhaltungsprozess und Predictive Maintenance am Reifegradmodell durchführen** ist die Einordnung des aktuellen Instandhaltungsprozesses des Bewertungsobjekts im Reifegradmodell als Input notwendig. Basierend auf dieser Einordnung wird der aktuelle Instandhaltungsprozess dem angestrebten Predictive Maintenance Prozess gegenübergestellt, welcher den fünften Grad im Reifegradmodell repräsentiert.[305] Basierend auf dieser Gegenüberstellung kann die Diskrepanz zwischen den Instandhaltungsprozessen festgestellt werden. Auf Grundlage dieser Diskrepanz wird aufgezeigt, welche Aspekte

[304] Quelle: Eigene Darstellung.

[305] Für eine detaillierte Beschreibung des Predictive Maintenance siehe Kapitel 2.4. Das Reifegradmodell wird in Kapitel 6.2 eingeführt sowie erläutert.

des Predictive Maintenance bereits erfüllt sind und welche noch realisiert werden müssen, um den fünften Grad des Reifegradmodells zu erreichen. Das Ergebnis dieses Prozesses ist die Beschreibung und Darstellung der Lücke zwischen aktuellem Instandhaltungsprozess und dem Predictive Maintenance. Diese Lücke ist die Grundlage für die weiteren Schritte des Bewertungsverfahrens.

Basierend auf der identifizierten und aufgezeigten Lücke zwischen dem aktuellen Instandhaltungsprozess und dem Predictive Maintenance werden die Bewertungsprozesse der Aufwandsbewertung, der Nutzenbewertung und der Risikobewertung durchgeführt. Im Rahmen dieser Arbeit wird empfohlen, dass diese drei Bewertungen nacheinander durchgeführt werden, um detaillierte Kenntnisse über den Aufwand, den Nutzen und die Risiken basierend auf den anwendungsfallspezifischen Ausprägungen zu erhalten. Jedoch kann an dieser Stelle je nach Bedarf oder Anwendungsfall ebenfalls nur einer oder zwei dieser Prozesse verfolgt werden. Hierbei muss jedoch beachtet werden, dass so kein umfassendes Bild der Gegebenheiten sowie der Potenziale und Risiken durch Predictive Maintenance möglich ist. Der Grund für diese flexible Gestaltung des Bewertungsverfahrens ist, dass so je nach Unternehmensanforderungen die jeweiligen notwendigen Bewertungen durchgeführt werden können. Beispielsweise ist es vorstellbar, dass die Einführung von Predictive Maintenance strategisch oder politisch motiviert ist und somit die Kosten in der ersten Betrachtung für das Unternehmen eine geringe Wichtigkeit haben und daher initial nur die Risiken und der Nutzen betrachtet werden.

Hierbei soll jedoch ausdrücklich betont werden, dass es empfohlen wird, alle drei Bewertungsverfahrensprozesse zu durchlaufen.

Nachfolgend werden die drei Bewertungsprozesse Aufwandsbetrachtung, Nutzenbetrachtung und Risikobetrachtung beschrieben.

Der Bewertungsprozess **Aufwandsbetrachtung durchführen** ermöglicht es den Anwendern des Bewertungsverfahrens, den potenziellen Aufwand, der durch die Einführung des Predictive Maintenance entsteht, aufzulisten und einen Vergleich mit der Erbringung des aktuellen Instandhaltungsprozesses vorzunehmen. Dies erfolgt basierend auf den unterschiedlichen Aufwandsaspekten der Instandhaltungsmaßnahme des Predictive Maintenance, welche basierend auf den Experteninterviews und der Literatur erhoben wurden, siehe Abbildung 22. So können basierend auf der identifizierten Lücke zwischen dem aktuellen Instandhaltungsprozess und dem Predictive Maintenance die Aufwandsaspekte mit konkreten Daten des Anwendungsunternehmens ausgefüllt werden. Als generische Bewertungsmethode wird in diesem Verfahrensschritt die Kostenvergleichsrechnung verwendet. Das wird damit begründet, da es bei der Investitionsentscheidung bei Predictive Maintenance um einen Kostenvergleich zwischen den Kosten des aktuellen Instandhaltungsprozesses mit den Kosten der Investition und dem Betrieb von Predictive Maintenance geht. So werden die unterschiedlichen Aufwandsaspekte mit konkreten unternehmensspezifischen Daten ausgefüllt und die Summen der unterschiedlichen Aufwände anschließend gegenübergestellt und verglichen. Zu unterscheiden sind bei den Aufwandsaspekten die Aufwände, welche für die Instandhaltungsmaßnahme anfallen sowie die Predictive Maintenance spezifischen Investitionskosten und Betriebskosten, siehe Abbildung 22.

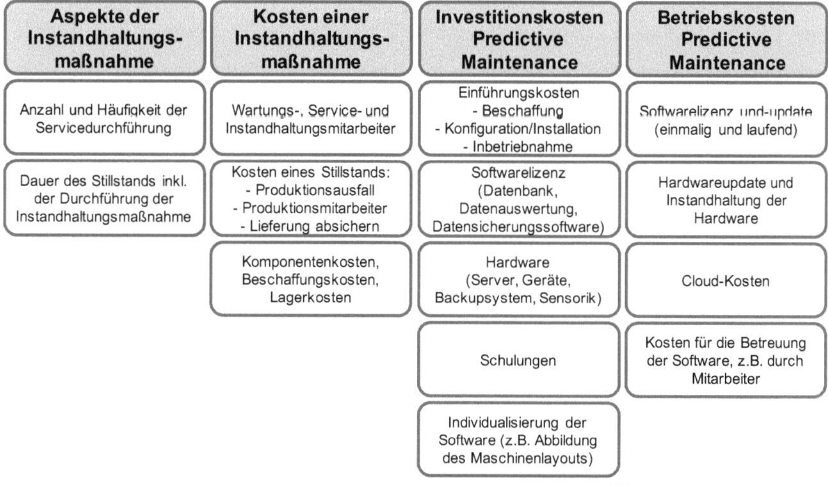

Abbildung 22: Sammlung der Aufwandsaspekte[306]

Die Aufwände für die Instandhaltungsmaßnahme müssen hierbei einmal für den aktuellen Instandhaltungsprozess aufgezeigt werden sowie für den zukünftigen Instandhaltungsprozess durch Predictive Maintenance. Sie geben an, welche Kosten

306 Quelle: Eigene Darstellung.

durch die Durchführung der Instandhaltungsmaßnahme auftreten und werden in Abbildung 22 als Aspekte der Instandhaltungsmaßnahme und Kosten einer Instandhaltungsmaßnahme bezeichnet. Durch den Einsatz von Predictive Maintenance sollen diese Aspekte und Kosten minimiert werden. Jedoch sind für die Realisierung von Predictive Maintenance einmalige und laufende Kosten des Predictive Maintenance Systems zu berücksichtigen, siehe die Gruppen Investitions- und Betriebskosten Predictive Maintenance in Abbildung 22. Die einmaligen Kosten stellen hierbei die Investitionskosten dar und die laufenden Kosten die Betriebskosten des Predictive Maintenance. Wie bereits in Kapitel 2.4 beschrieben, ist es das Ziel von Predictive Maintenance, die Stillstandszeiten durch eine Instandhaltung zu reduzieren und im besten Fall die ungeplanten Stillstände zu eliminieren. So sollen die Kosten für die Instandhaltungsmaßnahmen reduziert werden. Hierbei werden jedoch Annahmen über die Wahrscheinlichkeit der Reduzierung der Instandhaltungsmaßnahmen bei der Kostenbetrachtung getroffen. Im schlechtesten Fall wäre das, dass die Anzahl der Stillstände durch das Predictive Maintenance identisch bleibt, als ohne das System. Der beste Fall ist, dass es ausschließlich geplante Stillstände gibt und diese geplanten Stillstände auf ein Minimum reduziert werden. Das bedeutet somit, dass die Aufwände jeder Instandhaltungsmaßnahme reduziert werden. Hierbei handelt es sich konkret um die Kosten der Instandhaltungsmitarbeiter, in der Unterscheidung nach der jeweiligen Qualifizierung, den Kosten für einen Stillstand sowie die damit einhergehenden Kosten für den Produktionsausfall und die Produktionsmitarbeiter, die nicht produktiv arbeiten können. Ein weiterer Kostenpunkt sind die Kosten für die Ersatzkomponenten inklusive ihrer Beschaffungs- und Lagerkosten. Neben diesen direkten Kosten sind zusätzlich die Häufigkeit der Instandhaltungsdurchführung sowie die Dauer des Stillstands inkl. der Instandhaltung von Relevanz. Im Fall dieser Berechnung werden diese Kosten immer für ein Jahr betrachtet.

Die spezifischen Predictive Maintenance Kosten setzen sich, wie bereits erläutert, aus den Investitions- sowie Betriebskosten zusammen. Die Investitionskosten beinhalten die Kosten für die Softwarelizenzen für das System, Hardwarekosten, mögliche Individualisierungskosten der Software, um beispielsweise ein Maschinenlayout abzubilden oder die jeweiligen Prozesse zu integrieren, Schulungen der Mitarbeiter sowie die Einführungskosten, die durch die Beschaffung, Konfiguration, Installation und Inbetriebnahme des Systems entstehen. Die Betriebskosten ergeben sich aus möglichen Softwareupdatekosten, Hardwareupdate und -instandhaltungskosten, den Cloud-Kosten, Kosten der Betreuung der Software durch einen Mitarbeiter und der Anpassung der Software wegen Prozessänderungen. Hierbei ist zu beachten, dass nicht jeder dieser Kosten zum Tragen kommen muss, jedoch je nach Ausrichtung des Systems, vorhandenen Vorsysteme und Anwendungsszenarien des Anwendungsunternehmens, unterschiedliche Kosten entstehen. Für die Aufwände des Predictive Maintenance Systems bedarf es einer Recherche des aktuellen Stands der Technik. So können jeweils die aktuellen Aufwände für das System im Bewertungsverfahren berücksichtigt werden.

Wie bereits erläutert, müssen die unterschiedlichen Aufwände während des Workshops ausgewählt und anschließend mit den konkreten Daten des jeweiligen Unternehmens ausgefüllt und betrachtet werden. Nachfolgend ist dieser konkrete Ablauf der einzelnen Schritte nochmals zusammengefasst dargestellt.

Ablauf der Aufwandsbewertung:

2.2.1. Aktuelle Instandhaltungsaufwände des Unternehmens unter Berücksichtigung der unterschiedlichen Aufwandsaspekte einer Instandhaltungsmaßnahme sowie der konkreten Kosten dieser, erfassen.

2.2.2. Unter der Verwendung des Reifegradmodells aufzeigen, welche Attribute noch realisiert werden müssen, um Grad fünf und somit das Predictive Maintenance zu erreichen.

2.2.3. Auswahl der Aufwände des Predictive Maintenance, welche für den jeweiligen Anwendungsfall relevant sind.

2.2.4. Berechnung der Kosten des Predictive Maintenance Systems.

2.2.5. Bewerten, zu welchen Wahrscheinlichkeiten sich die aktuellen Instandhaltungsmaßnahmen durch das Predictive Maintenance reduzieren. Hierbei den besten, mittleren und schlechtesten Fall berücksichtigen.

2.2.6. Je nach Wahrscheinlichkeit die aktuellen Instandhaltungsmaßnahmen mit denen des Predictive Maintenance Systems gegenüberstellen. Zusätzlich die Kosten für das Predictive Maintenance System darstellen.

Durch die **Durchführung der Nutzenbetrachtung** wird situativ und somit anwendungsfallspezifisch bewertet, welche Nutzenaspekte im konkreten Anwendungsfall relevant sind und wie diese für den jeweiligen Fall ausgestaltet sind. Dies erfolgt gemeinsam mit den Teilnehmern des Bewertungsworkshops. Durch die Einbeziehung von erhobenen Nutzenaspekten soll gewährleistet werden, dass alle relevanten Nutzenaspekte von Predictive Maintenance aufgeführt werden. Dies soll den bewertenden Unternehmen helfen, die für sich relevanten Nutzenaspekte zu identifizieren und in die Bewertung einfließen zu lassen.

Die Nutzenbewertung erfolgt auf Basis der Sammlung der unterschiedlichen Nutzenfaktoren, welche in digitaler Form vorliegen, sowie auf Basis möglicher neuer Nutzenfaktoren, welche durch die Teilnehmer der Bewertung eingebracht werden können.

Das Ergebnis dieses Bewertungsschrittes sind für den Anwendungsfall priorisierte und für das spezifische Unternehmen anwendungsfallspezifische konkret ausgestaltete Nutzenaspekte. Hierfür werden die bei der Anforderungserhebung ermittelten Nutzenaspekte verwendet.[307] Diese Aspekte dienen zum derzeitigen Stand als aktuelle und umfangreiche Sammlung der Nutzenaspekte.

Die Sammlung der Nutzen besteht aus den 14 Gruppen, siehe Abbildung 23. Hierzu gehören die Gruppen Allgemein, Anlagen-, Maschinen- und Bauteilverfügbarkeit, Ersatzteilplanung verbessern, Kunden, Kosteneinsparung, Personaleinsatz, Prozessqualität und Produktionsqualität, Produktqualität, Planungssicherheit, Umsatzerhöhung, Transparenz, Sicherheit, Stillstandszeiten optimieren, zusätzliche Services. Diese Gruppen können wiederrum in einzelne Nutzenaspekte aufgegliedert werden. Die Nutzengruppen inklusive ihrer zugeordneten Nutzenaspekte sind in Abbildung 24 dargestellt. So besteht beispielswiese die Nutzengruppe Stillstandszeiten optimieren aus den Nutzenaspekten ungeplante Stillstandszeiten reduzieren beziehungsweise in geplante Zeiten umwandeln und Stillstandzeiten reduzieren beziehungsweise vermeiden, so nahe wie möglich an den Ausfall kommen. Kunden besitzt die Nutzenaspekte Kundenbindung erhöhen und höhere Kundenzufriedenheit, wenn man zum Beispiel die Ware nun pünktlich liefern kann.

---

[307] Für eine detaillierte Beschreibung der Anforderungserhebung, siehe Kapitel 4.

Allgemein
Kunden
Ersatzteilplanung verbessern
Personaleinsatz
Kosteneinsparung
Prozessqualität und Produktionsqualität
Produktqualität
Planungssicherheit
Sicherheit
Zusätzliche Services
Stillstandszeiten optimieren
Transparenz
Umsatzerhöhung
Anlagen-, Maschinen- und Bauteileverfügbarkeit

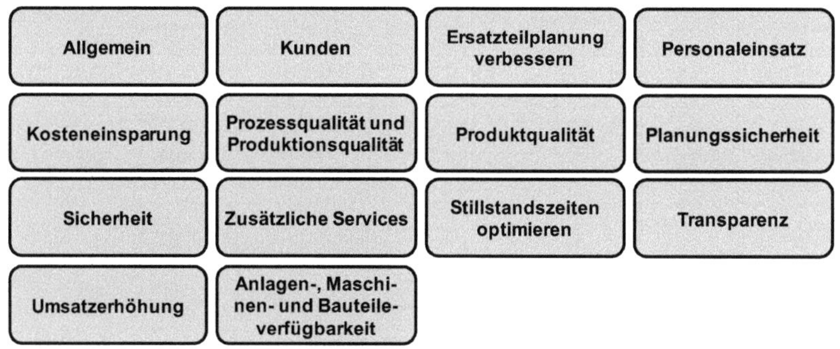

Abbildung 23: Nutzengruppen[308]

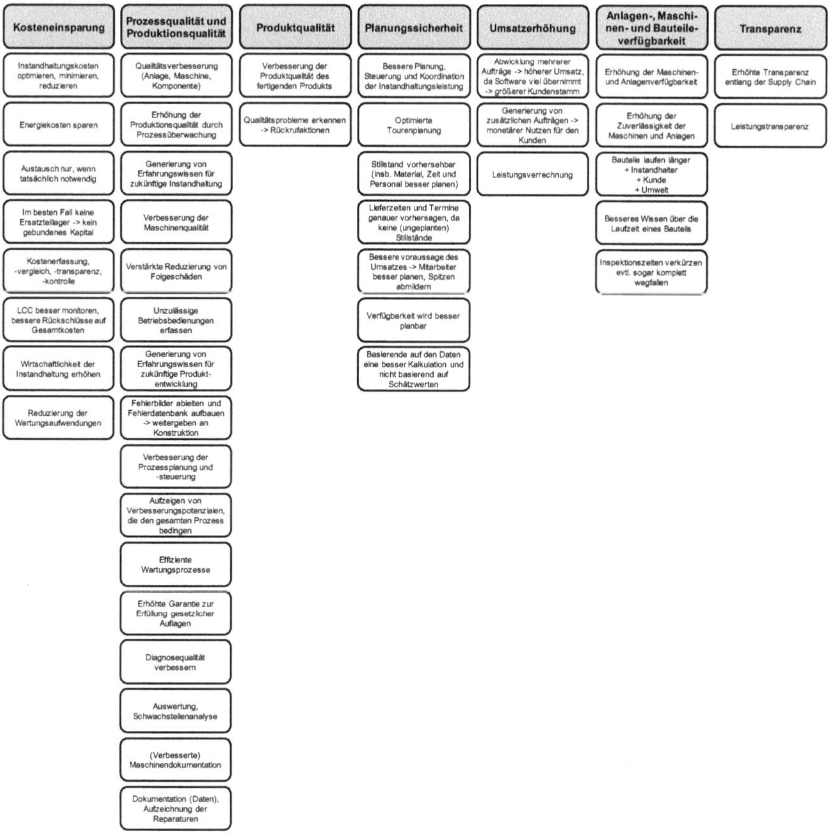
Kosteneinsparung
Instandhaltungskosten optimieren, minimieren, reduzieren
Energiekosten sparen
Austausch nur, wenn tatsächlich notwendig
Im besten Fall keine Ersatzteillager -> kein gebundenes Kapital
Kostenerfassung, -vergleich, -transparenz, -kontrolle
LCC besser monitoren, bessere Rückschlüsse auf Gesamtkosten
Wirtschaftlichkeit der Instandhaltung erhöhen
Reduzierung der Wartungsaufwendungen
Prozessqualität und Produktionsqualität
Qualitätsverbesserung (Anlage, Maschine, Komponente)
Erhöhung der Produktionsqualität durch Prozessüberwachung
Generierung von Erfahrungswissen für zukünftige Instandhaltung
Verbesserung der Maschinenqualität
Verstärkte Reduzierung von Folgeschäden
Unzulässige Betriebsbedienungen erfassen
Generierung von Erfahrungswissen für zukünftige Produkt-entwicklung
Fehlerbilder ableiten und Fehlerdatenbank aufbauen -> weitergeben an Konstruktion
Verbesserung der Prozessplanung und -steuerung
Aufzeigen von Verbesserungspotenzialen, die den gesamten Prozess bedingen
Effiziente Wartungsprozesse
Erhöhte Garantie zur Erfüllung gesetzlicher Auflagen
Diagnosequalität verbessern
Auswertung, Schwachstellenanalyse
(Verbesserte) Maschinendokumentation
Dokumentation (Daten), Aufzeichnung der Reparaturen
Produktqualität
Verbesserung der Produktqualität des fertigenden Produkts
Qualitätsprobleme erkennen -> Rückrufaktionen
Planungssicherheit
Bessere Planung, Steuerung und Koordination der Instandhaltungsleistung
Optimierte Tourenplanung
Stillstand vorhersehbar (insb. Material, Zeit und Personal besser planen)
Lieferzeiten und Termine genauer vorhersagen, da keine (ungeplanten) Stillstände
Bessere voraussage des Umsatzes -> Mitarbeiter besser planen, Spitzen abmildern
Verfügbarkeit wird besser planbar
Basierende auf den Daten eine besser Kalkulation und nicht basierend auf Schätzwerten
Umsatzerhöhung
Abwicklung mehrerer Aufträge -> höherer Umsatz, da Software viel übernimmt -> größerer Kundenstamm
Generierung von zusätzlichen Aufträgen -> monetärer Nutzen für den Kunden
Leistungsverrechnung
Anlagen-, Maschinen- und Bauteileverfügbarkeit
Erhöhung der Maschinen- und Anlagenverfügbarkeit
Erhöhung der Zuverlässigkeit der Maschinen und Anlagen
Bauteile laufen länger + Instandhalter + Kunde + Umwelt
Besseres Wissen über die Laufzeit eines Bauteils
Inspektionszeiten verkürzen evtl. sogar komplett wegfallen
Transparenz
Erhöhte Transparenz entlang der Supply Chain
Leistungstransparenz

[308] Quelle: Eigene Darstellung.

Abbildung 24: Sammlung der Nutzenaspekte[309]

Die für das bewertende Unternehmen anwendungsfallspezifischen Nutzenaspekte werden in diesem Predictive Maintenance Bewertungsverfahren basierend auf der Orientierung an der generischen Methode der Prioritätenanalyse[310] durchgeführt. Hierfür werden nachfolgende Verfahrensschritte währende des Workshops gemeinsam mit den Teilnehmern durchlaufen:

2.3.1 Erläuterung der Nutzengruppe und ihrer Nutzenaspekte

2.3.2 Ergänzung der Nutzensammlung um Nutzenaspekte, die basierend auf den Erfahrungen des Anwendungsunternehmens in der Sammlung fehlen

2.3.3 Aussortieren von irrelevanten Nutzengruppen

2.3.4 Aussortierung von irrelevanten Nutzenaspekten

2.3.5 Priorisierung der Nutzenaspekte

2.3.6 Beschreibung und Ausgestaltung der Nutzenaspekte basierend auf den konkreten anwendungsspezifischen Gegebenheiten

Die Nutzenbetrachtung beginnt mit dem Aufzeigen und der Erläuterung der unterschiedlichen Nutzengruppen und ihrer Nutzenaspekte durch den Leiter des Bewertungsworkshops. So sollen die Teilnehmer des Workshops einen ersten Überblick über die unterschiedlichen Aspekte erhalten und ein einheitliches Verständnis für die einzelnen Aspekte geschaffen werden. Sollte den Teilnehmern ein Nutzenaspekt fehlen, so besteht die Möglichkeit, diesen ebenfalls in die Sammlung aufzunehmen, damit alle für das Unternehmen relevante Nutzenaspekte berücksichtigt werden

[309] Quelle: Eigene Darstellung.

[310] Die Prioritätenanalyse als generische Bewertungsmethode wird im Rahmen dieser Arbeit in Kapitel 5 beschrieben.

können. Die Aspekte, die durch die Teilnehmer zusätzlich zur Sammlung eingebracht werden, werden anschließend in die Nutzensammlung aufgenommen. Aufgrund der Tatsache, dass es im zeitlichen Verlauf möglich ist, dass diese Nutzenaspekte sich verändern und oder ihre Relevanz verlieren, sollen diese immer auf dem aktuellsten Stand der Praxis und Wissenschaft gehalten werden. Dies kann dadurch erreicht werden, dass der Moderator diese Aspekte stetig gegenüber dem Stand der Praxis und dem Stand der Wissenschaft prüft. Dies kann beispielsweise basierend auf wissenschaftlicher Literatur und/oder durch die Einbeziehung von den Erkenntnissen von Instandhaltungsprojekten, z.B. aus der Unternehmenspraxis, sein. So stellt die aktuelle Sammlung eine solide Basis der unterschiedlichen Aspekte dar, welche kontinuierlich erweitert werden kann, damit diese stetig umfassender wird. Zur Verringerung der Komplexität bei der Priorisierung der einzelne Nutzen werden als erstes die unterschiedlichen Nutzengruppen betrachtet und die Nutzengruppen, die für die Teilnehmer irrelevant sind, aussortiert. Hierbei ist es wichtig, dass es auch möglich ist, dass alle Nutzengruppen als relevant eingestuft werden. Anschließend werden innerhalb der Nutzengruppen die Nutzen einzeln betrachtet und ebenfalls die für die Bewertungsteilnehmer als irrelevant bewerteten aus der Sammlung gestrichen.

Im nächsten Schritt werden Nutzen ohne Zuordnung zu ihrer Nutzengruppe betrachtet und nach ihrer Wichtigkeit priorisiert. Dies erfolgt über die Prioritätenanalyse indem jeder einzelne Aspekt in einer Präferenzmatrix mit jedem anderen paarweise verglichen und je nach Bedeutung mit 0, 1 oder 2 Punkten bewertet wird. Die Summe der Einzelbewertungen führt zu einer Aussage über das Gesamtgewicht jedes einzelnen Aspekts. Basierend auf dem Gesamtgewicht kann eine Rangfolge der Aspekte erstellt werden.

Diese Rangfolge dient hierbei im weiteren Verlauf als Kenntnis darüber, welche Wichtigkeit welcher Nutzenaspekt für das Unternehmen besitzt. So werden die Nutzenaspekte anschließend nach ihrer Wichtigkeit bearbeitet und eingeordnet. Es wird hierbei immer mit dem wichtigsten Nutzenaspekt gestartet.

Im letzten Schritt der Bewertung wird die anwendungsfallspezifische Ausgestaltung und Beschreibung der Aspekte vorgenommen. Hierzu erklärt der Leiter des Bewertungsworkshops nochmals ausführlich, den jeweiligen Aspekt und welche Auswirkungen dieser haben könnte. Anschließend wir gemeinsam mit den Unternehmensvertretern die Beschreibung sowie die unterschiedlichen Auswirkungen auf das betrachtete Bewertungsobjekt des Unternehmens während des Bewertungsworkshops vollzogen. Der Moderator dokumentiert hierbei die unterschiedlichen Ausprägungen.

Der Verfahrensprozess **Risikobetrachtung durchführen** verfolgt das Ziel, die im Rahmen der Anforderungserhebung[311] identifizierten Risikoaspekte zu betrachten und zu bewerten, welche Relevanz diese für den konkreten Anwendungsfall besitzen, damit das jeweilige Unternehmen bereits vor der Investitionsentscheidung das Bewusstsein über die jeweiligen Risiken besitzt. Der Grund hierfür liegt darin, dass laut den Experten diese meistens kaum bei der Entscheidungsfindung berücksichtigt werden und nachträglich erst beim Eintreten der Risiken realisiert werden. Werden sie jedoch bereits frühzeitig betrachtet, so können vorausschauende Maßnahmen getroffen werden, damit Risiken abgeschwächt oder komplett eliminiert werden. Jedoch kann die Risikobetrachtung dazu führen, dass aufgrund bestimmter Risiken, die kaum beeinflusst werden können und deren Auswirkungen enorm sind, eine Investitionsentscheidung negativ durch den oder die Entscheider erfolgt. Basierend auf der Erkenntnis welche Risiken für das Unternehmen relevant sind und wie sich diese im konkreten Anwendungsfall des Unternehmens auswirken, kann bewertet werden, welche Risiken eingegangen werden, da sie möglicherweise einen geringen Einfluss besitzen, sowie welche Risiken durch Maßnahmen abgemindert oder sogar verhindert werden können. Hierbei ist jedoch zu beachten, dass solche Maßnahmen meistens weitere Kosten verursachen.

Die Risikobewertung erfolgt auf Basis des aktuellen Instandhaltungsprozesses und dem Predictive Maintenance Prozess sowie der daraus resultierenden Lücke. Zusätzlich wird die Sammlung der unterschiedlichen Risikofaktoren, welche in digitaler Form vorliegen, sowie mögliche neue Risikofaktoren, welche durch die Teilnehmer der Bewertung eingebracht werden, berücksichtigt. Das Ergebnis dieses Bewertungsprozesses sind für den Anwendungsfall priorisierte und für das spezifische Unternehmen anwendungsfallspezifische konkret ausgestaltete Risikoaspekte.

[311] Für eine detaillierte Beschreibung der Anforderungserhebung, siehe Kapitel 4.

Die Sammlung der Risikoaspekte besteht aus sieben Gruppen, welche jeweils in unterschiedliche Risikoaspekte unterteilt sind, siehe Abbildung 25. Zu diesen sieben Risikogruppen gehören der Faktor Mensch, die Datenbereitstellung, die Datenqualität / Voraussagequalität, die Datensicherheit, die Kosten, das Risiko für das Unternehmen und die Risiken des Predictive Maintenance Systems. Diese Risikoaspekte werden während der Bewertung betrachtet und für den jeweiligen Anwendungsfall ausgestaltet und beschrieben.

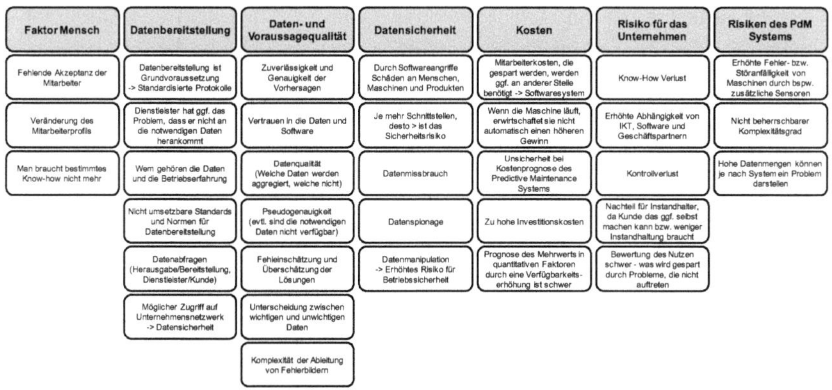

Abbildung 25: Sammlung der Risikoaspekte[312]

Wie bereits bei der Bewertung der Nutzenaspekte, werden die für das bewertende Unternehmen anwendungsfallspezifischen Risikoaspekte in diesem Bewertungsverfahren basierend auf der Orientierung an der generischen Methode der Prioritätenanalyse[313] durchgeführt. Hierfür werden nachfolgende Verfahrensschritte während des Workshops gemeinsam mit den Teilnehmern durchlaufen:

2.4.1 Erläuterung der Risikogruppen und ihrer Risikoaspekte

2.4.2 Ergänzung der Risikosammlung um Risiken, die basierend auf den Erfahrungen des Anwendungsunternehmens in der Sammlung fehlen

2.4.3 Aussortieren von irrelevanten Risikogruppen

2.4.4 Aussortierung von irrelevanten Risikoaspekten

---

[312] Quelle: Eigene Darstellung.

[313] Die Prioritätenanalyse als generische Bewertungsmethode wird im Rahmen dieser Arbeit in Kapitel 5 beschrieben.

2.4.5 Priorisierung der Risikoaspekte

2.4.6 Beschreibung und Ausgestaltung der Risikoaspekte basierend auf den konkreten anwendungsspezifischen Gegebenheiten

Die Risikobetrachtung beginnt mit dem Aufzeigen und der Erläuterung der unterschiedlichen Risikogruppen und ihrer Risikoaspekte durch den Leiter des Bewertungsworkshops. So sollen die Teilnehmer des Workshops einen ersten Überblick über die unterschiedlichen Aspekte erhalten und ein einheitliches Verständnis für die einzelnen Risikoaspekte geschaffen werden. Sollte den Teilnehmern ein Risiko fehlen, so besteht die Möglichkeit, dieses ebenfalls in die Sammlung aufzunehmen, damit alle für das Unternehmen relevanten Risiken berücksichtigt werden können. Die Aspekte, die durch die Teilnehmer neu bzw. zusätzlich eingebracht werden, werden anschließend in die Sammlung aufgenommen. Aufgrund der Tatsache, dass es im zeitlichen Verlauf möglich ist, dass diese Risikoaspekte sich verändern und/oder ihre Relevanz verlieren, sollen diese immer auf dem aktuellsten Stand der Praxis und Wissenschaft gehalten werden. Dies kann erreicht werden, indem der Moderator diese Risikoaspekte stetig gegenüber dem Stand der Praxis und gegenüber dem Stand der Wissenschaft prüft. Dies kann beispielsweise basierend auf der gegenwärtigen wissenschaftlichen Literatur und/oder durch die Einbeziehung von den Erkenntnissen aus Instandhaltungsprojekten sein. So stellt die aktuelle Sammlung eine solide Basis der unterschiedlichen Aspekte dar, welche kontinuierlich erweitert werden kann, damit diese stetig auf dem aktuellsten Stand ist. Zur Verringerung der Komplexität der Priorisierung der einzelnen Risiken werden als erstes die unterschiedlichen Risikogruppen betrachtet und die Risikogruppen, die für die Teilnehmer irrelevant sind, aussortiert. Hierbei ist es wichtig, dass es auch möglich ist, dass alle Risikogruppen als relevant eingestuft werden. Anschließend werden innerhalb der Risikogruppen die Risiken einzeln betrachtet und ebenfalls die für die Bewertungsteilnehmer als irrelevant bewerteten Risiken aus der Sammlung gestrichen.

Im darauffolgenden Bewertungsschritt werden die Risiken ohne Zuordnung zu ihrer Risikogruppe betrachtet und nach ihrer Wichtigkeit priorisiert. Dies erfolgt über die Prioritätenanalyse indem jeder einzelne Aspekt in einer Präferenzmatrix mit jedem anderen paarweise verglichen und je nach Bedeutung mit 0, 1 oder 2 Punkten bewertet wird. Die Summe der Einzelbewertungen führt zu einer Aussage über das

Gesamtgewicht jedes einzelnen Aspekts. Basierend auf dem Gesamtgewicht kann eine Rangfolge der Aspekte erstellt werden. Diese Rangfolge dient hierbei im weiteren Verlauf als Kenntnis darüber, welche Wichtigkeit welches Risiko für das Unternehmen besitzt. So werden die Risiken anschließend nach ihrer Wichtigkeit bearbeitet. Im weiteren Verlauf der Bewertung wird basierend auf der Priorisierung immer mit dem wichtigsten Risikoaspekt begonnen.

Im letzten Schritt der Bewertung wird die anwendungsfallspezifische Ausgestaltung und Beschreibung der Risikoaspekte vorgenommen. Hierzu erklärt der Leiter des Bewertungsworkshops nochmals ausführlich den jeweiligen Aspekt und welche Auswirkungen dieser haben könnte. Anschließend wird gemeinsam mit den Unternehmensvertretern die Beschreibung sowie die unterschiedlichen Auswirkungen auf das betrachtete Bewertungsobjekt des Unternehmens während des Bewertungsworkshops vollzogen. Der Workshopleiter dokumentiert hierbei die Ergebnisse der Priorisierung sowie die unternehmensspezifische Ausgestaltung der jeweiligen Risikoaspekte.

Zu bemerken ist in Zusammenhang mit den vorangegangenen Betrachtungen, dass die jeweiligen Sammlungen der Nutzen-, Kosten- und Risikoaspekte, den gegenwärtigen Status quo abdecken. Diese Aspekte des Bewertungsverfahrens sollten, um bei jeder Bewertung den Status quo abzudecken, stetig auf ihre Aktualität überprüft werden sowie basierend auf dieser Überprüfung angepasst, erweitert und ergänzt werden. Das Ziel ist es hierbei, dass die Sammlungen der Aspekte immer den aktuellsten Stand des Status quo repräsentieren. Sollten während der Bewertung dem jeweiligen Unternehmen Aspekte in der Sammlung fehlen, so können diese durch die Teilnehmer an der Bewertung eingebracht werden. Diese Aspekte werden anschließend Bestandteil der Sammlung.

6.4 Hauptverfahrensprozess 3: Bewertung analysieren

Der Verfahrenshauptprozess **Bewertung analysieren** hat das Ziel, die einzelnen Ergebnisse, die durch die unterschiedlichen Bewertungen im Bewertungshauptprozess 2 - Bewertung durchführen entstanden sind, zusammenzufassen und zu kombinieren sowie die Entscheidungsunterstützung inklusive Ausblick basierend auf diesen Ergebnissen abzuleiten. Hierfür kann dieser Verfahrensprozess in zwei Bewertungsschritte, siehe Abbildung 26, unterteilt werden:

3.1. Einzelne Bewertungen zu anwendungsfallspezifischer Gesamtbewertung kombinieren
3.2. Entscheidungsunterstützung inklusive Ausblick ableiten

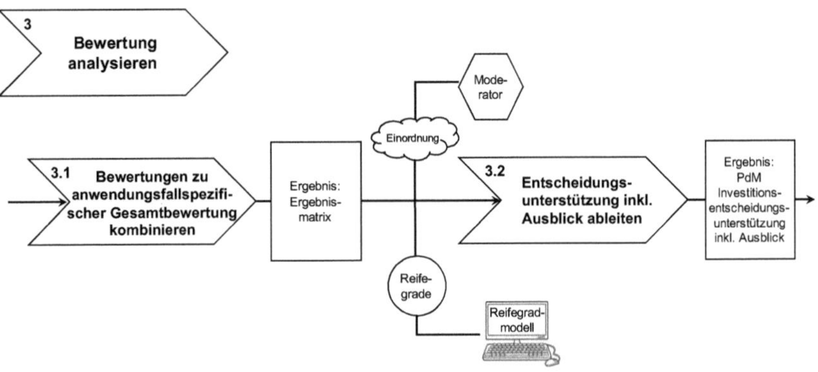

Abbildung 26: Hauptverfahrensprozess 3 - Bewertung analysieren[314]

Dem ersten Verfahrensprozess **einzelne Bewertungen zu anwendungsfallspezifischer Gesamtbewertung kombinieren**, dienen die einzelnen Bewertungen der Nutzen-, Kosten- und Risikobetrachtung sowie das Reifegradmodell als priorisierter und anwendungsfallspezifischer Input. So sind die Kosten im Rahmen dieses Verfahrens die anwendungsfallspezifischen Kosten, welche basierend auf der Aufwandsbetrachtung konkretisiert werden. Neben diesen anwendungsfallspezifischen Kosten je Reifegradstufe können jeder dieser Stufen Nutzenaspekte und Risikoaspekte zugeordnet werden. Diese werden basierend auf den Erkenntnissen der Nutzenbewertung sowie der Risikobewertung für den Anwendungsfall spezifiziert und nach ihrer jeweiligen Zuordnung zum Reifegradmodell für den spezifischen Anwendungsfall ausgestaltet. So kann durch diesen Verfahrensprozess festgestellt werden, welche Nutzenaspekte und welche Risikoaspekte für das jeweilige Unternehmen durch die Realisierung eines bestimmten Reifegrads erreicht werden können sowie welche Kosten damit verbunden sind. Die einzelnen priorisierten Aspekte der jewei-

[314] Quelle: Eigene Darstellung.

ligen Bewertung und ihre Ausgestaltung für den jeweiligen Unternehmenskontext werden hierbei genutzt, um basierend auf ihrer Verknüpfung mit dem Reifegradmodell aufzuzeigen, welcher für das Unternehmen spezifische Aufwand getätigt werden muss, um die jeweilige Reifegradstufe des Predictive Maintenance zu realisieren. Zusätzlich wird der durch eine Reifegradstufe ermöglichte Nutzen sowie die unternehmensspezifischen Risiken, die mit der Realisierung von Predictive Maintenance einhergehen, aufgezeigt. Hierbei besteht diese Vorgehensweise aus den nachfolgenden Schritten:

3.1.1 Aufzeigen der anwendungsfallspezifischen Kosten, die für die Realisierung der unterschiedlichen Reifegradstufen benötigt werden.
3.1.2 Aufzeigen des anwendungsfallspezifischen Nutzens, der durch die jeweiligen Aufwände generiert werden kann und wie diese mit der jeweiligen Reifegradstufe zusammenhängen.
3.1.3 Aufzeigen der anwendungsfallspezifischen Risiken, welche für das jeweilige Unternehmen basierend mit den unterschiedlichen Reifegradstufen einhergehen.

Wie bereits erläutert, repräsentiert die Reifegradstufe 5 des Reifegradmodells[315] das Predictive Maintenance als softwareintensive Dienstleistung[316]. Jede darunterliegende Reifegradstufe kann eine Voraussetzung hin zu diesem Predictive Maintenance Instandhaltungsprozess gesehen werden. Jede dieser Reifegradstufen verursacht für ihre Realisierung gewisse Kosten.

Die durch den vorangegangenen Bewertungsprozess gewonnene Kombination der einzelnen anwendungsfallspezifischen Bewertungsergebnisse zu einer Gesamtbewertung dient anschließend als Input für die **Ableitung der Entscheidungsunterstützung** für die Investitionsentscheidung von Predictive Maintenance. Hierfür wird während dem Bewertungsworkshop den Teilnehmern basierend auf der anwendungsfallspezifischen Ausgestaltung des Reifegradmodells aufgezeigt, welche unternehmensspezifischen Ergebnisse die Bewertung ergeben hat. Sowie welche

---

[315] Für eine Beschreibung des Reifegradmodells siehe Kapitel 6.2.
[316] Für eine Beschreibung von Predictive Maintenance siehe Kapitel 2.4.

Auswirkungen eine potenzielle Realisierung der unterschiedlichen Reifegrade für das jeweilige Unternehmen bedeutet.

Anschließend wird basierend auf der Priorisierung der unterschiedlichen Aspekte, die innerhalb des Bewertungshauptprozesses 2, Bewertung durchführen, vorgenommen wurde, dargelegt, welchen Reifegrad das Unternehmen aus wirtschaftlichen Gesichtspunkten realisieren soll beziehungsweise kann und wie basierend auf diesem Reifegrad der Ausblick für weitere Investitionsentscheidungen in der Zukunft gestaltet sein könnte. Hierbei werden die Aufwände zur Erreichung der jeweiligen Reifegradstufe den Aufwänden des aktuellen Instandhaltungsprozesses gegenübergestellt. Somit kann anschließend das jeweilige Unternehmen beurteilen, ob einen Investition in Predictive Maintenance Sinn macht beziehungsweise welche Reifegradstufe eventuell in einer ersten Ausbaustufe realisiert werden sollte und wie perspektivisch Predictive Maintenance realisiert werden kann. Zusätzlich wird aufgezeigt, wie die unterschiedlichen Risiken, die sich für das jeweilige Unternehmen ergeben entgegengewirkt werden kann und welche zusätzlichen Kosten dadurch potenziell entstehen. So ist es beispielhaft möglich, dass hoch priorisierte Risikoaspekte mit einem geringen Aufwand behoben werden können und somit dieser Risikoaspekt mit einem geringen Aufwand entkräftet werden kann. Nachfolgend wird der Ablauf dieser Bewertungsschritte nochmals zusammenfassend dargestellt:

3.2.1 Gegenüberstellung der unterschiedlichen Reifegradstufen inklusive ihrer anwendungsfallspezifischen Aufwände, Nutzenaspekte sowie Risikoaspekte mit den Aufwänden des aktuellen Instandhaltungsprozesses.

3.2.2 Aufzeigen, wie den anwendungsfallspezifischen Risiken entgegengewirkt werden kann.

3.2.3 Basierend auf der Gegenüberstellung und der Einbeziehung von den priorisierten Bewertungsaspekten aufzeigen, welche Reifegradstufe für das jeweilige Unternehmen erstrebsam ist und ob die Realisierung von Predictive empfehlenswert ist.

Bei dieser in Schritt 3.2.3 genannten Gegenüberstellung werden als Entscheidungshilfe folgende Regeln angewendet:

Wenn die Kosten des aktuellen Instandhaltungsprozesses größer sind, als die Kosten, die das Predictive Maintenance verursacht, so wird zu einer Investition geraten.

Ist der Nutzen durch Predictive Maintenance für das jeweilige Unternehmen höher einzuschätzen, als die Risiken, so wird tendenziell eher zu einer Investition geraten, wenn die Kosten für das Predictive Maintenance in einem vernünftigen Verhältnis zu dem Nutzen stehen.

Wenn das Risiko durch Predictive Maintenance durch das jeweilige Unternehmen als größer eingeschätzt wird, als der potenzielle Nutzen, so wird betrachtet, ob das Risiko abgemildert und/oder eliminiert werden kann. Hierzu werden dann die Kosten für diese Abmilderung/Eliminierung einbezogen.

6.5 Hauptverfahrensprozess 4: Bewertung dokumentieren

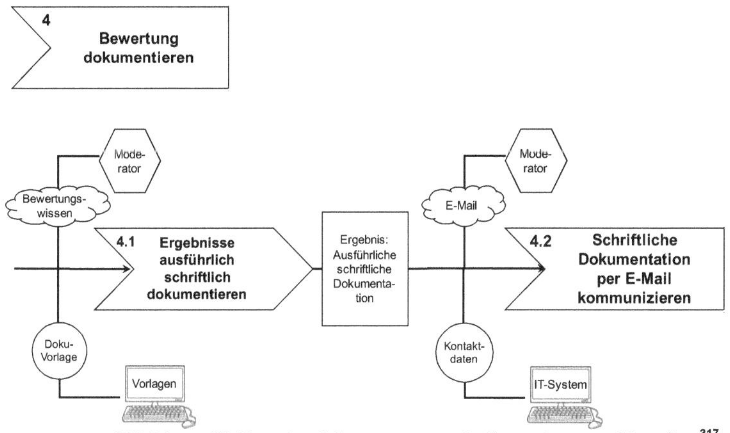

Abbildung 27: Hauptverfahrensprozess 4 - Bewertung nachbereiten[317]

Bewertung dokumentieren ist der letzte Hauptprozess des Bewertungsverfahrens. Dieser Prozess dient dazu, die erarbeiteten Ergebnisse und gewonnen Erkenntnisse der zuvor durchlaufenen Prozesse schriftlich zu dokumentieren sowie diese Dokumentation den Teilnehmern bereitzustellen. Hierfür kann der Prozess in die nachfolgenden zwei Unterprozesse untergliedert werden, siehe zusätzlich Abbildung 27.

[317] Quelle: Eigene Darstellung.

4.1. Ergebnisse ausführlich schriftlich dokumentieren
4.2. Schriftliche Dokumentation per E-Mail an die Teilnehmer des Bewertungs-workshops kommunizieren

Durch den Bewertungsverfahrensprozess **Ergebnisse ausführlich schriftlich dokumentieren** sollen die einzelnen Ergebnisse aus der Nutzenbewertung, der Kostenbetrachtung und der Risikoeinstufung in schriftlicher Form dokumentiert werden. Die schriftliche Dokumentation dieser Ergebnisse erfolgt aus dem Grund, dass so die Teilnehmer des Workshops die Möglichkeit haben, auch nachträglich nochmals die Ergebnisse zu betrachten und zu diskutieren. Dieses Dokument soll ihnen ebenfalls helfen, Kollegen und Vorgesetzten die Bewertungsergebnisse und die resultierende Entscheidungsempfehlung transparent darzulegen. Hierbei gliedert sich die schriftliche Dokumentation, welche durch den Moderator des Workshops erstellt wird, wie folgt:

1. Einführung inklusive Erläuterung des Bewertungsverfahrens
2. Beschreibung der Instandhaltungsprozesse
   2.1. Aktueller Instandhaltungsprozess (damit nachvollzogen werden kann, auf welcher Grundlage die Bewertung stattgefunden hat)
   2.2. Predictive Maintenance Prozesses als Definition des möglichen zukünftigen Instandhaltungsprozesses
3. Auflistung der Lücke zwischen aktuellem und zukünftigem Prozess
4. Aufzeigen der unternehmensspezifischen und somit anwendungsfallspezifischen Aspekte
   4.1. Kostenaspekte
   4.2. Nutzenaspekte
   4.3. Risiken
5. Ergebnismatrix
6. Schlussbetrachtung inkl. Entscheidungsunterstützungsempfehlung und Ausblick

Durch die Erläuterung des Bewertungsverfahrens in Kapitel eins soll Transparenz geschaffen werden, wie die einzelnen Prozesse des Verfahrens gestaltet sind und wie diese durchlaufen werden. Die weiteren Kapitel spiegeln jeweils unterschiedliche Teilergebnisse des Bewertungsverfahrens wider. So wird in Kapitel zwei der aufgenommene Instandhaltungsprozess des Unternehmens beschrieben, damit nachvollzogen werden kann, auf welcher Grundlage die Bewertung stattgefunden hat. Der zukünftige Prozess des Predictive Maintenance wird in diesem Kapitel ebenfalls eingeführt. In Kapitel drei wird basierend auf dem Reifegradmodell die Lücke zwischen diesen Instandhaltungsprozessen aufgezeigt. Kapitel vier spiegelt den Bewertungsverfahrenhauptprozess Bewertung durchführen wider. Durch ihn werden die einzelnen unternehmensspezifischen und somit anwendungsfallspezifischen Kosten- und Nutzenaspekte und Risiken aufgezeigt. Diese werden in Kapitel fünf innerhalb der Ergebnismatrix gegenübergesellt und die Entscheidungsunterstützungsempfehlung sowie der zukünftige Ausblick der Weiterentwicklung des Instandhaltungsprozesses wird abschließend im Kapitel Schlussbetrachtung berücksichtigt.

Das erstellte Dokument wird anschließend per E-Mail an die Teilnehmer des Workshops versendet. Hierfür werden die Kontaktdaten aus der Kontaktdatenbank entnommen. Das Versenden der Dokumentation stellt den letzten Schritt des Bewertungsverfahrens dar, welches anschließend vollständig durchlaufen ist.

7. Evaluierung des Bewertungsverfahrens

In diesem Kapitel wird das in Kapitel 6 entwickelte Verfahren zur Bewertung von Predictive Maintenance auf seine Bestandteile und Anwendbarkeit evaluiert. Die Design Science Phasen Demonstration und Evaluation werden im Rahmen dieser Arbeit in diesem Unterkapitel als die Evaluierungsphase zusammengelegt, siehe Kapitel 1.3. Insgesamt erfolgt die Evaluierung des Bewertungsverfahrens auf drei unterschiedliche Arten.

So erfolgt in Kapitel 7.1 eine theoretische Evaluierung, indem die in Kapitel 4 erhobenen Anforderungen dem entwickelten Bewertungsverfahren gegenübergestellt werden und analysiert wird, ob das Bewertungsverfahren diese Anforderungen erfüllt. Für diese Gegenüberstellung wird die Forschungsmethode der argumentativ-deduktiven Analyse verwendet.[318]

Im zweiten Schritt wird in Kapitel 7.2 der Einsatz des Bewertungsverfahrens in der Unternehmenspraxis basierend auf vier Evaluierungsworkshops mit unterschiedlichen Unternehmen dargestellt. Hierfür wird die Forschungsmethode der qualitativen Querschnittsanalyse angewendet.

Zusätzlich zur theoretischen und unternehmenspraktischen Evaluierung erfolgt eine prototypische Realisierung des Bewertungsverfahrens als App für mobile Endgeräte in Kapitel 7.3. Diese prototypische Realisierung des Bewertungsverfahrens als App kann als eine Art der Umsetzbarkeitsevaluierung angesehen werden. Hierfür wird die Forschungsmethode des Prototypings eingesetzt.

Abschließend werden in Kapitel 7.4 die Erkenntnisse der Evaluierung nochmals zusammengefasst.

7.1 Gegenüberstellung des Bewertungsverfahrens mit den erhobenen Anforderungen

Nachfolgend wird analysiert, ob die unterschiedlichen Anforderungen an das Bewertungsverfahren, welche in Kapitel 4 erhoben wurden, durch das in dieser Arbeit ent-

[318] Für eine detaillierte Erläuterung der in 7.1, 7.2 und 7.3 verwendeten Forschungsmethoden, siehe Kapitel 1.3.

wickelte Bewertungsverfahren berücksichtigt werden. Dies erfolgt als erstes für die in Kapitel 4.2 dargestellten Anforderungen an die inhaltliche Ausgestaltung des Bewertungsverfahrens und anschließend für die in Kapitel 4.3 dargestellten Metaanforderungen. Hierfür wird in den nachfolgenden Unterkapiteln jede Anforderung nochmals kurz erläutert[319] und anschließend erörtert, ob und wie diese durch das Bewertungsverfahren abgedeckt wird.

7.1.1 Evaluation der Anforderungen an die inhaltliche Ausgestaltung des Bewertungsverfahrens

Nachfolgend werden die zwölf Anforderungen an die inhaltliche Ausgestaltung des Bewertungsverfahrens evaluiert. Hierbei werden die Anforderungen; *Betrachtung des aktuellen Instandhaltungsprozesses* und *Betrachtung des zukünftigen Predictive Maintenance Prozesses* gemeinsam mit der Anforderung *Prozessbetrachtung* analysieret. Im Nachfolgenden sind die Anforderungen alphabetisch geordnet. Die Reihenfolge besitzt somit keine Relevanz bei der theoretischen Evaluation.

Anwendungsfallspezifische Bewertung

Die Anforderung der anwendungsfallspezifischen Bewertung beinhaltet, dass je nach Unternehmen eine individuelle Bewertung durch das Verfahren erfolgen soll. Diese individuelle Bewertung soll basierend auf den anwendungsfallspezifischen Gegebenheiten des Unternehmens erfolgen sowie basierend auf der Wichtigkeit der unterschiedlichen Bewertungsaspekte für das jeweilige Unternehmen.

Diese Anforderung kann als erfüllt angesehen werden. So ist es durch die individuelle Festlegung des Bewertungsobjekts in Verfahrensprozess 1.2 sowie durch die Möglichkeit die unterschiedlichen Aufwands-, Nutzen- und Risikoaspekte innerhalb der Bewertungsverfahrensprozesse 2.2 Aufwandsbewertung durchführen, 2.3 Nutzenbewertung durchführen und 2.4 Risikobewertung durchführen auszuwählen, zu priorisieren sowie für die jeweiligen Unternehmensgegebenheiten konkret auszugestalten. Somit kann gewährleistet werden, dass eine anwendungsfallspezifische Bewertung durchgeführt werden kann.

---

[319] Für die ausführlichen Beschreibungen, siehe Kapitel 4.2 und 4.3.

Aufwandsbetrachtung

Durch die Anforderung der Aufwandbetrachtung sollen die unterschiedlichen Aufwände der aktuellen Instandhaltung sowie des Predictive Maintenance berücksichtigt werden. Zu diesen Aufwänden zählen beispielsweise die Kosten einer Instandhaltungsmaßnahme, die Investitionskosten für das Predictive Maintenance oder die Anzahl der Instandhaltungsmaßnahmen.

Im Rahmen des Bewertungsverfahrens wird diese Anforderung durch die Aufwandsbewertung in Verfahrensprozess 2.2, Aufwandsbewertung durchführen, realisiert. Hier findet basierend auf der Kapitalvergleichsrechnung ein Kostenvergleich zwischen den Kosten des aktuellen Instandhaltungsprozesses und den Kosten für den Predictive Maintenance Prozess statt. Hierbei werden die Kosten basierend auf den unterschiedlichen Aufwänden berechnet.

Betrachtungshorizont

Durch die Anforderung der Berücksichtigung eines kurzfristigen, mittelfristigen und langfristigen Betrachtungshorizonts sollen unterschiedliche zeitliche Betrachtungen in das Bewertungsverfahren einfließen. Diese Anforderung kann als unerfüllt angesehen werden. Der Grund hierbei liegt darin, dass basierend auf der Zielsetzung, die Investitionsentscheidung zu unterstützen, ausschließlich der Investitionszeitraum betrachtet wird, um so die Komplexität bei der Bewertung etwas zu reduzieren.

Kurze Bewertung und detaillierte Bewertung

Von der Anforderung einer kurzen und schnellen Bewertung sowie einer anschließenden detaillierten Bewertung wurde im Rahmen des Bewertungsverfahrens Abstand genommen. Der Grund liegt darin, dass das gesamte Bewertungsverfahren so konzipiert wurde, dass es bereits mit einem akzeptablen Aufwand-Nutzen-Verhältnis durchgeführt werden kann. Dies erfolgte aus dem Grund, da ebenfalls für eine kurze beziehungsweise schnelle Bewertung die Notwendigkeit besteht, die unterschiedlichen Unternehmensdaten und Informationen über den Instandhaltungsprozess einzuholen und vorzulegen. Die zusätzliche Zeit, welche durch die Ausgestaltung und Priorisierung der unterschiedlichen Aufwands-, Nutzen- und Risikoaspekte aufgebracht werden muss, steht in einem akzeptablen Verhältnis zu den Erkenntnissen, welche sich daraus ergeben.

Nutzenbetrachtung

Durch die Anforderung der Nutzenbetrachtung innerhalb des Bewertungsverfahrens soll sichergestellt werden, dass bei der Bewertung des Predictive Maintenance ebenfalls der Nutzen berücksichtigt wird, welcher durch das Predictive Maintenance realisiert werden kann.

Die Berücksichtigung des Nutzens erfolgt im Bewertungsverfahren durch den Bewertungsprozess 2.3, Nutzenbewertung durchführen. Hierfür wurden aus der Literatur sowie durch die Experteninterviews Nutzenaspekte identifiziert, welche durch Predictive Maintenance realisiert werden können. So werden Nutzenaspekte berücksichtigt, die quantitativ dargestellt werden können sowie Aspekte, die nur qualitativ erfasst werden können. Somit kann festgestellt werden, dass die Anforderung der Nutzenbetrachtung durch dieses Bewertungsverfahren berücksichtigt wird.

Prozessbetrachtung
(Aktueller Instandhaltungsprozess und Predictive Maintenance Prozess)

Die Anforderung der Prozessbetrachtung vereint unterschiedlich Anforderungen der Experten. Das sind die Berücksichtigung des aktuellen Instandhaltungsprozesses sowie die Definition des Predictive Maintenance Instandhaltungsprozesses. So soll eine Prozessbetrachtung des Instandhaltungsprozesses bei der Bewertung erfolgen und hierbei der aktuelle Instandhaltungsprozess sowie der potenzielle Predictive Maintenance Instandhaltungsprozess in die Bewertung einbezogen werden.

Diese drei Anforderungen werden durch das entwickelte Bewertungsverfahren berücksichtigt, indem die Aufnahme des aktuellen Instandhaltungsprozesses in Verfahrensprozess 1.3, Instandhaltungsprozess erfassen, erfolgt sowie dieser anschließend in Prozess 1.4, Instandhaltungsprozess in Reifegradmodell einordnen, basierend auf seinen momentanen Eigenschaften bezüglich des Predictive Maintenance eingeordnet wird. Durch dieses Reifegradmodell wird zusätzlich der Predictive Maintenance Prozess durch die fünfte Stufe des Reifegradmodells definiert. Somit kann die Anforderung der Prozessbetrachtung innerhalb des Bewertungsverfahrens als erfüllt angesehen werden sowie die damit einhergehenden Anforderungen der Berücksichtigung des aktuellen Instandhaltungsprozesses sowie des potenziellen zukünftigen Predictive Maintenance Prozesses.

Qualitative Faktoren

Bei der Bewertung des Predictive Maintenance sollen qualitative Faktoren berücksichtigt werden.

Diese Anforderung kann ebenfalls als erfüllt angesehen werden, da in den Bewertungsprozessen 2.3, Nutzenbewertung durchführen, und 2.4, Risikobewertung durchführen, qualitative Nutzen- und Risikoaspekte durch die jeweilige Aspektesammlung berücksichtigt werden. Basierend auf dieser Sammlung identifizieren die Teilnehmer des Bewertungsworkshops, welche Aspekte für ihre Bewertung relevant sind. Hierbei kann es möglich sein, dass Workshopteilnehmer ausschließlich qualitative Faktoren für wichtig oder unwichtig erachten.

Quantitative Faktoren

Eine weitere Anforderung ist die Berücksichtigung von quantitativen Bewertungsfaktoren. So soll laut den Experten ermöglicht werden, dass beispielsweise Aufwände oder auch Nutzenaspekte, welche in Zahlen ausgedrückt werden können, durch das Bewertungsverfahren berücksichtigt werden.

Die Einbeziehung von quantitativen Faktoren kann aus zwei Perspektiven als erfüllt gesehen werden. Das ist auf der einen Seite die Berücksichtigung von quantitativen Faktoren bei der Aufnahme des aktuellen Instandhaltungsprozesses beispielsweise durch die Berücksichtigung von Kosten, der Dauer einer Instandhaltungsmaßnahme oder der Anzahl an durchgeführten Instandhaltungsmaßnahmen in einem Zeitraum. Des Weiteren kann die Erfüllung der Anforderung in der eigentlichen Bewertung in Bewertungsverfahrenhauptprozess 2, Bewertung durchführen, als erfüllt gesehen werden. So stellen die Aufwände, welche im Verfahrensprozess 2.2, Aufwandsbewertung durchführen, berücksichtigt werden, quantitative Faktoren dar. Des Weiteren werden bei den Bewertungsprozessen 2.3, Nutzenbewertung durchführen, und 2.4, Risikobewertung durchführen, Nutzen- und Risikoaspekte des Predictive Maintenance u.a. in quantitativer Form in der Bewertung berücksichtigt.

Risikobetrachtung

Die Anforderung der Risikobetrachtung bedeutet, dass die Risikoaspekte, die durch das Predictive Maintenance potenziell entstehen können aufgezeigt werden sollen. So soll basierend auf diesen Risikoaspekten bereits vor der Investitionsentscheidung auf mögliche negative Effekte durch das Predictive Maintenance aufmerksam gemacht werden.

Diese Anforderung kann als erfüllt angesehen werden. Innerhalb des Bewertungsverfahrens erfolgt die Risikobewertung durch den Verfahrensprozess 2.4, Risikobewertung durchführen. Hierfür wurden aus der Literatur sowie durch die Experteninterviews Risikoaspekte identifiziert, welche durch die Realisierung des Predictive Maintenance eintreten können. Diese Risikoaspekte werden durch die Workshopteilnehmer priorisiert und anschließend je nach Unternehmensszenario ausgestaltet. Des Weiteren wird im Bewertungsprozess 3.2 aufgezeigt, wie gewisse Risikoaspekte abgeschwächt oder sogar komplett eliminiert werden können sowie welche Auswirkungen diese im schlimmsten Fall haben könnten.

Wirtschaftlichkeitsbetrachtung

Die Anforderung der Wirtschaftlichkeitsbetrachtung setzt die unterschiedlichen Ergebnisse der einzelnen Bewertungen in ein Verhältnis und bewertet, ob es aus der Investitionsperspektive ratsam ist in Predictive Maintenance zu investieren.

Die Wirtschaftlichkeit als Anforderung der inhaltlichen Ausgestaltung des Bewertungsverfahrens wird durch das Bewertungsverfahren erfüllt. So werden im Verfahrenshauptprozess 3, Bewertung analysieren, durch die Bewertungsprozesse 3.1 Ergebnisse zu anwendungsfallspezifischen Gesamtergebnis kombinieren und 3.2 Entscheidungsunterstützung inklusive Ausblick ableiten, die unterschiedlichen Bewertungen dem Reifegradmodell zugeordnet und abgeleitet, mit welchen Aufwänden welche Nutzenaspekte im jeweiligen Reifegrad erfüllt werden. Zusätzlich werden bei der Ableitung der Entscheidungsunterstützung die Aufwände des aktuellen Instandhaltungsprozesses zusätzlich berücksichtigt.

7.1.2 Evaluierung der Metaanforderungen an das Bewertungsverfahren

Nachfolgend werden die vier identifizierten Metaanforderungen des Bewertungsverfahrens evaluiert, indem überprüft wird, ob die jeweilige Anforderung durch das Bewertungsverfahren erfüllt wird. Im Nachfolgenden sind die einzelnen Metaanforderungen alphabetisch geordnet. Die Reihenfolge besitzt somit keine Relevanz bei der theoretischen Evaluation.

Flexibilität

Die Metaanforderung der Flexibilität bedeutet, dass der Ablauf des Bewertungsverfahrens flexibel gehandhabt und je nach Unternehmensanforderungen angepasst werden kann.

Im Rahmen des entwickelten Bewertungsverfahrens wir diese Metaanforderung lediglich im Hauptprozess zwei erfüllt. Durch die Möglichkeit, den Ablauf des Bewertungsverfahrens dahingegen zu beeinflussen, dass die Möglichkeit besteht, ein bis drei der unterschiedlichen Bewertungen durchzuführen. Zwar wird die Empfehlung ausgesprochen, alle drei Bewertungen durchzuführen, da jede einzelne Bewertung einen wichtigen Bestandteil für die vollständige Bewertung des Predictive Maintenance darstellt, jedoch bleibt dies den Unternehmen überlassen.

Reproduzierbarkeit

Die Reproduzierbarkeit ist eine weitere Metaanforderung an das Bewertungsverfahren. Sie soll es ermöglichen, dass bei denselben Voraussetzungen und Inputs identische Ergebnisse basierend auf der Bewertung ermittelt werden können.

Im Rahmen des Bewertungsverfahrens soll die Reproduzierbarkeit durch den vordefinierten Bewertungsprozess erreicht werden, welcher es ermöglicht, die Bewertung basierend auf einer standardisierten Vorgehensweise durchzuführen.

Verständlichkeit

Die Metaanforderung der Verständlichkeit des Bewertungsverfahrens soll durch die transparente Darstellung der unterschiedlichen Prozessschritte und deren Beschreibung ermöglicht werden.

Hierbei ist zusätzlich die grafische Modellierung der unterschiedlichen Prozessschritte hilfreich, da durch diese aufgezeigt wird, aus welchen Prozessen das Verfahren besteht, welche Inputs diese benötigen und welche Ergebnisse der jeweilige Prozess erzeugt.

Wirtschaftlichkeit

Neben der Anforderung der Wirtschaftlichkeitsbetrachtung des Predictive Maintenance sollen das Bewertungsverfahren und dessen Ausführung wirtschaftlichen Rahmenbedingungen genügen. Die Durchführung der Evaluierungsworkshops hat gezeigt, dass das Verfahren ein gesundes Verhältnis zwischen Aufwand und Nutzen hat. Dies kann als erste Tendenz für die Erfüllung dieser Metaanforderung gewertet werden.

7.2 Evaluierungsworkshops mit Unternehmensvertretern

Die Evaluierung des Bewertungsverfahrens in der Unternehmenspraxis erfolgt im Rahmen dieser Arbeit über die Durchführung von vier Evaluierungsworkshops. Das Ziel dieser Evaluierungsworkshops ist es hierbei, die Anwendbarkeit des Bewertungsverfahrens in der Unternehmenspraxis zu überprüfen. Hierfür wird der Ablauf des Bewertungsverfahrens inklusive seiner unterschiedlichen Bewertungsprozesse detailliert betrachtet sowie das Bewertungsverfahren bei diesen Unternehmen angewendet. Für die transparente Darstellung der Evaluierungsworkshops wird im nachfolgenden Unterkapitel auf die Planung und Durchführung dieser eingegangen sowie im darauffolgenden Unterkapitel die Erkenntnisse der Workshops dargestellt.

7.2.1 Planung und Durchführung der Workshops

Wie bereits dargestellt, war das Ziel der Evaluierungsworkshops, den Einsatz des Bewertungsverfahrens in der Unternehmenspraxis zu validieren und somit Wissen und Rückschlüsse über den konkreten Einsatz des Verfahrens in der Unternehmenspraxis zu erhalten. Hierfür wurden vier Validierungsworkshops durchgeführt, um das Bewertungsverfahren mit den Unternehmensvertretern zu besprechen, zu diskutieren sowie bei den Unternehmen für ihren jeweiligen Instandhaltungsprozess anzuwenden.

Bei der Auswahl der Unternehmen war es wichtig, dass diese einer der identifizierten Stakeholdergruppen zugeordnet werden können[320] und sich momentan mit der Digitalisierung des Instandhaltungsprozesses befassen. Zusätzlich sollten die Teilnehmer des Bewertungsworkshops erste Erfahrungen im Themenkomplex der Digitalisierung der Produktion gesammelt haben sowie Investitionsentscheidungen in Bezug auf die Instandhaltung treffen dürfen beziehungsweise maßgeblich an der Entscheidungsfindung beteiligt sein.

---

[320] Für eine Beschreibung der unterschiedlichen Stakeholdergruppen siehe Kapitel 2.5.

Insgesamt wurden vier Validierungsworkshops mit Unternehmensvertretern durchgeführt, welche die zuvor genannten Rahmenbedingungen erfüllen. Hierbei handelt es sich um die Unternehmen Bosch Rexroth, Index-Werke, Osram und Pirelli. Die jeweiligen Workshops wurden bei dem jeweilige Unternehmen Vorort im Zeitraum von Ende September bis Mitte Oktober 2016 durchgeführt. Für eine Übersicht der Validierungsworkshops siehe Tabelle 9.

Lfd.	Unternehmen	Datum	Position
1	Bosch Rexroth AG	22.09.2016	Leiter Instandhaltung
2	INDEX-Werke GmbH & Co. KG	30.09.2016	Leiter Service
3	Osram GmbH	10.10.2016	Process Engineer
4	Pirelli Deutschland GmbH	18.11.2016	Innovationsmanager

Tabelle 9: Teilnehmer an den Validierungsworkshops[321]

Zur Vorbereitung auf den Validierungsworkshop wurden die teilnehmenden Unternehmen aufgefordert, die im ersten Bewertungsverfahrensprozess, 1.1 Termin organisatorisch vorbereiten, beschriebenen Vorbereitungen für die Durchführung des Workshops zu treffen. So haben die Unternehmensvertreter einen Raum mit passender Infrastruktur organisiert sowie die unterschiedlichen Instandhaltungsdaten des aktuellen Instandhaltungsprozesses bereitgestellt.

Für den Ablauf der Workshops wurde eine einheitliche Vorgehensweise basierend auf fünf Phasen verfolgt, damit die Möglichkeit besteht, die unterschiedlichen Evaluierungsworkshops anschließend besser vergleichen zu können:

1) Vorstellung des Bewertungsverfahrens (grob und detailliert)
2) Feedback zum Aufbau und zum Ablauf des Bewertungsverfahrens
3) Durchführung des Bewertungsverfahrens
4) Feedback zur Durchführung und zu den Ergebnissen des Bewertungsverfahrens
5) Ausfüllen des Feedbackfragenbogens

Die Vorstellung des Bewertungsverfahrens erfolgt, indem den Unternehmensvertretern das Bewertungsverfahren grob sowie anschließend im Detail beschrieben und aufgezeigt wird. Das Ziel dieser Vorstellung ist es, eine Transparenz der einzelnen Prozessschritte für die Unternehmensvertreter herzustellen, damit sie die Möglichkeit

321 Quelle: Eigene Darstellung.

haben, Verständnisfragen zum Ablauf stellen zu können, bevor das Verfahren angewendet wird.

Nach dieser Vorstellung des Bewertungsverfahrens wurden die Unternehmensvertreter zu ihrer Meinung zum Aufbau und zum Ablauf befragt. Die Erkenntnisse dieses Feedbacks sollen es ermöglichen, das Bewertungsverfahren bei Bedarf zu verbessern bzw. zu optimieren.

Anschließend wird das Bewertungsverfahren basierend auf den jeweiligen Instandhaltungsdaten der Unternehmen angewendet und die einzelnen Bewertungsverfahrensprozesse inklusive ihrer Prozessschritte durchlaufen. So kann neben der theoretischen Darstellung des Verfahrens anschließend der konkrete anwendungsfallspezifische Unternehmenseinsatz des Verfahrens durch den Workshop geprüft werden.

Nach der Durchführung des Bewertungsverfahrens konnten die Unternehmensvertreter detailliertes Feedback zu der Bewertung sowie zu den Ergebnissen der Bewertung geben.

Neben der Möglichkeit während der Vorstellung sowie der Durchführung des Bewertungsverfahrens Feedback zu diesem zu geben, erfolgte in der letzten Phase des Workshops das schriftliche Feedbacks anhand eines zuvor definierten Fragebogens, siehe Anhang 5, Fragebogen für die Evaluierungsworkshops.

Der Fragebogen besteht aus drei Themenblöcke. So ist das Ziel des ersten Themenblocks die Erfassung des Feedbacks bezogen auf die Bestandteile des Bewertungsverfahrens. Themenblock zwei berücksichtigt das Feedback zum in dieser Arbeit entwickelten Reifegradmodell. Die Berücksichtigung des Reifegradmodells in einem separaten Frageblock erfolgt aus dem Grund, da dieses innerhalb des Bewertungsverfahrens einen wesentlichen Bestandteil darstellt. Durch den dritten Frageblock ist es möglich, basierend auf offenen Fragen weiteres Feedback zu geben. Hierbei ist zu beachten, dass für die Fragen in Block I und Block II jeweils eine Skala vorgegeben ist und der Block III als offene Fragen konzipiert ist. Die Abstufung der Skala erfolgte in den Schritten vollste Zustimmung, Zustimmung, teilweise Zustimmung, geringe Zustimmung, keine Zustimmung.

7.2.2 Erkenntnisse aus den Validierungsworkshops

In diesem Unterkapitel werden die unterschiedlichen Erkenntnisse, welche basierend auf den Validierungsworkshops gewonnen werden konnten, dargestellt. In diesem Zusammenhang ist anzumerken, dass die teilnehmenden Unternehmenspartner ausschließlich zustimmten, die Erkenntnisse aus der Durchführung des Bewertungsverfahrens in aggregierter Form zu verwenden, da diese so nicht eindeutig einem bestimmten Unternehmen zugeordnet werden können. Jedoch stimmten sie nicht zu, dass die unterschiedlichen unternehmensspezifischen Instandhaltungsdaten, die konkreten Einzelergebnisse des Bewertungsverfahrens sowie die Erkenntnisse aus der Durchführung in dieser Arbeit dokumentiert werden dürfen.

Nachfolgend wird basierend auf der thematischen Reihenfolge des Fragebogenaufbaus das unterschiedliche Feedback ausgewertet. Hierfür erfolgt im ersten Schritt die Auswertung der jeweiligen Frage des Fragebogens und im darauffolgenden Schritt wird zusätzlich das mündliche Feedback der Evaluierungsworkshops sowie der offenen Fragen aus Frageblock III einbezogen.

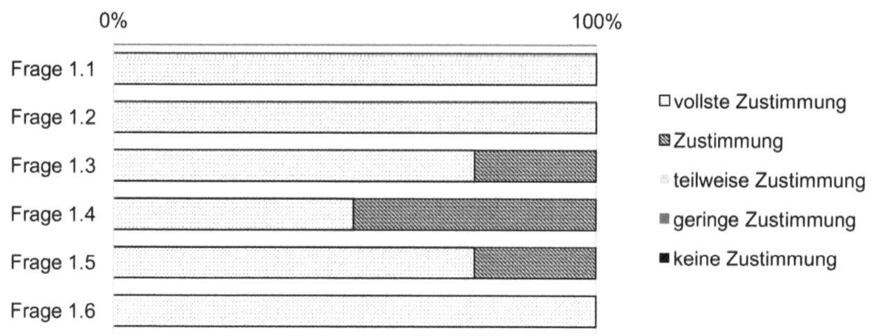

Abbildung 28: Antworten zum Frageblock I - Bewertungsverfahren[322]

Frage 1.1: Das Verfahren besitzt die für mich wichtigen und relevanten Verfahrensprozesse.

Frage 1.2: Das Bewertungsverfahren ist nachvollziehbar aufgebaut.

Frage 1.3: Die jeweiligen Verfahrensprozesse sind nachvollziehbar aufgebaut.

---

[322] Quelle: Eigene Darstellung

Frage 1.4: Die jeweiligen Verfahrensprozesse helfen mir eine fundierte anwendungsfallspezifische Bewertung vorzunehmen.

Frage 1.5: Das Bewertungsverfahren liefert mir für die Investitionsentscheidung einen Mehrwert.

Frage 1.6: Basierend auf den Ergebnissen des Bewertungsverfahrens ist es mir möglich, eine Investitionsentscheidung in Predictive Maintenance zu treffen.

Die Auswertung des Frageblocks I, siehe Abbildung 28, welcher das Bewertungsverfahren und seine unterschiedlichen Komponenten berücksichtigt, ergibt, dass für die Teilnehmer der Evaluierungsworkshops das Verfahren zur Bewertung von Predictive Maintenance zur Unterstützung der Investitionsentscheidung einen Mehrwert liefert. Hierbei schätzen sie die nachvollziehbare Konzeption des Bewertungsverfahrens und seine einzelnen Verfahrensprozesse. Des Weiteren beinhaltet es für sie die wichtigsten und relevanten Verfahrensprozesse auf deren Bewertungsergebnisse die Investitionsentscheidung in Predictive Maintenance vereinfacht getroffen werden kann.[323]

Nachfolgend wird detaillierter auf die unterschiedlichen Rückmeldungen der Evaluierungsworkshopteilnehmer eingegangen. Dies erfolgt in Bezug auf das Bewertungsverfahren allgemein sowie im Speziellen jeweils in Bezug auf die Aufwands-, Nutzen- und Risikobewertung.

Das **allgemeine Feedback** bezüglich des entwickelten Bewertungsverfahrens sowie die anwendungsfallspezifischen Ergebnisse, welche durch die Evaluierungsworkshops ermittelt wurden, werden von den teilnehmenden Personen sehr positiv bewertet. So empfinden die Anwender des Bewertungsverfahrens dieses als sehr gelungen und umfangreich, um eine zielführende Bewertung zur Unterstützung der Investitionsentscheidung vorzubereiten. Für sie beinhaltet das Bewertungsverfahren die wichtigsten Aspekte, die die Unternehmen zur Unterstützung der Investitionsentscheidung von Predictive Maintenance benötigen. Durch den Ablauf des Verfahrens kann eine zielführende Bewertung stattfinden. Ein Teilnehmer der Evaluierung be-

[323] Siehe Antworten auf den Frageblock I in Abbildung 28.

tonte ausdrücklich, dass das Verfahren inklusive seiner Aspekte komplett sei, da für ihn alle Kriterien, die bei seiner Investitionsentscheidung von Relevanz sind, berücksichtigt sind.

Basierend auf der Modellierung der unterschiedlichen Bewertungsverfahrensprozesse konnten die in der Wissenschaft erarbeiteten theoretischen Überlegungen problemlos in die Unternehmenspraxis transferiert werden. Hierfür war es für die Teilnehmer hilfreich, dass zu Beginn des Workshops ein erster grober Überblick über die unterschiedlichen Hauptprozesse des Verfahrens gegeben wurde und diese anschließend vor der eigentlichen Bewertung kurz beschrieben werden. Bei den ersten zwei Evaluierungsworkshops erfolgte die detaillierte Vorstellung der einzelnen Bewertungsprozesse innerhalb eines Hauptprozesses an einem Stück. Dies war basierend auf dem Feedback der Teilnehmer nur teilweise hilfreich, da erst im Anschluss die eigentliche Bewertung durchlaufen wurde. Die Erkenntnis daraus war, dass nach der Vorstellung der Hauptprozesse anschließend nur auf den ersten Hauptprozess detailliert eingegangen wird und nach der Durchführung dieses Prozesses der anschließende Hauptprozess beschrieben und direkt durchgeführt wird. So soll immer erst vor einer Bewertung der jeweilige Hauptprozess im Detail beschrieben werden, was die Verständlichkeit erhöhen soll. Bei den darauffolgenden zwei Evaluierungsworkshops wurde diese Vorgehensweise auf Rückfrage als gut und empfehlenswert bewertet.

Bei einer Evaluierung war einem Teilnehmer der Zusammenhang zwischen dem Aufwand und den unterschiedlichen Nutzen- und Risikoaspekten zu unspezifisch. Dies bedingte, dass im dritten Verfahrenshauptprozess die Verknüpfung mit dem Reifegradmodell stärker erfolgte.

Zusätzlich wurde bei zwei Evaluierungen der Wunsch geäußert, dass mindestens die Realisierung der Ergebnisdarstellung über eine Software oder im besten Fall über eine mobile Applikation wünschenswert ist.

Bei der **Aufwandsbetrachtung** wünscht sich ein Evaluierungsteilnehmer eine detailliertere Betrachtung der Personalkosten, da seiner Meinung nach die Personalkosten der Kostenfaktor ist, welcher den größten Einfluss bei einer Instandhaltungsmaßnahme besitzt. Wenn durch das Predictive Maintenance bereits im Voraus

Kenntnis darüber besteht, welche Komponente wann instandgehalten werden muss, so kann bei der Koordination der Instandhaltung bewertet werden, welche Qualifizierung der Instandhaltungsmitarbeiter aufweisen muss, um die Instandhaltungsmaßnahme durchzuführen. So ist es beispielsweise bei den meisten Instandhaltungsmaßnahmen nicht notwendig, dass eine Fachkraft, wie zum Beispiel ein Ingenieur oder Technikermeister diese durchführt, sondern es ist ausreichend, wenn diese durch eine Hilfskraft erfolgt. Da die Personalkosten einer Hilfskraft deutlich geringer sind als die einer Fachkraft ist diese Betrachtung basierend auf der Meinung des Evaluierungsteilnehmers sehr wichtig.

Bei der Durchführung des ersten Evaluierungsworkshops wurden die zukünftigen Kosten einer Instandhaltungsmaßnahme durch die Verwendung von Predictive Maintenance nicht berücksichtigt. Basierend auf dem Feedback der Evaluierung wurde diese Berücksichtigung in die Aufwandsbetrachtung des Bewertungsverfahrens aufgenommen, damit die aktuellen sowie die zukünftigen Instandhaltungsmaßnahmen basierend auf ihren Aufwänden dargestellt werden können.

Basierend auf den Rückmeldungen während der Validierungsworkshops wurden unterschiedliche weitere Aufwandsaspekte der Aspektesammlung hinzugefügt. Hierbei handelt es sich um die Beschaffungskosten des neuen Bauteils, die Kosten für die Absicherung der Lieferung sowie um die Kosten für die Lieferung. Bei den Hardwarekosten wurde die Sensorik ergänzt sowie der Aspekt Individualisierung des Predictive Maintenance Systems. Durch die Individualisierung der Predictive Maintenance Softwarelösung kann die Akzeptanz der Lösung gesteigert werden.

Die **Nutzenbetrachtung** ist für die Teilnehmer ein sehr wichtiger Bestandteil des Bewertungsverfahrens. In diesem Bestandteil sehen sie die Stärken in der gründlichen und umfassenden Auflistung der Nutzenaspekte innerhalb der Nutzensammlung. Eine weitere Besonderheit sehen sie in der individuellen und anwendungsfallspezifischen Priorisierung und Ausgestaltung dieser Aspekte innerhalb des Bewertungsverfahrens. Zwar erfolgt ihrer Meinung nach bei einer Bewertung oftmals die Berücksichtigung des Nutzens, jedoch sehen sie die Besonderheit bei dem entwickelten Bewertungsverfahren, dass dies in einem klar definierten Prozess erfolgt, welcher strukturiert durchlaufen wird und als Ergebnis die priorisierten anwendungsfallspezifischen Nutzenaspekte aufweist.

Basierend auf einem Evaluierungsworkshop wurde diskutiert, weshalb nicht die Anwendung einer Nutzwertanalyse bei der Nutzenbetrachtung erfolgt. Hierfür wurde eine exemplarische Nutzwertanalyse mit den unternehmensspezifischen Informationen angefertigt. Basierend auf der Zeitdauer, welche dafür benötigt wurde, sowie der Erkenntnis, dass ein Nutzwert alleine nur bedingte eine Unterstützung bei der Investitionsentscheidung darstellt, wurde gemeinsam entschieden, dass eine Nutzwertanalyse zur Unterstützung der Investitionsentscheidung in Predictive Maintenance in diesem Fall nur bedingt hilfreich ist.

Basierend auf den Rückmeldungen während der Validierungsworkshops wurden unterschiedliche weitere Nutzenaspekte der Aspektesammlung hinzugefügt. Hierbei handelt es sich um den effizienten Personaleinsatz von einer Fachkraft verbunden mit dem effizienten Einsatz der Hilfskraft, Auswirkungen der Kombination von unterschiedlichen Instandhaltungsvorgängen in Bezug auf die Planung und Koordination der einzelnen Instandhaltungsvorgänge sowie um den Aspekt Mensch, da dieser auch positiv gesehen werden kann. So kann durch das Erfahrungswissen von Mitarbeitern aufgezeigt werden, wo weitere Sensoren angebracht werden sollen.

Für die Teilnehmer des Validierungsworkshops sind die Nutzenaspekte Verfügbarkeit erhöhen, Reduzierung der ungeplanten Stillstände und Reduzierung der Wartungsaufwendungen die Aspekte, die sie als am wichtigsten definieren.

Ein wichtiger Bestandteil basierend auf den Aussagen der Evaluierungsteilnehmer des Bewertungsverfahrens ist die **Risikobetrachtung**. Jedoch war die anwendungsfallspezifische Priorisierung und anschließende Ausgestaltung teilweise schwer umsetzbar, da die Unternehmen für ihren konkreten Anwendungsfall teilweise nur schwer bewerten konnten, mit welcher Wahrscheinlichkeit ein gewisses Risiko eintreten wird. Die Teilnehmer bestätigten jedoch, dass für sie die relevanten Risikoaspekte aufgeführt werden und sie in Bezug auf das Predictive Maintenance eine solche Sammlung bislang vermisst haben. So sind sie in der Lage sich mit den unterschiedlichen Risiken auseinanderzusetzen, noch bevor sie möglicherweise bei der Realisierung des Predictive Maintenance eintreten.

Basierend auf den Rückmeldungen während der Validierungsworkshops wurden unterschiedliche weitere Risikoaspekte der Aspektesammlung hinzugefügt. Hierbei handelt es sich um den Aspekt Datenmenge innerhalb der Gruppe Risiken des Predictive Maintenance Systems sowie um das Risiko, dass möglicherweise hohe Kosten entstehen, wenn trotz Predictive Maintenance eine Maschine ausfällt und nun das Bauteil, das ausgefallen ist, nicht im Lager vorliegt oder keine Instandhaltungsmitarbeiter anwesend sind.

Für die Teilnehmer des Validierungsworkshops werden die nachfolgenden Risikoaspekte als die mit der höchsten Relevanz beschrieben: Faktor Mensch sowie die Risiken in Bezug auf die Instandhaltungs- und Maschinendaten.

Das Reifegradmodell wurde basierend auf den teilnehmenden Evaluierungspartnern als hilfreiches Instrument bewertet, um die zentralen Aspekte des Predictive Maintenance zu erfassen, siehe Abbildung 29. Zusätzlich ermöglichte es den Workshopteilnehmern ihren aktuellen Instandhaltungsprozess auf eine einfache Art in das Reifegradmodell einzuordnen und somit aufzuzeigen, welche Aspekte des Predictive Maintenance bereits erfüllt sind und welche noch realisiert werden müssen.[324]

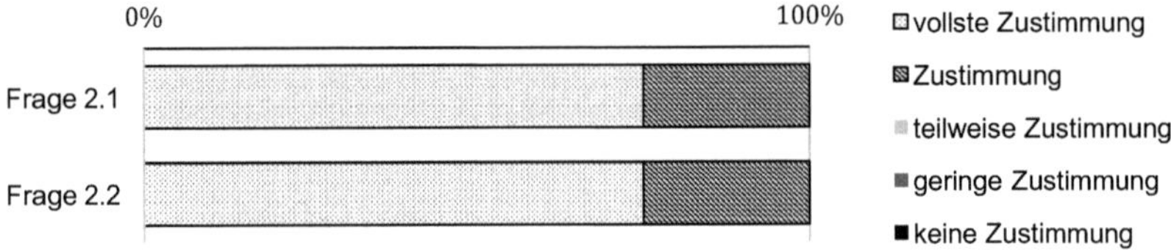

Abbildung 29: Antworten zum Frageblock II - Reifegradmodell[325]

Frage 2.1: Das Reifegradmodell erfasst die zentralen Aspekte des Predictive Maintenance.

Frage 2.2: Das Reifegradmodell hilft mir auf eine einfache Art, den Reifegrad meines aktuellen Instandhaltungsprozesses in Bezug auf Predictive Maintenance einzuordnen.

Basierend auf der Durchführung und anwendungsfallspezifischen Anwendung des Reifegradmodells während der jeweiligen exemplarischen Anwendung des Bewer-

[324] Siehe Antworten auf die Fragen 2.1 und 2.2 in Abbildung 29.
[325] Quelle: Eigene Darstellung.

tungsverfahrens im Rahmen der Evaluierungsworkshops kann basierend auf den Rückmeldungen der Experten festgestellt werden, dass der Aufbau des Reifegradmodells für die Anwendung während der Bewertung für die Anwender Sinn macht und die Einordnung innerhalb der unterschiedlichen Phasen problemlos durchgeführt werden konnte. Hierbei empfanden die Teilnehmer die Unterteilung der unterschiedlichen Predictive Maintenance Voraussetzungen als hilfreich. So konnte der Aufbau des jeweiligen Grads gut nachvollzogen werden.

Basierend auf den Evaluierungsworkshops wurde das Reifegradmodell teilweise überarbeitet. So war der Aspekt, zentrale Datenanalysesoftware in interner oder externen Cloud vorhanden, ursprünglich Reifegrad II zugeordnet. Wurde jedoch basierend auf dem Feedback in Reifegrad III hinzugefügt.

Des Weiteren wurde die in einer früheren Version vorhandene Stufe „Strukturieren und Analysieren der Daten zur Zustandsvorhersage“ in die Stufen „Strukturieren der Daten zur Zustandsvorhersage“ sowie „Analyse der Daten zur Zustandsvorhersage“ aufgeteilt.

Laut einem Workshopteilnehmer ist eine zentrale Datenanalyse nicht zwingend notwendig, da es bereits Bauteile gibt, die die Analyse selbständig durchführen können. Da in dieser Arbeit die in Kapitel 2.4 hergeleitete Vision des Predictive Maintenance als softwareintensive Dienstleistung verfolgt wird und diese Definition die lokale Datenanalyse nicht vorsieht, da so keine Netzeffekte generiert werden können, wurde basierend auf diesem Feedback keine Veränderung am Reifegradmodell vorgenommen.

7.3 Prototypische Realisierung des Verfahrens in Form einer Applikation für mobile Endgeräte

Für die prototypische Realisierung des Bewertungsverfahrens als Applikation (App) für mobile Endgeräte wird das entwickelte Bewertungsverfahren auf seine Umsetzbarkeit als App analysiert. Diese Analyse dient als Input für die Konzeption und die anschließende prototypische Entwicklung der App für mobile Endgeräte. Diese Vorgehensweise, ihre Ergebnisse sowie die entwickelte prototypische App wurden im

Jahr 2017 bereits in einer Veröffentlichung von Tauterat, Sieben und Herzwurm publiziert[326] und werden nachfolgend ausführlich dargestellt.

7.3.1 Analyse und Konzeption des Bewertungsverfahrens als App für mobile Endgeräte

Für die Analyse des Bewertungsverfahrens werden die unterschiedlichen Bewertungsverfahrensprozesse betrachtet und analysiert, inwieweit diese in einer App umgesetzt werden können. Zur Unterstützung dieser Analyse werden die unterschiedlichen Bewertungsprozesse als Aktivitätsdiagramme in Unified Modeling Language (UML) 2 modelliert. Durch Aktivitätsdiagramme können Softwareabläufe modelliert werden und sie dienen in Softwareentwicklungsprozessen „zur Beschreibung von Geschäftsprozessen als auch zur Spezifikation komplexer Operationen“[327]. [328] Das Ziel dieser Diagramme ist es, den Ablauf des Bewertungsverfahrens innerhalb der mobilen App schematisch darzustellen.

Durch die Erstellung dieser Aktivitätsdiagramme ist es somit möglich zu analysieren, ob die einzelnen Verfahrensprozesse inklusiver der Prozessschritte innerhalb einer Software abgebildet werden können. Hierfür wurden die Prozessschritte des Bewertungsverfahrens dahingehend untersucht, ob und wie diese durch die Interaktion mit den Nutzern der App durchlaufen werden können. Für jeden Prozess wird hierfür während der Erarbeitung des Aktivitätsdiagramms analysiert, ob die Aktivitäten in Software umsetzbar sind. Wenn es möglich ist die Aktivitäten im Aktivitätsdiagramm und dessen Kontrollflussmodell schematisch abzubilden, ist davon auszugehen, dass diese in dieser Form auch als Software umgesetzt werden kann. Wenn dies nicht der Fall ist, können die jeweiligen Aktivitäten und die entsprechenden Prozessschritte aus der weiteren Konzeption ausgeschlossen werden.

Als Beispiel für die Modellierung einer Aktivität im Aktivitätsdiagramm wird in Abbildung 30 der Bewertungsverfahrensprozess aktuellen Instandhaltungsprozess in das Reifegradmodell einordnen als Aktivitätsdiagramm aufgezeigt. Dieses Diagramm zeigt die Aktionen, die bei der Erhebung des aktuellen Instandhaltungsprozesses

---

[326] Vgl. Tauterat u.a. (2017).
[327] Balzert (2011), S. 85.
[328] Vgl. Goll (2011), S. 24, 384.

ausgeführt werden, um den Reifegrad der Instandhaltung zu ermitteln. Die im Diagramm aufgezeigten Funktionen und Tätigkeiten können basierend auf dieser Analyse als umsetzbar bezeichnet werden und werden bei der weiteren Konzeption und der prototypischen Implementierung berücksichtigt. Durch die erfolgreiche Konzeption des Kontrollflusses und des Datenflusses der Aktivitäten und ihrer Aktionen im Aktivitätsdiagramm sowie durch die anschließend erfolgreiche Skizzierung der Benutzeroberfläche mit Komponenten des Frameworks, werden diese Aktivitäten als umsetzbar bezeichnet.

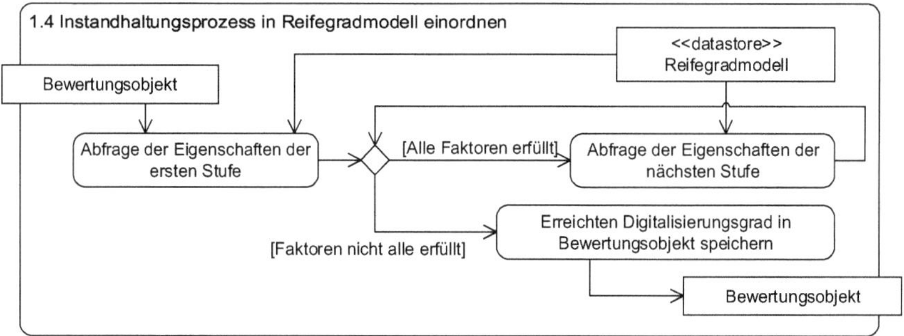

Abbildung 30: Modellierung der Aktivität 1.4 Instandhaltungsprozess in Reifegradmodell einordnen[329]

Basierend auf der in Abbildung 30 beispielhaften Modellierung des Bewertungsverfahrensprozesses 1.4, Aktuellen Instandhaltungsprozess in das Reifegradmodell einordnen, wird die Modellierung detailliert beschrieben. Die Aktivität beginnt mit dem Rechteck Bewertungsobjekt, ein Objektknoten, welcher in dieser Aktivität aufzeigt, dass diese den Eingabeparameter Bewertungsobjekt erwartet. Eingabeparameter werden im linken Rand des Rahmens angegeben, Ausgabeparameter im rechten Rand.[330] Vor Beginn dieser Aktivität muss entweder ein Bewertungsobjekt geladen oder erstellt sein. Eine solche Aktivität muss daher keinen Startknoten besitzen.[331] Anschließend werden alle Predictive Maintenance Eigenschaften des Reifegradmodells für jeden Softwareintensivierungsgrad nacheinander abgefragt. Diese Informationen werden aus dem Objektknoten Reifegradmodell geladen, welcher ei-

[329] Quelle: Eigene Darstellung.
[330] Vgl. Goll (2011), S. 430.
[331] Vgl. Balzert (2009), S. 238 f.

nen Datenspeicher als Sonderform des Objektknotens darstellt.[332] Wenn alle Faktoren bzw. Eigenschaften des jeweiligen Softwareintensivierungsgrades vorhanden sind, ist dieser erreicht und die Eigenschaften des nächsten Softwareintensivierungsgrades können abgefragt werden. Sind nicht alle Faktoren erfüllt und der nächste Softwareintensivierungsgrad nicht erreicht, steht somit auch der erreichte Softwareintensivierungsgrad als Ergebnis fest. Solche Entscheidungen sind mit Entscheidungsknoten in Form von Rauten gekennzeichnet. Jede ausgehende Kante des Entscheidungsknotens ist durch eine Bedingung, in eckigen Klammern, spezifiziert. Der Kontrollfluss wird durch einen weiteren Vereinigungsknoten später wieder zusammengeführt.[333] Das Ergebnis wird daraufhin im Bewertungsobjekt gespeichert und somit die Aktivität, mit dem Ausgabeparameter Bewertungsobjekt, beendet.

In selber Form wurden die weiteren Bewertungsverfahrensprozesse beschrieben und konzipiert. Basierend auf dieser Analyse und Modellierung kann festgestellt werden, dass alle Prozesse des Bewertungsverfahrens für die anschließende prototypische Implementierung schematisch dargestellt und konzipiert werden können. Einzig der Prozess der organisatorischen Vorbereitung des Termins konnte nicht als Aktivität einer App modelliert werden, da dieser den Zugriff auf unterschiedliche Daten, wie zum Beispiel die Raumverfügbarkeit oder die Kalender der potenziellen Workshopteilnehmer voraussetzt und somit nicht in die Implementierung des Prototyps mit eingeht. Die unterschiedlichen UML Diagramme sind im Anhang 6 dieser Arbeit angefügt.

7.3.2 Prototypische Implementierung der mobilen App zur Unterstützung der Investitionsentscheidung von Predictive Maintenance

Die Implementierung des Bewertungsverfahrens als App erfolgt mittels eines Cross-Plattform Frameworks. Im Gegensatz zur Entwicklung von nativen Applikationen, welche für die jeweiligen Betriebssysteme eigenständig entwickelt werden, ist es durch dieses Framework möglich, die programmierte Applikation auf verschiedenen mobilen Betriebssystemen auszuführen. Dieses Vorgehen wird basierend auf dem

[332] Vgl. Balzert (2009), S. 239.
[333] Vgl. Goll (2011), S. 436.

von Sun Microsystems geprägtem Slogan als write once, run anywhere bezeichnet.[334]

Der Prototyp der mobilen App des Bewertungsverfahrens wird für die Anwendung auf Tablet-Geräte optimiert. Die erfolgt aus dem Grund, da durch die Größe des Displays die unterschiedlichen Inhalte des Bewertungsverfahrens klar dargestellt werden können sowie ein Tablet besser von mehreren Bewertungsteilnehmern gemeinsam eingesehen werden kann im Gegensatz zu Smartphones.

Für den Prototyp der mobilen Applikation wird im Rahmen dieser Arbeit der Prototyp für die mobilen Betriebssysteme Android und iOS optimiert entwickelt. Der Grund hierfür ist, dass diese mobilen Betriebssysteme die marktführenden Betriebssysteme bei Tablet-Geräten darstellen. So lag der Anteil von genutzten iOS-Geräten Ende 2016 bei 65,8% und von Android-Geräten bei 33,3%. Weitere mobile Betriebssysteme liegen im niedrigen einstelligen Prozentbereich.[335] Zusätzlich zu dieser Tatsache besitzen die Betriebssysteme iOS und Android mit Abstand den größten Anteil bei den geschäftlich genutzten Endgeräten.[336] Da die Zielgruppe der App-Anwender im Rahmen dieser Arbeit im geschäftlichen Umfeld liegt, findet eine Fokussierung auf diese zwei Betriebssysteme statt.

Für die Programmierung der App kommen potenziell unterschiedliche Cross-Plattform-Frameworks in Frage. Diese unterscheiden sich hauptsächlich in ihren Funktionen und eingesetzten Programmiersprachen. Die im Rahmen dieser Arbeit betrachteten Frameworks sind CodenameOne, PhoneGap und Xamarin.

Durch CodenameOne[337] ist es möglich, Applikationen in der Programmiersprache Java zu entwickeln sowie, zusätzlich zu iOS und Android Geräte, Applikationen sowohl für BlackBerry als auch Desktop Versionen für Windows und Mac zu generieren. Die Entwicklung von Apps erfolgt mit PhoneGap[338] per Hypertext Markup Language (HTML) 5, CSS und JavaScript, um Applikationen für dieselben mobilen Be-

---

[334] Vgl. Sun Microsystems (1996), URL siehe Literaturverzeichnis.
[335] Vgl. Statista (2017a), URL siehe Literaturverzeichnis.
[336] Vgl. Statista (2017b), URL siehe Literaturverzeichnis.
[337] Vgl. Codename One LTD (2017), URL siehe Literaturverzeichnis.
[338] Vgl. Adobe Systems Incorporated (2017), URL siehe Literaturverzeichnis.

triebssysteme wie mit CodenameOne zu erstellen. Xamarin[339] Applikationen werden in der Programmiersprache C# geschrieben, um native Android, iOS und Windows Applikationen zu erstellen.

Zur Entwicklung des Prototyps im Rahmen dieser Arbeit wurde das Cross-Plattform Framework CodenameOne verwendet. Dies liegt an der Möglichkeit, dass basierend auf diesem Framework die Generierung der App für weitere mobile Betriebssysteme sowie für Betriebssysteme nicht mobiler Geräte möglich ist. Zusätzlich ist ein weiterer Grund die Programmiersprache Java, in welcher bereits unterschiedliche Projekte vor der Programmierung der App im Rahmen dieser Arbeit, durchgeführt wurden.

Die unterschiedlichen Daten, die das Bewertungsverfahren vorgibt, werden in Form von JavaScript Object Notation (JSON)-Dateien in die App integriert. Diese Daten umfassen die Details und Eigenschaften des Reifegradmodells sowie die Sammlungen an Nutzen-, Kosten- und Risikoaspekten. Diese Dateien werden bei dem ersten Start der App eingelesen und in Java-Objekten verwaltet. Durch dieses Vorgehen ist es möglich, Änderungen an den Daten während der Implementierung einfach durchzuführen ohne den Programmcode abändern zu müssen.

Die Umsetzung des Bewertungsverfahrens wird im folgenden Abschnitt anhand von Screenshots erläutert. Hierbei wird nicht jeder einzelne Bewertungsverfahrensprozess aufgezeigt, sondern jeweils exemplarisch unterschiedliche Verfahrensprozesse dargestellt.

In Abbildung 31 ist die Startseite der App dargestellt, welche den Einstieg in das Bewertungsverfahren nach der Anmeldung zeigt. Im oberen Teil kann über eine Listenauswahl ein bestehendes Bewertungsobjekt geladen werden, um die Bearbeitung zu aktualisieren oder fortzufahren. Direkt darunter hat der Anwender die Möglichkeit ein neues Bewertungsobjekt anzulegen, um ein neues Bewertungsverfahren zu starten. Am linken Rand befindet sich das seitliche Menü, welches sich durch Klicken auf das Symbol mit den drei waagerechten Linien öffnet. Dieses beinhaltet die Hauptfunktionen der App. Das *Dashboard* ist das zuvor beschriebene Hauptfenster der App, welches den Bewertungsvorgang startet. Über *Analyseergebnis* können be-

---

[339] Vgl. Xamarin Inc. (2017), URL siehe Literaturverzeichnis.

reits vollendete Bewertungen geladen und deren Ergebnisse eingesehen werden. Existierende Ergebnisse können mit der *Dokumentation*-Funktion schriftlich dokumentiert und geteilt werden. Die Annahmen über zukünftige Predictive Maintenance Aufwände können in *PdM Dateneingabe* angegeben werden, um diesen Schritt für das Bewertungsverfahren vorzubereiten. Die einzelnen Sammlungen der verschiedenen Aufwands-, Nutzen- und Risikoaspekte können in *Einstellungen* bearbeitet und ergänzt werden. *Beenden* schließt die App.

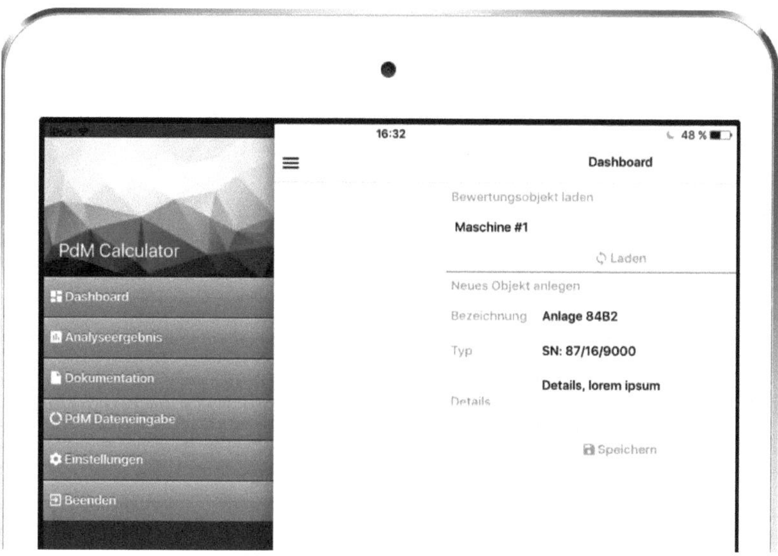

Abbildung 31: Screenshot - Startseite der App nach der Anmeldung[340]

Im Anschluss beginnt der Prozess aktuellen Instandhaltungsprozess erfassen. Die Erfassung des aktuellen Instandhaltungsprozesses erfolgt hierbei durch die Abfrage der Eigenschaften der Reifegradstufe, welche durch eine Liste mit Checkboxen ausgewählt werden können, siehe Abbildung 32. In diesem Screenshot wurden bereits alle Eigenschaften des ersten Reifegrads bestätigt, sodass die Eigenschaften des zweiten Grades abgefragt werden. Hierfür werden nacheinander alle Eigenschaften des jeweiligen Reifegrades abgefragt. Durch den Aufbau in Registerkarten kann am unteren Bildschirmrand vor und zurück navigiert werden, um Eingaben und/oder Än-

[340] Quelle: Eigene Darstellung.

derungen vorzunehmen. Bei Bestätigung der Eingaben über den Pfeil am rechten oberen Bildschirmrand werden die Daten gespeichert und dem aktuellen Bewertungsobjekt zugewiesen.

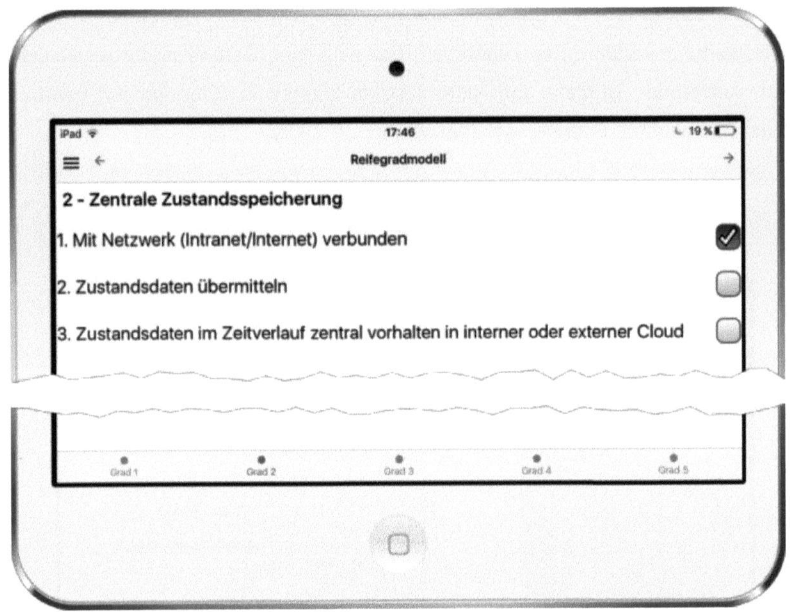

Abbildung 32: Screenshot - Aktuellen Instandhaltungsprozess erfassen[341]

Wenn der Anwender für ein Bewertungsobjekt alle Eigenschaften überprüft und ausgewählt hat, wird im folgenden Schritt das Ergebnis, die Einordnung in das Reifegradmodell, angezeigt, siehe Abbildung 33. Basierend auf der vorangegangenen Aufnahme des Instandhaltungsprozesses wird der erreichte Grad der Softwareintensivierung genannt. Für dieses Beispiel kann Grad zwei festgestellt werden. Unter dieser Einordnung des Bewertungsobjekts in das Reifegradmodell wird für jeden Reifegrad aufgezeigt, zu wieviel Prozent dieser erreicht wurde sowie welche Eigenschaften in der jeweiligen Stufe erfüllt und unerfüllt sind. Durch diese Ansicht können zusätzlich die Lücken zum Reifegrad 5, der das Predictive Maintenance darstellt, aufgezeigt werden sowie dargestellt werden, welche Eigenschaften erfüllt werden müssen, um den nächsthöheren Reifegrad zu erreichen.

[341] Quelle: Eigene Darstellung.

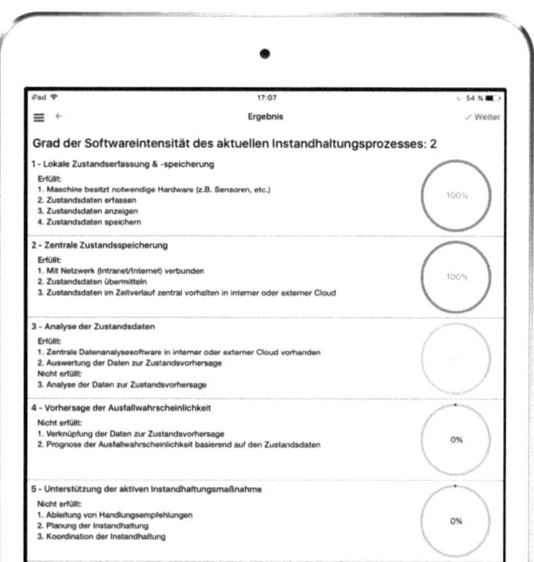

Abbildung 33: Screenshot - Einordnung in Reifegradmodell[342]

In den folgenden Prozessschritten erfolgen die Aufwandsbetrachtung sowie anschließend die Nutzen- und Risikobetrachtung, um anwendungsfallspezifische und priorisierte Aufwands-, Nutzen- und Risikoaspekte als Ergebnis zu erhalten.

Um die anwendungsfallspezifischen Aspekte auswählen und später priorisieren zu können, werden diese zunächst anhand ihrer Obergruppen selektiert. In Abbildung 34 ist die Umsetzung dieser Priorisierung in der mobilen Applikation am Beispiel der Nutzenaspekte aufgezeigt. Die unterschiedlichen Aspekte sind alle per Voreinstellung ausgewählt und können per Klicken auf die Checkboxen aktiviert bzw. deaktiviert werden. Zusätzlich besteht die Möglichkeit, jede Obergruppe der Nutzenaspekte unberücksichtigt zu lassen sowie neue Aspekte über das Menü hinzuzufügen. Über das Menü rechts in der Toolbar, erkennbar an den drei Punkten, können neue Aspekte temporär angelegt oder persistent zur Sammlung hinzugefügt werden. Zusätzlich kann die Einordnung in das Reifegradmodell angezeigt werden. Diese Anzeige ist in nahezu allen weiteren Fenstern der App möglich, damit während dem Durchlauf des Bewertungsverfahrens die Möglichkeit besteht, die Bewertung in Be-

---

[342] Quelle: Eigene Darstellung.

zug auf das Reifegradmodell und den erhobenen Reifegrad des untersuchten Objekts durchführen zu können.

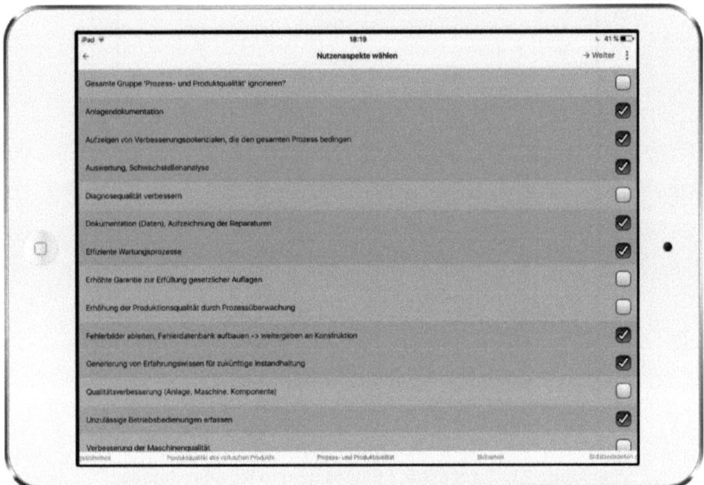

Abbildung 34: Screenshot - Selektion der Aspekte[343]

Im Anschluss an die Auswahl der für den Anwendungsfall relevanten Aspekte, erfolgt die konkrete Ausgestaltung dieser für das jeweilige Unternehmen. Nachfolgend wird im ersten Schritt die Betrachtung der Aufwände beschrieben. Hierfür werden die Aufwände für die Instandhaltungsmaßnahmen sowie für die Betriebs- und Investitionskosten des Predictive Maintenance, welche im vorangegangen Schritt für das Unternehmen ausgewählt wurden, und die Daten zu den Aufwänden des aktuellen Instandhaltungsprozesses in die App eingegeben. In Abbildung 35 ist die darauffolgende Eingabe der zu erwartenden Daten des Predictive Maintenance Prozesses abgebildet. Hierbei werden für die einzelnen, noch nicht erreichten Stufen des Reifegradmodells Annahmen über die Aufwände getroffen und den einzelnen Stufen zugeordnet. Die Angaben zu den jeweiligen Stufen sind in separaten Accordion-Elementen eingefasst, damit jeweils nur ein Element ausgeklappt sein kann, um bei der Angabe der Werte den Überblick zu behalten, zu welcher Stufe die Angaben getroffen werden.

[343] Quelle: Eigene Darstellung.

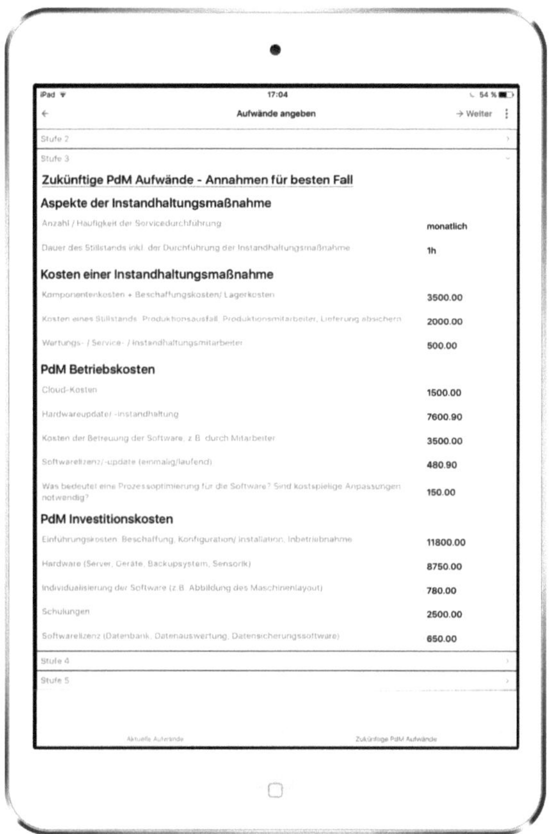

Abbildung 35: Screenshot - Angabe der zukünftigen Aufwände[344]

Für die zukünftigen Aufwände sind neben den Aufwänden für Instandhaltungsmaßnahmen zusätzlich die erwarteten Betriebs- und Investitionskosten der Predictive Maintenance Lösung anzugeben. Die Predictive Maintenance spezifischen Angaben werden ebenfalls den einzelnen Stufen des Reifegradmodells zugeordnet. Die Daten der Annahmen für den besten Fall werden mit den Angaben des aktuellen Instandhaltungsprozesses verglichen und daraus der erwartete mittlere Fall berechnet. Hierbei wird in Vereinfachung zum Bewertungsverfahren der mittlere Fall als arithmetisches Mittel berechnet und ohne Wahrscheinlichkeiten des Eintritts betrachtet.

---

[344] Quelle: Eigene Darstellung.

Dieser mittlere Wert wird in der anschließenden Gegenüberstellung der Aufwände gezeigt. Diese Gegenüberstellung der Aufwände ist in Abbildung 36 dargestellt. Unter der Verwendung von Accordion-Elementen wird im oberen Bereich die Gegenüberstellung pro Stufe des Reifegradmodells aufgezeigt. Der Vergleich stellt die aktuellen Aufwände für Instandhaltungsmaßnahmen, die Annahme des besten Falls der Predictive Maintenance Aufwände sowie die zuvor berechneten Werte des mittleren Falls gegenüber. Bei den Aspekten der Instandhaltungsmaßnahme, die nicht zwingend numerische Werte beinhalten, ist die Berechnung des mittleren Falls nicht automatisch möglich. Daher kann der Anwender der App, hier in die grau hinterlegten Felder, manuell Werte eintragen, um den Aufwandsvergleich zu vervollständigen. Im unteren Teil der Abbildung werden die Betriebs- und Investitionskosten für Predictive Maintenance je Reifegradstufe verglichen. Die Werte werden je Stufe in Summe sowie detailliert pro Aufwandsaspekt aufgelistet.

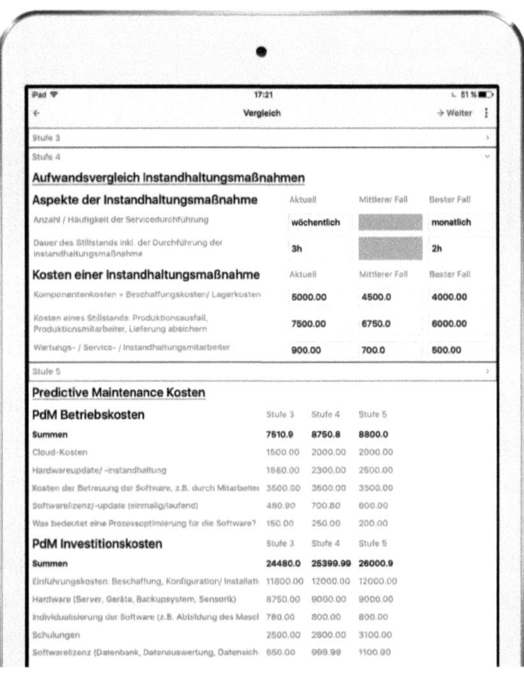

Abbildung 36: Screenshot - Gegenüberstellung der Aufwände[345]

---

345 Quelle: Eigene Darstellung.

Mit diesem Vergleich ist die Berücksichtigung der Aufwände innerhalb der App abgeschlossen. In den nächsten Schritten erfolgt die Nutzen- und Risikobetrachtung. Nachfolgend wird der Begriff Aspekt sowohl für Nutzenaspekte sowie für Risikoaspekte verwendet, da die Vorgehensweisen dieser zwei Betrachtungen identisch sind. Wie bereits vorangehend beschrieben, erfolgt im ersten Schritt die anwendungsfallspezifische Selektion und bei Bedarf Ergänzung der Aspekte.

Die darauffolgende Priorisierung der Aspekte stellt den anschließenden Prozessschritt des Bewertungsverfahrens dar und erfolgt durch die generische Methode der Prioritätenanalyse. Abbildung 37 zeigt die Priorisierung der Aspekte in der App. Hierbei ist es möglich, jedem Aspekt entweder den Wert 0, 1 oder 2 zuzuweisen, je nachdem, wie der linke Aspekte gegenüber dem rechten bewertet wird. Nach einem Vergleich zweier Aspekte folgt der Vergleich des selbigen linken Aspekts mit einem weiteren zuvor selektierten Aspekt. Dies erfolgt, bis alle Aspekte gegenübergestellt wurden, damit die Priorisierung abgeschlossen ist und als Ergebnis die Rangliste der Priorisierung angezeigt werden kann. In dieser Ansicht ist es möglich, Aspekte im weiteren Verlauf der Bewertung unberücksichtigt zu lassen, falls durch die Priorisierung ersichtlich wird, dass diese für die weitere Bewertung irrelevant sind.

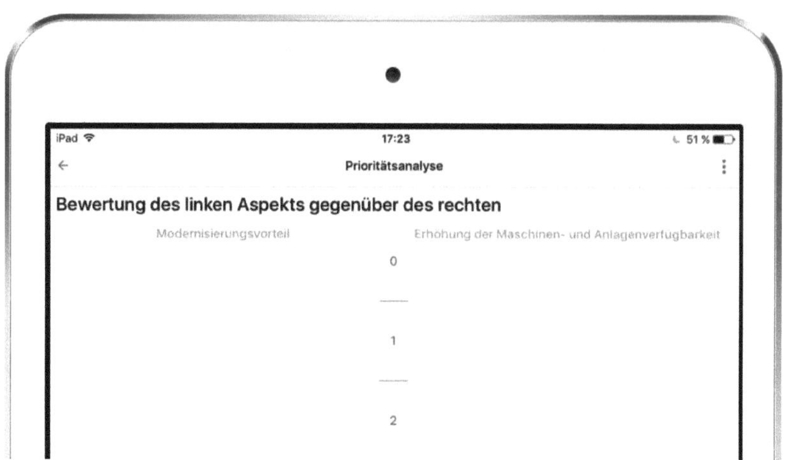

Abbildung 37: Screenshot - Priorisierung der Aspekte[346]

[346] Quelle: Eigene Darstellung.

Die unternehmensspezifische Beschreibung und Ausgestaltung der Aspekte erfolgt anhand der zuvor ermittelten Rangfolge, beginnend mit dem Aspekt, der die höchste Priorität besitzt, siehe Abbildung 38. In diesem Prozessschritt wird zeitgleich die Zuordnung der Aspekte zu den einzelnen Reifegradstufen festgelegt, indem diejenigen Stufen aktiviert werden, denen der jeweilige Aspekt zugeordnet wird.

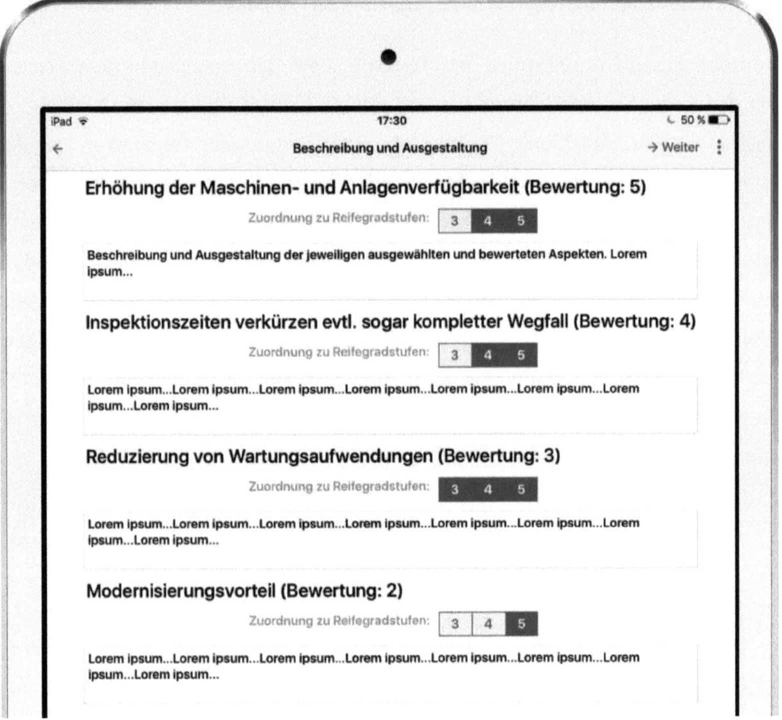

Abbildung 38: Screenshot - Beschreibung und Ausgestaltung der Aspekte[347]

Nach der ausführlichen Beschreibung und Ausgestaltung der zuvor selektierten und priorisierten Aspekte erfolgt die Zusammenfassung aller erhobenen Werte und Daten im Zwischenergebnisfenster, siehe Abbildung 39.

[347] Quelle: Eigene Darstellung.

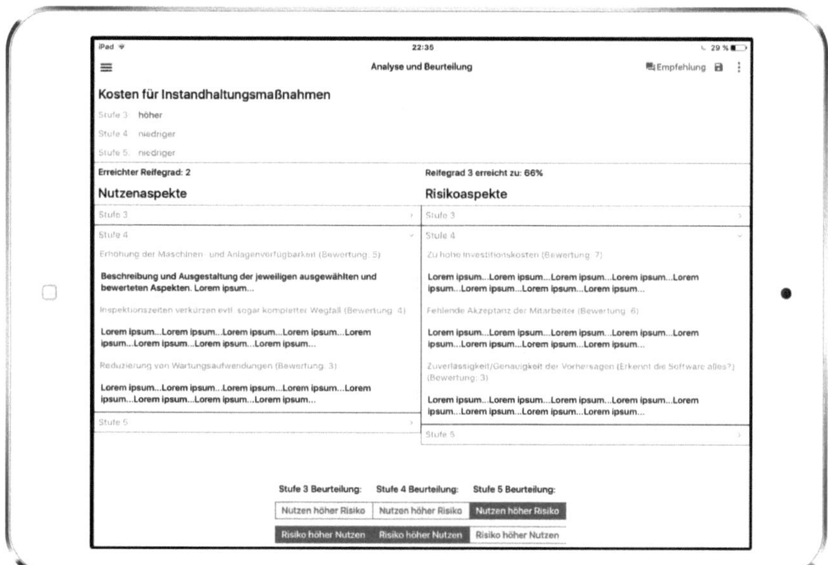

Abbildung 39: Screenshot - Zwischenergebnisübersicht[348]

In dieser Übersicht des Zwischenergebnisses ist im oberen Teil festgehalten, wie sich die zukünftigen Kosten für Instandhaltungsmaßnahmen im Vergleich zu den aktuellen Kosten einer Instandhaltungsmaßnahme verhalten. In diesem Beispiel ist erkennbar, dass ab Stufe vier die voraussichtlichen und angenommenen Kosten des Predictive Maintenance niedriger sind als die des aktuellen Instandhaltungsprozesses. Der komplette Kostenvergleich kann über das Menü rechts oben angezeigt werden.

Der mittlere Teil des Displays zeigt die Gegenüberstellung der Nutzenaspekte zu den Risikoaspekten sowie den erreichten Reifegrad und die Lücke zum nächsthöheren Reifegrad. Das genaue Ergebnis der Einordnung in das Reifegradmodell kann ebenfalls über das Menü aufgerufen werden. Diese Gegenüberstellung ermöglicht pro Stufe die Einschätzung zu treffen, ob der Nutzen den Risiken überwiegt oder das Risiko größer eingeschätzt wird als der Nutzen, der durch Predictive Maintenance ermöglicht wird. Diese Beurteilungen werden im unteren Bereich festgelegt. Im Falle

---

348 Quelle: Eigene Darstellung.

dessen, dass das Risiko überwiegt können die Überlegungen und Maßnahmen, welche das Risiko eindämmen und abmildern können, in die Beschreibungsfelder des jeweiligen Risikoaspekts eingetragen werden. Durch das Klicken auf Empfehlung, das rechtsoben angezeigt wird, wird die Entscheidungsunterstützungsempfehlung dargestellt, siehe Abbildung 40.

Die Entscheidungsunterstützung, basiert auf dem Zwischenergebnis und den Beurteilungen des Nutzens und der Risiken. Diese Darstellung stellt das Ergebnis des Bewertungsverfahrens dar. Durch sie erfolgt die Entscheidungsunterstützungsempfehlung, indem für jede unerreichte Stufe des Reifegradmodells eine Aussage getroffen wird, ob die Umsetzung des jeweiligen Reifegrades empfohlen wird.

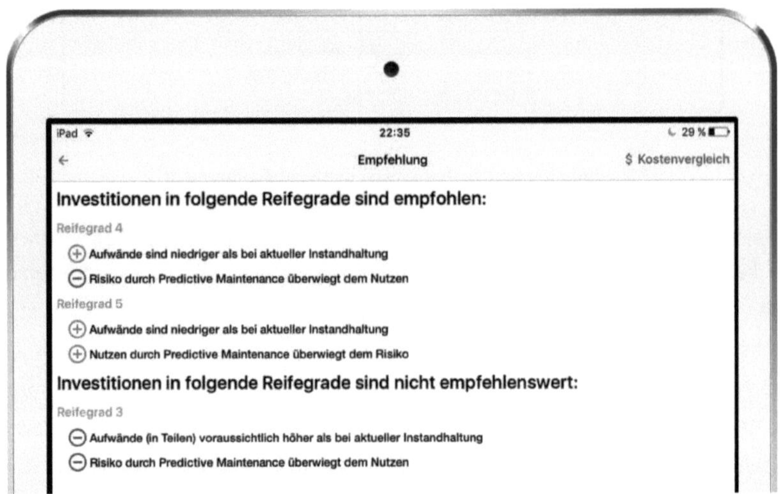

Abbildung 40: Screenshot - Entscheidungsunterstützung[349]

Nach der Auswertung der Ergebnisse und der daraus erfolgten Ableitung der Entscheidungsunterstützung, können die gesammelten Ergebnisse schriftlich dokumentiert werden. Alle existierenden und analysierten Bewertungsobjekte sowie die dazugehörigen Daten können in dieser Ansicht geladen, eingesehen und exportiert werden. Vor Erstellung der *Portable Document Format* (PDF)-Datei, siehe Abbildung 41,

---

[349] Quelle: Eigene Darstellung.

können Kommentare und/oder Anmerkungen hinzugefügt werden, die an das Ende der schriftlichen Dokumentation angefügt werden.

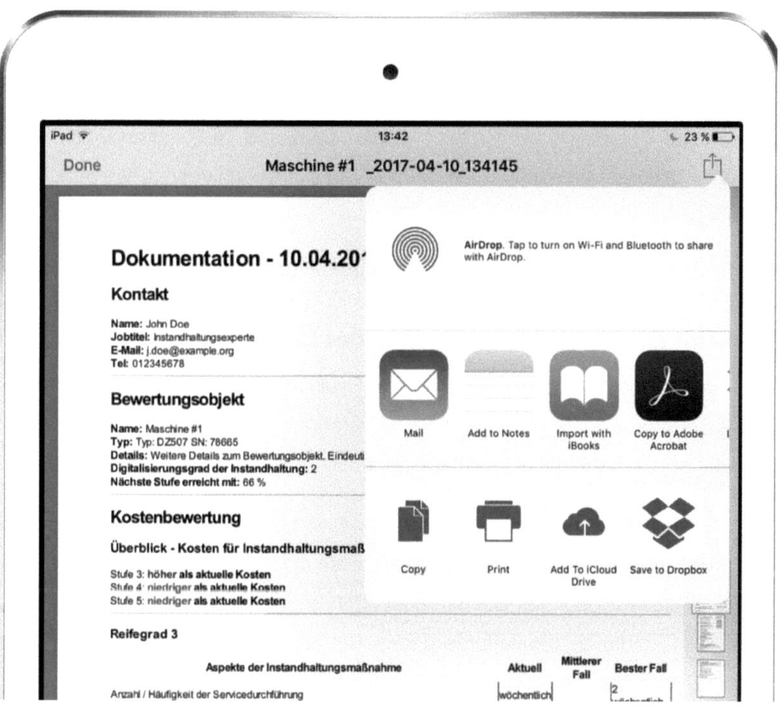

Abbildung 41: Screenshot - Teilen der Dokumentation[350]

Die generierte PDF-Datei kann, hier am Beispiel des mobilen Betriebssystems iOS und dessen PDF-Betrachter APP, mit allen auf dem Gerät zur Verfügung stehenden weiteren Applikation geteilt werden. Beispielsweise besteht die Möglichkeit, die PDF-Datei direkt mit der E-Mail-Applikation zu versenden.

Die Generierung der PDF-Datei erfolgt hierbei über einen angebundenen Webservice. Aus den Ergebnissen wird in der App ein HTML-String erzeugt, welche an den Webservice HTML 2 PDF Rocket[351] gesendet wird. Dieser generiert aus den HTML

---

[350] Quelle: Eigene Darstellung.

[351] HTML 2 PDF Rocket (2017), URL siehe Literaturverzeichnis.

Daten eine PDF-Datei, welche nach Abschluss des Generierungsprozesses direkt auf das Gerät geladen wird und dem Nutzer in einer PDF-Applikation angezeigt wird. Die Nutzung des Webservice erspart die Einbindung von zusätzlichen Programmbibliotheken, da das genutzte Framework keine Möglichkeit mitliefert, nicht-triviale Dateitypen, wie PDF-Dateien, zu erstellen.

Wie in diesem Unterkapitel aufgezeigt wurde, kann das im Rahmen dieser Arbeit entwickelte Bewertungsverfahren als mobile Applikation umgesetzt werden. Einzig die organisatorische Vorbereitung des Termins ist softwaretechnisch nicht in den Prototyp mit eingegangen.

7.4 Erkenntnisse aus der Evaluierung des Bewertungsverfahrens

Wie die unterschiedlichen Unterkapitel zur Evaluation des Bewertungsverfahrens aufgezeigt haben, konnte das Bewertungsverfahren theoretisch, in der Unternehmenspraxis sowie durch die Umsetzung als mobile Applikation evaluiert werden.

Für die theoretische Evaluation des Bewertungsverfahrens gegenüber den erhobenen Anforderungen kann festgestellt werden, dass die meisten Anforderungen an die inhaltliche Ausgestaltung des Bewertungsverfahrens sowie die Metaanforderungen erfüllt werden. Lediglich die Anforderungen Betrachtungshorizont sowie kurze Bewertung und detaillierte Bewertung werden nicht erfüllt. Die Metaanforderung Flexibilität wird nur teilweise erfüllt. Da jedoch die Mehrzahl der Anforderungen erfüllt werden, kann die theoretische Evaluation als erfolgreich bewertet werden.

Wird die Evaluierung in der Unternehmenspraxis betrachtet, so kann festgestellt werden, dass durch die teilnehmenden Unternehmensvertreter die Relevanz des Verfahrens zur Bewertung von Predictive Maintenance nochmals bestätigt wurde sowie der konkrete Einsatz, Aufbau und Ablauf des in dieser Arbeit entwickelten Bewertungsverfahrens mit seinen unterschiedlichen Komponenten durch die Anwendung bei Unternehmen in Evaluierungsworkshops als nachvollziehbar und sehr hilfreich bewertet wurde. Basierend auf den Bewertungsergebnissen des Verfahrens wird die Investitionsentscheidung in Predictive Maintenance für die Unternehmensvertreter deutlich erleichtert und transparent.

Abschließend wurde durch die prototypische Realisierung des Bewertungsverfahrens als App die Umsetzbarkeit des Bewertungsverfahrens erfolgreich aufgezeigt. Lediglich die organisatorische Vorbereitung des Termins konnte per App nicht zielführend realisiert werden.

Basierend auf diesen drei Evaluierungsergebnissen kann festgehalten werden, dass durch die Evaluierung die Relevanz und der Einsatz für die Unternehmenspraxis bestätigt werden kann sowie die Umsetzbarkeit des Bewertungsverfahrens als App durchgeführt werden konnte.

8. Schlussbetrachtung

In diesem abschließenden Kapitel werden zuerst die Forschungsfragen beantwortet und basierend auf dieser Beantwortung aufgezeigt, inwieweit das Forschungsziel dieser Arbeit erreicht wurde. Anschließend erfolgt die kritische Würdigung dieser Arbeit und die Betrachtung, wie das Verfahren zur Bewertung von Predictive Maintenance zur Unterstützung der Investitionsentscheidung für potenzielle zukünftige Forschungsvorhaben genutzt werden kann.

8.1 Überprüfung der Erreichung des Forschungsziels

Zur Erreichung des Forschungsziels dieser Arbeit, der Entwicklung eines wissenschaftlich begründeten und allgemein akzeptierten Verfahrens zur Bewertung von Predictive Maintenance für Maschinen zur Unterstützung der Investitionsentscheidung für Anbieter von Instandhaltungsdienstleistungen, wurden im Verlauf dieser Arbeit die in Kapitel 1.2 formulierten Forschungsfragen beantwortet.

Die erste Forschungsfrage zum Status quo der Wissenschaft und der Unternehmenspraxis konnte im Rahmen dieser Arbeit in Kapitel 3 durch die Erkenntnisse einer strukturierten Literaturanalyse, von fünf Experteninterviews und einer Onlineumfrage aufgezeigt werden.

Im darauffolgenden Kapitel wurden inhaltliche Anforderungen sowie Metaanforderungen an ein Verfahren zur Bewertung von Predictive Maintenance erhoben. Die Grundlage dieser Erhebung stellt die Durchführung von 24 Experteninterviews mit für diese Arbeit relevanten Stakeholdern dar. Durch dieses Kapitel wird die zweite Forschungsfrage beantwortet.

Die dritte Forschungsfrage adressiert bestehende generische Bewertungsmethoden zur Bewertung von Predictive Maintenance. Diese werden in Kapitel 5 beschrieben und basierend auf den zuvor erhobenen inhaltlichen Anforderungen an das Bewertungsverfahren analysiert, inwieweit diese für den Einsatz zur Bewertung von Predictive Maintenance geeignet sind.

Basierend auf den Ergebnissen und Erkenntnissen der Beantwortung der ersten drei Forschungsfragen, konnte in Kapitel 6 ein wissenschaftlich begründetes und allgemein akzeptiertes Verfahren zur Bewertung von Predictive Maintenance für Maschinen zur Unterstützung der Investitionsentscheidung für Anbieter von Instandhaltungsdienstleistungen entwickelt werden. Durch diese Verfahrensentwicklung kann die vierte Forschungsfrage ebenfalls als beantwortet angesehen werden.

Durch die erfolgreiche Beantwortung der einzelnen Forschungsfragen kann somit festgestellt werden, dass das Forschungsziel der Entwicklung eines wissenschaftlich begründeten und allgemein akzeptierten Verfahrens zur Bewertung von Predictive Maintenance für Maschinen zur Unterstützung der Investitionsentscheidung für Anbieter von Instandhaltungsdienstleistungen im Rahmen dieser Arbeit erreicht wurde. Zu berücksichtigen ist hierbei, dass die Eigenschaften des Bewertungsverfahrens der wissenschaftlichen Begründung sowie der allgemeinen Akzeptanz durch unterschiedliche Punkte erfüllt werden. So kann die wissenschaftliche Begründung des Bewertungsverfahrens durch die in Kapitel 1.3 dargestellte und im Rahmen dieser Arbeit konsequent verfolgten Forschungsmethodik erreicht werden. Durch die Identifikation von unterschiedlichen Stakeholdern für das Bewertungsverfahren sowie durch die Berücksichtigung derer Anforderungen und Sichtweisen während der Verfahrensentwicklung soll die allgemeine Akzeptanz sichergestellt werden.

8.2 Kritische Würdigung

Die kritische Würdigung dieser Arbeit findet in diesem Unterkapitel statt. Hierfür wird zwischen der Kritik an der methodischen Vorgehensweise und der Kritik an den unterschiedlichen Ergebnissen unterschieden.

Für die kritische Würdigung der methodischen Vorgehensweise ist die Kritik am Design Science Ansatz[352] sowie am Ansatz des Method Engineerings[353] zu berücksichtigen.

Basierend auf den dargestellten Anforderungen an Verfahren zur Bewertung von Predictive Maintenance kann angemerkt werden, dass durch das Eintreten der theoretischen Sättigung die meisten Anforderungen aus der Unternehmenspraxis erfasst wurden. Jedoch ist kritisch anzumerken, dass die Beteiligung der Dienstleistungsunternehmen im Vergleich zu den anderen Stakeholdergruppen geringer ausgefallen

---

[352] Siehe hierfür exemplarisch Gacenga u.a. (2012) und Carlsson (2006).
[353] Siehe hierfür exemplarisch Truex und Avison (2003).

ist. Ursprünglich wurde bei der Kontaktierung der unterschiedlichen Unternehmen jeweils dieselbe Anzahl jeder Stakeholdergruppe kontaktiert. Ein Grund für die geringere Teilnahmeanzahl der Dienstleistungsunternehmen könnte sein, dass diese Unternehmen durch die Digitalisierung des Instandhaltungsprozesses einen Rückgang ihres Kerngeschäfts vermuten und basierend auf der Teilnahme an einem Experteninterview die Gefahr sehen, Wettbewerbsvorteile gegenüber anderen Unternehmen zu verlieren. Dies könnte in letzter Konsequenz dazu führen, dass durch die Digitalisierung die Dienstleistungsunternehmen ihr Geschäftsmodell verlieren, da beispielsweise die Maschinenbetreiber die Instandhaltung selbst, basierend auf einer digitalen Lösung, durchführen.

Des Weiteren muss festgestellt werden, dass sich die unterschiedlichen erhobenen Anforderungen teilweise überschneiden. So beinhaltet beispielsweise die Nutzenbewertung qualitative sowie quantitative Faktoren, jedoch wurden die Nutzenbewertung, die Berücksichtigung von qualitativen Faktoren sowie die Berücksichtigung von quantitativen Faktoren jeweils als eigene Anforderung basierend auf den Experteninterviews ermittelt.

Zusätzlich erfolgte bei der Anforderungserhebung durch die Experten teilweise keine eindeutige Trennung zwischen reinen Anforderungen an das Bewertungsverfahren und der Lösung, welche der jeweilige Experte bereits angedacht hatte, um die jeweilige Anforderung zu erfüllen. Somit war und ist eine strikte Trennung zwischen Anforderungen und Lösungen im Rahmen dieser Arbeit nur teilweise erfolgt.

Werden die bestehen Bewertungsverfahren betrachtet, welche durch den Status quo repräsentiert werden, und die generischen Bewertungsmethoden, so stellt sich bei diesen Erhebungen jeweils die Frage nach der Vollständigkeit beziehungsweise nach der Willkür der ermittelten Methoden.

Durch die Verfolgung einer definierten Vorgehensweise bei der systematischen Literaturrecherche war es möglich, die Reproduzierbarkeit und die Transparenz bei der Erhebung sicherzustellen, damit die Ergebnisgewinnung nachvollziehbar ist.

Bei der Betrachtung der generischen Bewertungsmethoden wurde der Fokus auf Methoden gelegt, die potenziell eine solide Voraussetzung liefern, um basierend auf den erhobenen Anforderungen angewendet zu werden.

Basierend auf der praktischen Evaluierung konnte aufgezeigt werden, dass das Bewertungsverfahren mit einem verhältnismäßig geringen Aufwand wichtige Erkenntnisse für die Unternehmen bereitstellt. Jedoch sollte dies basierend auf weiteren Bewertungen in der Unternehmenspraxis detaillierter betrachtet werden, um u.a. zu untersuchen, ob die Durchführung des Bewertungsverfahrens wirtschaftlich ist.

Bei den unterschiedlichen Nutzen- und Risikoaspekten wird jeweils eine Vollauslastung der Produktion angenommen. Was bedeutet, dass es keine Stillstände aufgrund einer geringen Auftragslage gibt. Zur Berücksichtigung des Falls, dass keine Vollauslastung vorliegt ist zu diskutieren, inwieweit die unterschiedlichen Aspekte für das jeweilige Anwendungsszenario zutreffen.

In Bezug auf die Evaluierung des Bewertungsverfahrens kann kritisch angemerkt werden, dass kein Teilnehmer der Evaluierung bereit war, die gewonnenen Erkenntnisse basierend auf den unternehmensspezifischen Daten für die schriftliche Ausarbeitung dieser Arbeit zur Verfügung zu stellen. Die Verwendung der Daten wurde ausschließlich in aggregierter und anonymisierter Ausgestaltung gestattet.

Zusätzlich sollten für eine detailliertere Evaluierung des Bewertungsverfahrens weitere Workshops durchgeführt werden. Hierbei sollten die unterschiedlichen Stakeholdergruppen gleichmäßig repräsentiert werden. Dies ist momentan noch nicht der Fall.

8.3 Forschungsbedarf

Zum weiteren Fortgang der Forschung in dieser Thematik lassen sich zwei mögliche Forschungsvorhaben unterscheiden. Das ist auf der einen Seite die Verbesserung und die Optimierung des Bewertungsverfahrens und auf der anderen Seite die Übertragbarkeit des entwickelten Bewertungsverfahrens auf andere Domänen, aber auch auf andere Anwendungsszenarien.

Die Verbesserung und Optimierung des bestehenden Bewertungsverfahrens kann beispielsweise dadurch erfolgen, dass seine Anwendung bei weiteren Unternehmen evaluiert wird und basierend auf den Erkenntnissen dieser Anwendungen das Bewertungsverfahren stetig verfeinert sowie verbessert werden kann. Des Weiteren können potenzielle Nutzenaspekte sowie Risikoaspekte des aktuellen Instandhaltungsprozesses aufgenommen werden, damit diese den Aspekten des Predictive Maintenance gegenübergestellt werden können bzw. auch unterschiedliche Alternativen verglichen werden können.

Hieraus ergibt sich ein weiteres Forschungsgebiet. Basierend auf dem in dieser Arbeit entwickelten Verfahren wird die Investitionsentscheidung in Predictive Maintenance unterstützt. Angenommen das Ergebnis ist positive und es soll eine Investition getätigt werden, so ist zu erforschen, welche Kriterien aus dieser Bewertung übernommen werden können, um unterschiedliche Alternativen von Predictive Maintenance Lösungen zu vergleichen. Zusätzlich ist festzustellen, welche weiteren Kriterien berücksichtigt werden sollen.

Ein weiteres Forschungsfeld basierend auf dieser Arbeit ist die Überprüfung der Übertragbarkeit des Bewertungsverfahrens. So ist es vorstellbar, dass dieses Verfahren auf andere Bereiche im Kontext der Digitalisierung der Produktion angewendet wird.

Zusätzlich kann die Übertragbarkeit auf Instandhaltungsprozesse in andere Branchen oder auf andere Produkte analysiert werden. So wurde beispielsweise im Rahmen der Präsentation des entwickelten Bewertungsverfahrens bei dem Unternehmen Mann+Hummel bereits eine Übertragbarkeit des Bewertungsverfahrens bezogen auf die Filtration diskutiert. Die Erkenntnisse dieser Diskussionsrunde haben ergeben, dass das Bewertungsverfahren nach einer Anpassung auf die filtrationsspezifischen Bewertungsaspekte einen deutlichen Mehrwert für Mann+Hummel bei der Unterstützung der Investitionsentscheidung liefern kann.

Anhang

Anhang 1: Interviewleitfaden Experteninterviews Status quo

Datum/Ort:

Teilnehmer:

Positionen/Aufgabengebiete:

Unternehmen:

Grober Leitfanden

1. Gegenseitiges Vorstellen und Kennenlernen
   1.1. Unternehmen
   1.2. Position/Rolle
   1.3. Erfahrungswissen und momentane Aufgaben
2. Ziel des Interviews aufzeigen
3. Allgemeine Fragen zur Person und zum Unternehmen
4. Allgemeine Fragen zur Instandhaltung
   4.1. Wie ist die Instandhaltung momentan bei ihnen organisiert?
   4.2. Inwieweit ist bereits Software zur Unterstützung der Instandhaltung bei ihnen im Einsatz?
   4.3. Kennen sie die Instandhaltungsart der vorbeugenden Instandhaltung (Predictive Maintenance) im Sinne von Industrie 4.0?
   4.4. Haben sie Predictive Maintenance im Sinne von Industrie 4.0 im Einsatz?
   4.5. Planen sie die Predictive Maintenance im Sinne von Industrie 4.0 einzuführen?
5. Fragen zu Methoden zur Technologiebewertung
   5.1. Können mit den bestehenden Methoden neue Technologien bewertet werden? Falls nicht, was fehlt?
   5.2. Gibt es bei Ihnen im Unternehmen Methoden zu Bewertung der Wirtschaftlichkeit von neuen Technologien, als Basis für die Investitionsentscheidung?

   5.3. Gibt es bei Ihnen im Unternehmen spezielle Methoden zur Bewertung der Wirtschaftlichkeit von softwareintensiven Dienstleistungen, als Basis für die Investitionsentscheidung?
6. Fragen zu Methoden und Verfahren zur Bewertung von Predictive Maintenance.

   6.1. Gibt es bei Ihnen im Unternehmen Methoden oder Verfahren für die Bewertung der Wirtschaftlichkeit von Predictive Maintenance?

   6.2. Sehen sie den Bedarf an ein Verfahren zur Bewertung von Predictive Maintenance?
7. Zusammenfassung der Hauptergebnisse des Interviews evtl. mit Priorisierung

Anhang 2: Fragebogen der Onlineumfrage

Fragebogen

1 **Startseite**

2 **Begrüßungsseite**

Herzlich Willkommen zur Online-Umfrage

Predictive Maintenance

Chancen und Risiken in der Smart Factory

Softwareeinsatz heute

Wir danken Ihnen herzlich für Ihr Interesse zur Teilnahme.

Vorab ein paar kurze Hinweise zur Bearbeitung:

Möchten Sie während der Bearbeitung zu bisher beantworteten Fragen zurückkehren, verwenden Sie bitte hierzu die **"Zurück"-Taste** der **Online-Umfrage**.
Bitte verwenden Sie **nicht** die Zurück-Taste Ihres Internet-Browsers.

Möchten Sie die Umfrage zu einem späteren Zeitpunkt wieder aufnehmen, können Sie durch **Schließen des Browser-/Tab-Fensters** die Umfrage abbrechen.
Bei Wiederaufnahme der Umfrage werden Sie Ihrer **zuletzt bearbeiteten Seite** zugewiesen.
Damit Ihre Antworten bei Wiederaufnahme nicht verworfen werden, setzen wir Cookies ein.

Bei **manchen Fragen** werden Sie **kurze Erläuterungen** vorfinden (blaue Fragezeichen oder blaue Felder).
Diese sollen Ihnen Hintergrundinformationen zur Beantwortung geben.

Wir wünschen Ihnen viel Spaß bei der Bearbeitung und spannende Erkenntnisse.

In Zusammenarbeit mit

(Lehrstuhl für ABWL und Wirtschaftsinformatik II)

3 **Seite 1**

Welche Bedeutung hat für Sie die Instandhaltung von Maschinen heutzutage?

- Sehr hohe Bedeutung
- Hohe Bedeutung
- Mittelmäßige Bedeutung

- Geringe Bedeutung
- Gar keine Bedeutung
- Keine Angabe

Welche Bedeutung wird die Instandhaltung von Maschinen für Sie zukünftig (in etwa zehn Jahren) haben?

- Sehr hohe Bedeutung
- Hohe Bedeutung
- Mittelmäßige Bedeutung
- Geringe Bedeutung
- Gar keine Bedeutung
- Keine Angabe

4 Seite 2

Führen Sie in Ihrem Unternehmen die Instandhaltung Ihrer Maschinen selber durch?

- Ja
- Nein
- Keine Angabe

Bieten Sie Instandhaltungsleistungen für Maschinen unternehmensextern für Geschäftskunden und/oder -partner an?

- Ja
- Nein
- Keine Angabe

Stellen Sie Maschinen für das produzierende Gewerbe her?

- Ja
- Nein
- Keine Angabe

Setzen Sie Maschinen zur Verarbeitung und/oder Herstellung von Gütern ein?

- Ja
- Nein
- Keine Angabe

5 Seite 3

Welche Instandhaltungsstrategien verfolgen Sie in Ihrem Unternehmen?
(Mehrfachnennungen möglich)

- Reaktive Instandhaltung
- Periodisch vorbeugende Instandhaltung
- Zustandsorientierte Instandhaltung
- Predictive Maintenance (vorausschauende Instandhaltung)
- Andere Strategie

Welche Kenntnisse weisen Sie in Bezug zu "Predictive Maintenance" (vorausschauende Instandhaltung) auf?

- Sehr gute bis herausragende Kentnisse
- Gute Kenntnisse
- Grundlagen
- Keine Kenntnisse
- Keine Angabe

Was glauben Sie, wie wird die Instandhaltung von Maschinen für eine Realisierung von "Predictive Maintenance" zukünftig (in etwa zehn Jahren) organisiert sein?

- Unternehmensintern - zentral funktional
- Unternehmensintern - dezentral bereichsübergreifend
- Unternehmensintern - produktionsintegriert
- Unternehmensintern - als Profit-Center
- Ausgelagert als Fremdinstandhaltung
- Keine Angabe

6 Seite 4

Welche Kenntnisse weisen Sie in Bezug zur "Smart Factory" auf?

- Sehr gute bis herausragende Kenntnisse
- Gute Kenntnisse
- Grundlagen
- Keine Kenntnisse
- Keine Angabe

Sind Ihnen Ansätze zu "Predictive Maintenance in der Smart Factory" bekannt?

- Ja
- Nein
- Keine Angabe

Wie würden Sie mögliche Ansätze zu "Predictive Maintenance in der Smart Factory" beurteilen?

(Mehrfachnennungen möglich)

- Großes Potenzial für Unternehmen
- Große Gefahr für Unternehmen
- Zur Aufrechterhaltung der Wettbewerbsfähigkeit sollte dem nachgegangen werden
- Betrifft v.a. große Unternehmen
- Ein kurzandauernder Hype
- Kenne mich zu wenig mit dem Thema aus
- Auf andere Weise

7 Seite 5

Wie beurteilen Sie folgende Chancen, die sich durch mögliche Ansätze zu "Predictive Maintenance in der Smart Factory" ergeben können?

Falls Sie der Ansicht sind, dass bei den genannten Chancen eine zentrale Chance fehlt, können Sie diese gerne weiter unten festhalten.

	Sehr große Chance	Große Chance	Mittelmäßige Chance	Geringe Chance	Keine Chance	Keine Angabe
Reduzierung von Kosten						
Verbesserung der Maschinen- und Produktqualität						
Verbesserung der Prozessplanung und -steuerung						
Verstärkte Reduzierung von Folgeschäden						
Erweiterung des Produkt- und Serviceangebots						
Erschließung neuer Wertschöpfungspotenziale						
Öffnung des Wettbewerbs						
Reduzierung des manuellen Aufwands						
Erschließung neuer Berufsfelder						
Erhöhte Mitarbeitermotivation						
Erhöhte Flexibilität						
Erhöhte Garantie zur Erfüllung gesetzlicher Auflagen						
Erhöhte Transparenz entlang der Supply Chain						
Intensivierung von Partnerschaften						
Verstärkte Konzentration auf Kernkompetenzen						

	Sehr große Chance	Große Chance	Mittelmäßige Chance	Geringe Chance
Weitere Chance				

8 Filter Filter 1

v_18 **Reduzierung von Kosten**	Wie beurteilen Sie folgende Chancen, die sich durch mögliche Ansätze zu "Predictive Maintenance in der Smart Factory" ergeben können? - **Reduzierung von Kosten** (von Seite 7: Seite 5)	kleiner gleich	4

8.1 Seite 6

Welche Kosten können durch eine Realisierung von "Predictive Maintenance in der Smart Factory" reduziert werden?

(Mehrfachnennungen möglich)

- Instandhaltungskosten
- Fertigungskosten
- Materialkosten
- Logistikkosten
- Lagerbestandskosten
- Sonstige

9 Filter Filter 2

v_20 **Verbesserung der Prozessplanung und -steuerung**	Wie beurteilen Sie folgende Chancen, die sich durch mögliche Ansätze zu "Predictive Maintenance in der Smart Factory" ergeben können? - **Verbesserung der Prozessplanung und -steuerung** (von Seite 7: Seite 5)	kleiner gleich	4

9.1 Seite 7

In welchen Bereichen können Verbesserungen der Prozessplanung und -steuerung durch eine Realisierung von "Predictive Maintenance in der Smart Factory" erzielt werden?

(Mehrfachnennungen möglich)

- Instandhaltung
- Produktion
- Beschaffung
- Transport

- Lagerhaltung
- Sonstige

10 Filter Filter 3

v_22 **Erweiterung des Produkt- und Serviceangebots**	Wie beurteilen Sie folgende <u>Chancen</u>, die sich durch mögliche Ansätze zu "Predictive Maintenance in der Smart Factory" ergeben können? - **Erweiterung des Produkt- und Serviceangebots** (von Seite 7: Seite 5)	kleiner gleich	4

10.1 Seite 8

Wo können neue Produkte und Services durch Ansätze zu "Predicitive Maintenance in der Smart Factory" erschlossen werden?

(Mehrfachnennungen möglich)

- Datenerfassung und -verarbeitung
- Vertikale und horizontale Vernetzung
- Autonomes maschinelles Verhalten
- Assistenzsysteme
- After-Sales
- Sonstige

11 Filter Filter 4

v_31 **Erhöhte Flexibilität**	Wie beurteilen Sie folgende <u>Chancen</u>, die sich durch mögliche Ansätze zu "Predictive Maintenance in der Smart Factory" ergeben können? - **Erhöhte Flexibilität** (von Seite 7: Seite 5)	kleiner gleich	4

11.1 Seite 9

In welchen Bereichen bewirkt eine Realisierung von "Predictive Maintenance in der Smart Factory" Flexibilitätssteigerungen?

(Mehrfachnennungen möglich)

- Instandhaltung
- Produktion
- Beschaffung
- Transport
- Lagerhaltung
- Sonstige

12 Seite 10

Wie beurteilen Sie folgende <u>Risiken</u>, die sich durch mögliche Ansätze zu "Predictive Maintenance in der Smart Factory" ergeben können?

Falls Sie der Ansicht sind, dass bei den genannten Risiken ein zentrales Risiko fehlt, können Sie dieses gerne weiter unten festhalten.

	Sehr großes Risiko	Großes Risiko	Mittelmäßiges Risiko	Geringes Risiko	Kein Risiko	Keine Angabe
Zu hohe Investitionskosten						
Geringer wirtschaftlicher Nutzen						
Fehlende Qualifikation der Mitarbeiter						
Fehlende Akzeptanz der Mitarbeiter						
Gefahr für Mensch und Gesundheit						
Nicht beherrschbarer Komplexitätsgrad						
Erhöhte Fehler- bzw. Störanfälligkeit von Maschinen						
Datenmissbrauch, Datenspionage und Datenmanipulation						
Erhöhte Abhängigkeit von IuK-Technologien, Software und Geschäftspartnern						
Erhöhter Wettbewerbs- und Kostendruck						
Erhöhtes Risiko für Betriebssicherheit						
Fehleinschätzung/Überschätzung eigener Lösungen						
Kontrollverlust						
Know-How Verlust						
Nicht umsetzbare Standards und Normen						

	Sehr großes Risiko	Großes Risiko	Mittelmäßiges Risiko	Geringes Risiko
Weiteres Risiko				

13 Filter Filter 5

v_35 **Zu hohe Investitionskosten**	Wie beurteilen Sie folgende <u>Risiken</u>, die sich durch mögliche Ansätze zu "Predictive Maintenance in der Smart Factory" ergeben können? - **Zu hohe Investitionskosten** (von Seite 12: Seite 10)	kleiner gleich	4

13.1 Seite 11

Wo befürchten Sie hohe Investitionskosten für eine Realisierung von "Predictive Maintenance in der Smart Factory"?

(Mehrfachnennungen möglich)

- Vernetzung des Unternehmens
- Datenschutz und Datensicherheit
- Weiterbildungsmaßnahmen für Mitarbeiter
- Organisatorische Umstrukturierungen

- Erforderliche Technologien und Software-Lösungenn
- Anschaffung hochkomplexer, intelligenter Maschinen
- Sonstige

14 Filter Filter 6

v_37 **Fehlende Qualifikation der Mitarbeiter**	Wie beurteilen Sie folgende Risiken, die sich durch mögliche Ansätze zu "Predictive Maintenance in der Smart Factory" ergeben können? - **Fehlende Qualifikation der Mitarbeiter** (von Seite 12: Seite 10)	kleiner gleich	4

14.1 Seite 12

Wo könnten Ihrer Ansicht nach Qualifikationen der Mitarbeiter zur Umsetzung von "Predictive Maintenance in der Smart Factory" fehlen?

(Mehrfachnennungen möglich)

- Datenerfassung und -verarbeitung
- Unternehmensinterner Umgang mit Assistenzsystemen
- Manuelle Instandsetzung hochkomplexer Maschinen
- Sicherstellung des Datenschutzes und der Datensicherheit
- Entwicklung und Nutzung hochkomplexer, intelligenter Technologien und Maschinen
- Entwicklung, Implementierung und Betrieb intelligenter Software-Lösungen
- Sonstige

15 Filter Filter 7

v_42 **Datenmissbrauch, Datenspionage und Datenmanipulation**	Wie beurteilen Sie folgende Risiken, die sich durch mögliche Ansätze zu "Predictive Maintenance in der Smart Factory" ergeben können? - **Datenmissbrauch, Datenspionage und Datenmanipulation** (von Seite 12: Seite 10)	kleiner gleich	4

15.1 Seite 13

Welche der folgenden Punkte bzgl. Datenkriminalität bergen große Gefahren für ein produzierendes Unternehmen, das einen Ansatz zu "Predictive Maintenance in der Smart Factory" realisiert?

(Mehrfachnennungen möglich)

- Datenspionage
- Datendiebstahl
- Datenmissbrauch
- Datenmanipulation
- Sonstige

16 Filter Filter 8

v_45 **Erhöhtes Risiko für Betriebssicherheit**	Wie beurteilen Sie folgende Risiken, die sich durch mögliche Ansätze zu "Predictive Maintenance in der Smart Factory" ergeben können? - **Erhöhtes Risiko für Betriebssicherheit** (von Seite 12: Seite 10)	kleiner gleich	4

16.1 Seite 14

Wodurch können erhöhte Risiken für die Betriebssicherheit bei einer Anwendung von "Predictive Maintenance in der Smart Factory" entstehen?

(Mehrfachnennungen möglich)

- Zusätzliche instand zu haltende Technologien (z.B. Sensoren)
- Verstärkte unternehmensübergreifende Vernetzung mit Geschäftskunden und -partnern
- Hochkomplexe manuell nicht beherrschbare Maschinen
- Sonstige

17 Seite 15

Welche Bedeutung hat für Sie eine Softwareintensivierung von "Predictive Maintenance"?

- Sehr hohe Bedeutung
- Hohe Bedeutung
- Mittelmäßige Bedeutung
- Geringe Bedeutung
- Gar keine Bedeutung
- Keine Angabe

Verfügen Sie bereits über Bewertungsmethoden zur Bewertung einer Softwareintensivierung von "Predictive Maintenance"?

- Ja
- Nein
- Keine Angabe

Würde Ihnen eine Bewertungsmethode zur Softwareintensivierung von "Predictive Maintenance" für die Unterstützung einer Investitionsentscheidung helfen?

- Ja
- Nein
- Keine Angabe

18 Filter Filter 9

	v_3 Frage 3 von 40	Führen Sie in Ihrem Unternehmen die Instandhaltung Ihrer Maschinen selber durch? - Frage 3 von 40 (von Seite 4: Seite 2)	gleich	1
or	v_4 Frage 4 von 40	Bieten Sie Instandhaltungsleistungen für Maschinen unternehmensextern für Geschäftskunden und/oder -partner an? - Frage 4 von 40 (von Seite 4: Seite 2)	gleich	1

18.1 Seite 16

Welche Software-Anwendungen oder -Systeme setzen Sie ein, um Instandhaltungsaufgaben zu planen, zu steuern, abzuwickeln und zu analysieren?

(Mehrfachnennungen möglich)

- Tabellen-/Text-Programme (z.B. MS Excel, MS Word)
- Eigenentwickelte Instandhaltungs-Programme
- Fremdbezogene Standard-Instandhaltungs-Programme
- Eingebettete Instandhaltungs-Module in Enterprise-Ressource-Planning-Systeme (ERP-System) oder Produktionsplanungs- und Steuerungssysteme (PPS-System)
- Instandhaltungssoftware (z.B. Instandhaltungsplanungs- und Steuerungssystem (IPS-System)) **ohne Schnittstellen** zu anderen Software-Systemen (z.B. ERP- oder PPS-System)
- Instandhaltungssoftware (z.B. Instandhaltungsplanungs- und Steuerungssystem (IPS-System)) **mit Schnittstellen** zu anderen Software-Systemen (z.B. ERP- oder PPS-System)
- Andere

Wie werden die folgenden Teilprozesse in der Instandhaltung in Ihrem Unternehmen umgesetzt?

1 = **hochgradig automatisiert** - ausschließlich mit Hilfe von (Software-)Systemen, kein Einsatz von Personen
2 = zu hohem Anteil durch (Software-)Systeme, zu geringem Anteil durch Personen
3 = zu moderatem Anteil durch (Software-)Systeme, zu moderatem Anteil durch Personen
4 = zu geringem Anteil durch (Software-)Systeme, zu hohem Anteil durch Personen
5 = **hochgradig manuell** - kein Einsatz von (Software-)Systemen, ausschließlich mit Hilfe von Personen

	1	2	3	4	5	Das machen wir nicht	Keine Angabe
Erfassung von Zustandsinformationen von Maschinen							
Speicherung bzw. Dokumentation von Zustandsinformationen von Maschinen							
Analyse bzw. Überwachung von Zustandsinformationen von Maschinen							
Verknüpfung von Zustandsinformationen von Maschinen mit Zusatzinformationen von Maschinen							
Auswertung von Zustandsinformationen zur Ermittlung potenzieller verdeckter Störungen							
Simulation bzw. Prognose von Instandhaltungsprozessen, Maschinenverhalten oder optimalen Wartungs- und Instandsetzungszeitpunkten							
Benachrichtigung betroffener Unternehmensbereiche (v.a. Produktion)							
Anpassung von Produktions- und Instandhaltungsplänen basierend auf Auswertungen und Simulationen bzw. Prognosen							
Benachrichtigung externer Geschäftspartner (z.B. Ersatzteil-Lieferant)							

18.1.1 Filter Filter 10

v_5 Frage 5 von 40 Stellen Sie Maschinen für das produzierende Gewerbe her? - Frage 5 von 40 (von Seite 4: Seite 2) gleich 2

and v_6 Frage 6 von 40 Setzen Sie Maschinen zur Verarbeitung und/oder Herstellung von Gütern ein? - Frage 6 von 40 (von Seite 4: Seite 2) gleich 1

18.1.1.1 Seite 17

Übermitteln Sie Zustandsinformationen Ihrer Maschinen an Ihren Maschinenhersteller?

- Ja
- Nein
- Keine Angabe

18.1.2 Seite 18

Übermitteln Sie instandhaltungsrelevante Informationen (z.B. Maschinenstörungen, Maschinenausfälle, Maschinenverhalten) an Zulieferer oder Abnehmer von Gütern oder Waren, die indirekt von Maschinenstillständen betroffen sind?

- Ja
- Nein
- Keine Angabe

Wo werden zentrale Instandhaltungsinformationen in Ihrem Unternehmen eingeholt bzw. abgerufen?

(Mehrfachnennungen möglich)

- In der Instandhaltungs-Ablage oder bei papierbasierten Instandhaltungs-Checklisten und -Protokollen
- Stationär am Arbeitsplatz-PC
- Ortsunabhängig mit mobilen Endgeräten (Notebook/Laptop, Smartphone, Tablet-Computer)
- An anderen Orten:

Sind einzelne Aktivitäten im Instandhaltungsprozess Inspektion in Ihrem Unternehmen bereits standardisiert?

- Ja
- Nein
- Keine Angabe

19 Seite 19

Bieten Sie Ersatzteile bzw. austauschbare Einzelteile von Maschinen für Maschinenhersteller oder direkt für Maschinenbetreiber an?

- Ja
- Nein
- Keine Angabe

Bieten Sie Informations- und Kommunikationstechnologie-Lösungen für die Instandhaltung von Maschinen an?

- Ja
- Nein
- Keine Angabe

Bieten Sie Software-Lösungen für die Instandhaltung von Maschinen an?

- Ja
- Nein
- Keine Angabe

Beraten Sie Maschinenhersteller oder Maschinenbetreiber über den Themenbereich Instandhaltung?

- Ja
- Nein
- Keine Angabe

20 Seite 20

In welcher Branche sind Sie mit Ihrem Unternehmen tätig?
(Mehrfachnennungen möglich)

- Kfz-Industrie
- Maschinen- und Anlagenbau
- Metallindustrie
- Chemische/ Pharmazeutische Industrie
- Ernährungsgewerbe
- Elektro- und Elektronikindustrie
- Software-Industrie
- IT-Dienstleistungen
- Industrie-Dienstleistungen
- Unternehmensberatung
- Sonstige Branche

Welche Position nehmen Sie in Ihrem Unternehmen wahr?

- Geschäftsführung
- Leitende Position
- Operative Position
- Sonstige Position
- Keine Angabe

Wie viele Mitarbeiter sind in Ihrem Unternehmen tätig?

- bis 50
- über 50 bis 250
- über 250 bis 500
- über 500
- Keine Angabe

21 Seite 21

Möchten Sie die Ergebnisse der Befragung in anonymisierter Ausfertigung zugesendet bekommen?
Falls ja, an welche E-Mail-Adresse soll die Ausfertigung gesendet werden?

- Ja
- Nein

Dürften wir Sie bzgl. weiterer Fragestellungen zum Themenbereich "Predictive Maintenance in der Smart Factory" kontaktieren?

- Ja
- Nein

22 Filter Filter 11

	v_99 Frage 39 von 40	Möchten Sie die Ergebnisse der Befragung in anonymisierter Ausfertigung zugesendet bekommen? - Frage 39 von 40 (von Seite 21: Seite 21)	gleich 1
and	v_172 Frage 40 von 40	Dürften wir Sie bzgl. weiterer Fragestellungen zum Themenbereich "Predictive Maintenance in der Smart Factory" kontaktieren? - Frage 40 von 40 (von Seite 21: Seite 21)	gleich 1

22.1 Seite 22

Über welche E-Mail-Adresse dürfen wir Sie kontaktieren?

- Über die auf der letzten Seite eingegebene E-Mail-Adresse
- Über die folgende E-Mail-Adresse

23 Filter Filter 12

	v_99 Frage 39 von 40	Möchten Sie die Ergebnisse der Befragung in anonymisierter Ausfertigung zugesendet bekommen? - Frage 39 von 40 (von Seite 21: Seite 21)	gleich 2
and	v_172 Frage 40 von 40	Dürften wir Sie bzgl. weiterer Fragestellungen zum Themenbereich "Predictive Maintenance in der Smart Factory" kontaktieren? - Frage 40 von 40 (von Seite 21: Seite 21)	gleich 1

Anhang 3: Suchstring strukturierte Literaturrecherche

Suchterm in Deutsch

(Methode OR Verfahren OR Vorgehensweise) AND (Wirtschaftlichkeits* OR Kosten-Wirksamkeits-Analyse OR Kosten-Nutzen-Analyse OR Nutzwertanalyse) AND (Software OR "condition monitoring" OR "predictive maintenance")

Suchterm in Englisch

(method OR procedure OR approach) AND ("efficiency analysis" OR "economic feasibility study" OR "profitability analysis" OR "calculation of profitability" OR "capital budgeting" OR "cost effectiveness study" OR "economic calculation" OR "economic efficiency calculation" OR "economy calculation" OR "efficiency calculation" OR "evaluation of economic efficiency" OR "investment appraisal" OR "viability study" OR "economic evaluation" OR "cost effectiveness assessment" OR "cost-benefit analysis" OR "cost-effectiveness analysis" OR "value analysis" OR "efficiency measurement") AND (software OR "condition monitoring" OR "predictive maintenance")

Anhang 4: Interviewleitfaden Experteninterview Anforderungserhebung

Datum/Ort:

Teilnehmer:

Positionen/Aufgabengebiete:

Unternehmen:

<u>**Grober Leitfanden**</u>

1. Gegenseitiges Vorstellen und Kennenlernen
    - Unternehmen
    - Position/Rolle
    - Erfahrungswissen und momentane Aufgaben
2. Ziel des Interviews aufzeigen
3. Gemeinsames Verständnis: **Intelligente voraussagende Instandhaltung für Maschinen im Sinne von Industrie 4.0 -> Softwareintensivierung Instandhaltungsprozess**
4. Notwendigkeit eines Verfahrens zur Bewertung der Softwareintensivierung von Predictive Maintenance abfragen
5. **Anforderungen** an ein Verfahren zur Bewertung der Softwareintensivierung von Predictive Maintenance
    - Erzählen lassen
    - Quantitative Faktoren (eher harte Faktoren [monetäre Faktoren])
    - Qualitative Faktoren (eher weiche Faktoren)
    - Prozessanalyse (Ist-Soll-Vergleich)
    - Vorteile und Nachteile | Chancen und Risiken
    - Stärken und Schwächen | Nutzen und Kosten
    - Metaanforderungen, Anforderungen an den Prozess
6. Zusammenfassung der Hauptergebnisse des Interviews
7. Nachfrage bzgl. der Veröffentlichung der Ergebnisse des Interviews

Anhang 5: Fragebogen für die Evaluierungsworkshops

Skala für Block I und Block II sowie für Frage 0:

trifft zu (1), trifft eher zu (2), teils-teils (3), trifft eher nicht zu (4), trifft nicht zu (5)

Frage 0:

Für mich stellt dieses Bewertungsverfahren einen Neuigkeitswert dar, da es bestehende generische Methoden mit neuen Aspekten der Digitalisierung der Instandhaltung und des Predictive Maintenance anwendungsfallspezifisch verknüpft.

Block I – Bewertungsverfahren

Frage 1.1: Das Verfahren besitzt die für mich wichtigen/relevanten Verfahrensschritte.

Frage 1.2: Das Bewertungsverfahren ist nachvollziehbar.

Frage 1.3: Die einzelnen Verfahrensschritte sind nachvollziehbar.

Frage 1.4: Die einzelnen Verfahrensschritte machen für mich Sinn.

Frage 1.5: Das Bewertungsverfahren liefert mir für die Investitionsentscheidung einen Mehrwert.

Frage 1.6: Es ist sinnvoll ein solches Bewertungsverfahren zu verwenden.

Block II – Reifegradmodell

Frage 2.1: Das Reifegradmodell erfasst die wichtigen/zentralen Aspekte des Predictive Maintenance.

Frage 2.2: Das Reifegradmodell hilft mir, den Softwareintensivierungsgrad meiner Instandhaltung in Bezug auf Predictive Maintenance einzuordnen.

Block III – Offene Fragen

Frage 3.1: Am Bewertungsverfahren hat mir besonders gefallen...

Frage 3.2: Mir fehlen in dem Bewertungsverfahren nachfolgende Punkte...

Anhang 6: Aktivitätsdiagramme

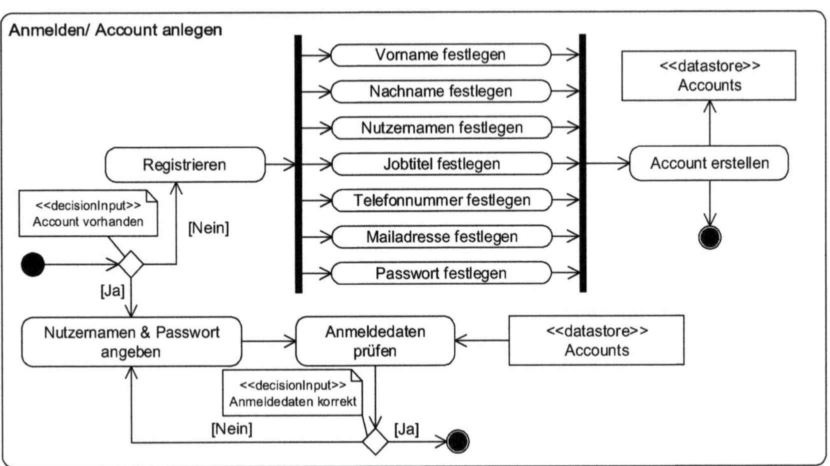

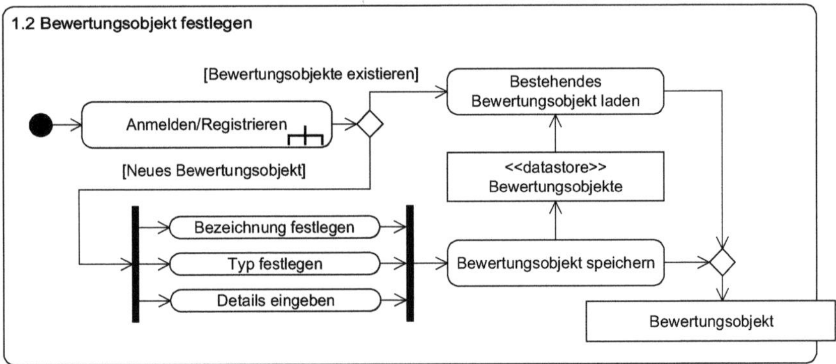

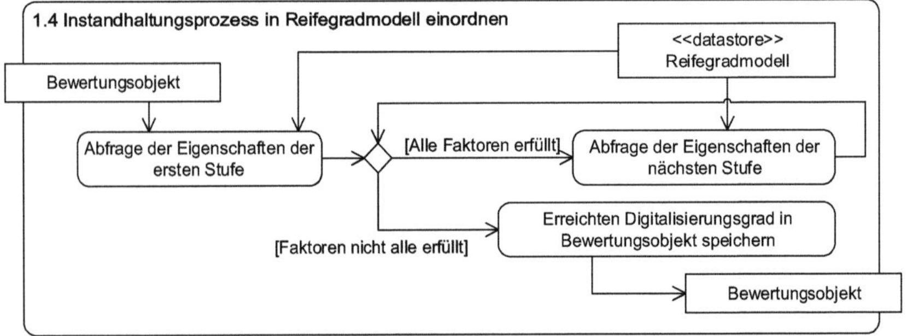

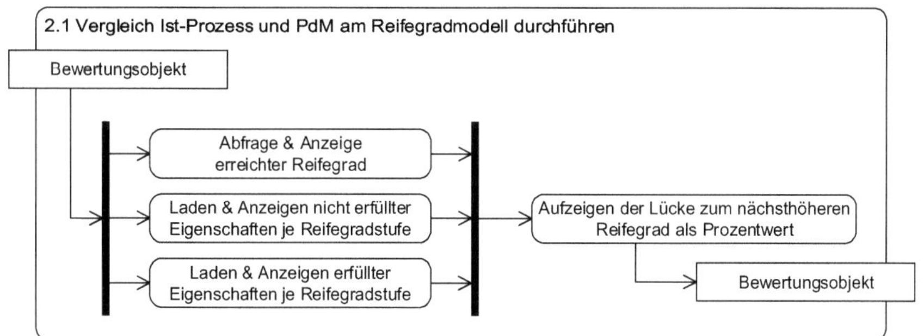
2.1 Vergleich Ist-Prozess und PdM am Reifegradmodell durchführen
Bewertungsobjekt
Abfrage & Anzeige erreichter Reifegrad
Laden & Anzeigen nicht erfüllter Eigenschaften je Reifegradstufe
Laden & Anzeigen erfüllter Eigenschaften je Reifegradstufe
Aufzeigen der Lücke zum nächsthöheren Reifegrad als Prozentwert
Bewertungsobjekt

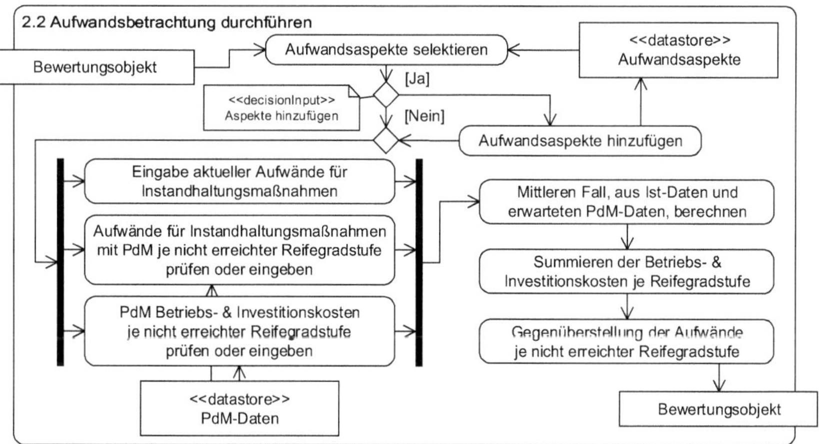
2.2 Aufwandsbetrachtung durchführen
Bewertungsobjekt
Aufwandsaspekte selektieren
<<datastore>> Aufwandsaspekte
[Ja]
<<decisionInput>> Aspekte hinzufügen
[Nein]
Aufwandsaspekte hinzufügen
Eingabe aktueller Aufwände für Instandhaltungsmaßnahmen
Aufwände für Instandhaltungsmaßnahmen mit PdM je nicht erreichter Reifegradstufe prüfen oder eingeben
PdM Betriebs- & Investitionskosten je nicht erreichter Reifegradstufe prüfen oder eingeben
<<datastore>> PdM-Daten
Mittleren Fall, aus Ist-Daten und erwarteten PdM-Daten, berechnen
Summieren der Betriebs- & Investitionskosten je Reifegradstufe
Gegenüberstellung der Aufwände je nicht erreichter Reifegradstufe
Bewertungsobjekt

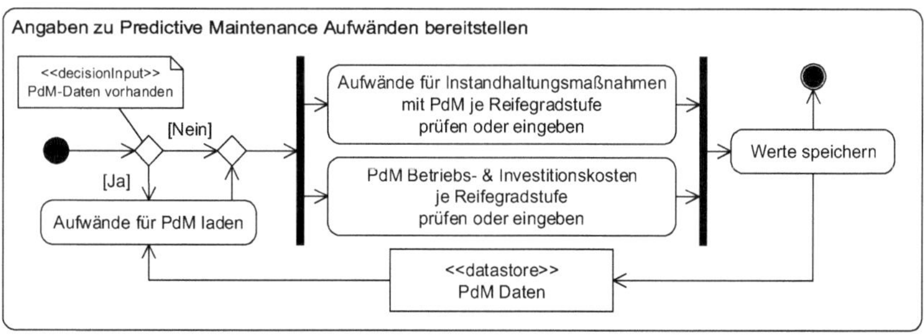
Angaben zu Predictive Maintenance Aufwänden bereitstellen
<<decisionInput>> PdM-Daten vorhanden
[Nein]
[Ja]
Aufwände für PdM laden
Aufwände für Instandhaltungsmaßnahmen mit PdM je Reifegradstufe prüfen oder eingeben
PdM Betriebs- & Investitionskosten je Reifegradstufe prüfen oder eingeben
Werte speichern
<<datastore>> PdM Daten

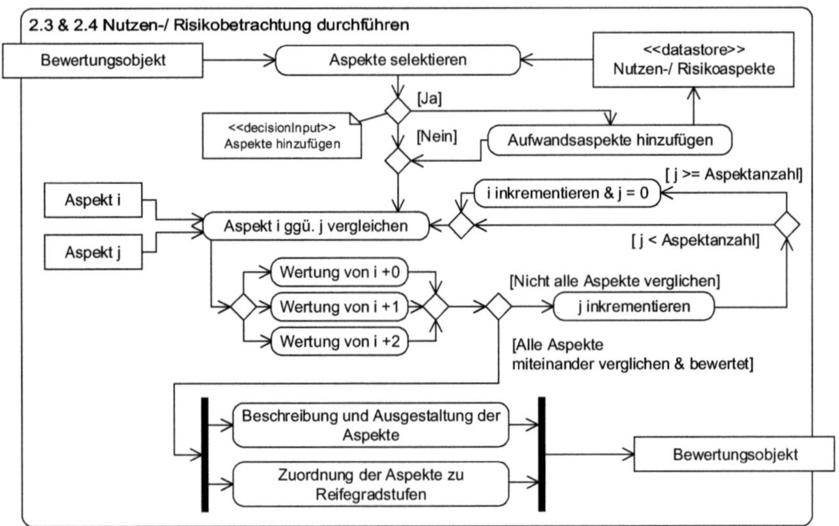
2.3 & 2.4 Nutzen-/ Risikobetrachtung durchführen
Bewertungsobjekt
Aspekte selektieren
<<datastore>>
Nutzen-/ Risikoaspekte
[Ja]
<<decisionInput>>
Aspekte hinzufügen
[Nein]
Aufwandsaspekte hinzufügen
[j >= Aspektanzahl]
Aspekt i
i inkrementieren & j = 0
Aspekt i ggü. j vergleichen
Aspekt j
[j < Aspektanzahl]
Wertung von i +0
[Nicht alle Aspekte verglichen]
Wertung von i +1
j inkrementieren
Wertung von i +2
[Alle Aspekte
miteinander verglichen & bewertet]
Beschreibung und Ausgestaltung der Aspekte
Bewertungsobjekt
Zuordnung der Aspekte zu Reifegradstufen

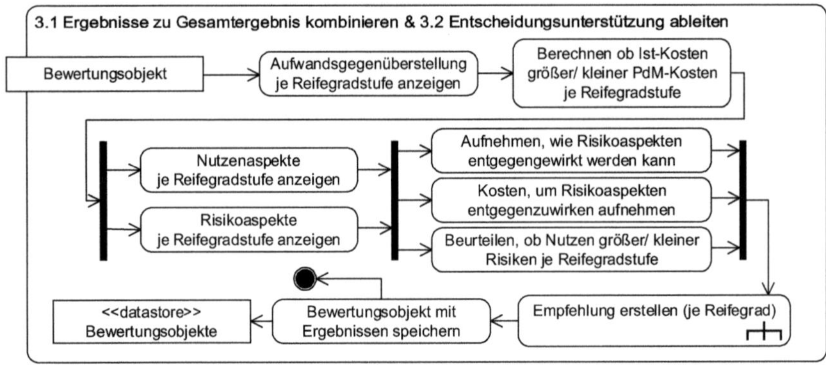
3.1 Ergebnisse zu Gesamtergebnis kombinieren & 3.2 Entscheidungsunterstützung ableiten
Bewertungsobjekt
Aufwandsgegenüberstellung je Reifegradstufe anzeigen
Berechnen ob Ist-Kosten größer/ kleiner PdM-Kosten je Reifegradstufe
Aufnehmen, wie Risikoaspekten entgegengewirkt werden kann
Nutzenaspekte je Reifegradstufe anzeigen
Kosten, um Risikoaspekten entgegenzuwirken aufnehmen
Risikoaspekte je Reifegradstufe anzeigen
Beurteilen, ob Nutzen größer/ kleiner Risiken je Reifegradstufe
<<datastore>>
Bewertungsobjekte
Bewertungsobjekt mit Ergebnissen speichern
Empfehlung erstellen (je Reifegrad)

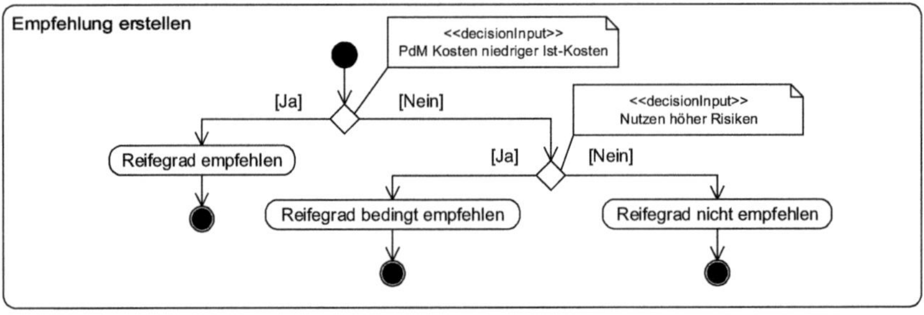
Empfehlung erstellen
<<decisionInput>>
PdM Kosten niedriger Ist-Kosten
[Ja]
[Nein]
<<decisionInput>>
Nutzen höher Risiken
Reifegrad empfehlen
[Ja]
[Nein]
Reifegrad bedingt empfehlen
Reifegrad nicht empfehlen

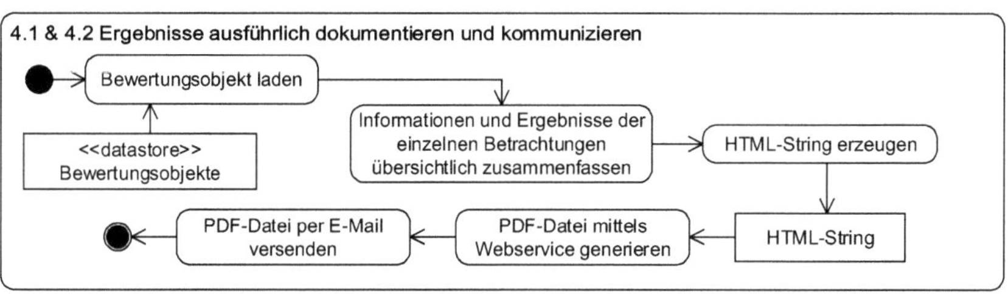
4.1 & 4.2 Ergebnisse ausführlich dokumentieren und kommunizieren
Bewertungsobjekt laden
<<datastore>>
Bewertungsobjekte
Informationen und Ergebnisse der einzelnen Betrachtungen übersichtlich zusammenfassen
HTML-String erzeugen
HTML-String
PDF-Datei mittels Webservice generieren
PDF-Datei per E-Mail versenden

Literaturverzeichnis

Abele, E. und Reinhart, G. (2011), Zukunft der Produktion, München 2011

Acatech (2011), Cyber-Physical Systems, München, Berlin 2011

ACM Digital Library (2015), ACM Home, Auf den Seiten der ACM Inc., http://dl.acm.org/, Zugriff am 06.03.2015

Adobe Systems Incorporated (2017), Adobe® PhoneGap™ Build, Auf den Seiten der Adobe Systems Incorporated, https://build.phonegap.com/, Zugriff am 16.02.2017

Akremi, L., Baur, N. und Fromm, S. (Hrsg., 2011), Datenanalyse mit SPSS für Fortgeschrittene 1: Datenaufbereitung und uni- und bivariate Statistik, 3 Auflage, Wiesbaden 2011

Albers, S., Klapper, D., Konradt, U., Walter, A. und Wolf, J. (Hrsg., 2007), Methodik der empirischen Forschung, Wiesbaden 2007

Andree, U. (2011), Wirtschaftlichkeitsanalyse öffentlicher Investitionsprojekte, Freiburg 2011

Arbeitskreis Smart Service Welt (2014), Smart Service Welt, Berlin 2014

Association for Information Systems (2015), MIS Journal Rankings, Auf den Seiten der Association for Information Systems, http://aisnet.org/?JournalRankings, Zugriff am: 04.02.2015

Badri, M. A., Davis, D. und Davis, D. (2001), A comprehensive 0–1 goal programming model for project selection, in: International Journal of Project Management, 19, 4, 2001, S. 243 – 252

Balzert, H. (2009), Lehrbuch der Softwaretechnik – Basiskonzepte und Requirements-Engineering, 3. Aufl., Heidelberg 2009

Balzert, H. (2011), Lehrbuch der Objektmodellierung – Analyse und Entwurf, 2. Auflage, Heidelberg 2011

Bauernhansl, T. (2014), Die vierte industrielle Revolution: Der Weg in ein wertschaffendes Produktionsparadigma, in: Bauernhansl, ten Hompel, Vogel-Heuser (Hrsg., 2014), S. 5 – 35

Bauernhansl, T., ten Hompel, M. und Vogel-Heuser, B. (Hrsg., 2014), Industrie 4.0 in Produktion, Automatisierung und Logistik – Anwendung Technologien Migration, Wiesbaden 2014

Baumgarth, C., Eisend, M. und Evanschitzky, H. (Hrsg., 2009), Empirische Mastertechniken, Wiesbaden 2009

Baumöl, U. (2008), Change Management in Organisationen, Wiesbaden 2008

Bea, F.X., Friedl, B. und Schweitzer, M. (2006a), Einleitung: Leistungsprozess, in: Bea, Friedl, Schweitzer (2006b), S. 1 – 8

Bea, F.X., Friedl, B. und Schweitzer, M. (2006b), Allgemeine Betriebswirtschaftslehre, Band 3: Leistungsprozess, Stuttgart 2006

Becker, J., Probandt, W. und Vering, O. (2012), Grundsätze ordnungsmäßiger Modellierung, Berlin und Heidelberg 2012

Bengtsson, M., Olsson, E., Funk, P. und Jackson, M. (2004), Technical Design of Condition Based Maintenance System, in: Proceedings of the 8th conference of maintenance and reliability, Marcon 2004, S. 95 – 106

Bernroider, E. und Koch, S. (2000), Entscheidungsfindung bei der Auswahl betriebswirtschaftlicher Standardsoftware, in: Wirtschaftsinformatik, 42, 4, 2000, S. 329 – 339

Beste, D. (2014), Vorausschauende Instandhaltung in der Industrie 4.0, Auf den Seiten der Springer Fachmedien Wiesbaden GmbH,

http://www.springerprofessional.de/vorausschauende-instandhaltung-in-der-industrie-40/5432298.html, Stand: 11.11.2014

Bias, R.G. und Mayhew, D.J. (2005), Cost-Justifying Usability: An Update for the Internet Age, Second Edition, San Francisco 2005

Bieberstein, I. (2006), Dienstleistungsmarketing, 4. Auflage, Kiel 2006

Bischoff, J. (Hrsg., 2015), Erschließen der Potenziale der Anwendung von ‚Industrie 4.0‘ im Mittelstand, Mülheim an der Ruhr 2015

Bisnode Deutschland GmbH (2016), Hoppenstedt-Firmendatenbank, Auf den Seiten der Bisnode GmbH, http://www.hoppenstedt-firmendatenbank.de/ip, Zugriff am 10.05.2016

Böttcher, M. und Meyer, K. (2004), IT-basierte Dienstleistungen, in: Fähnrich, van Husen (Hrsg., 2004), S. 10 – 20

Brenner, W. und Hess, T. (Hrsg., 2014), Wirtschaftsinformatik in Wissenschaft und Praxis, Berlin und Heidelberg 2014

Brinkkemper, S. (1996), Method engineering: engineering of information systems development methods and tools, in: Information and Software Technology, 38, 1996, S. 275 – 280

Brosius, H.-B., Koschel, F. und Haas, A. (2008), Methoden der empirischen Kommunikationsforschung, Wiesbaden 2008

Brugger, Ralph, (2009), Der IT Business Case, Berlin, Heidelberg und New York 2009

Bruhn, M. (2002), E-Services – eine Einführung in die theoretischen und praktischen Probleme, in: Bruhn, Stauss (Hrsg., 2002), S. 4 – 41

Bruhn, M. und Stauss, B. (Hrsg., 2002), Electronic Services – Dienstleistungsmanagement Jahrbuch 2002, Wiesbaden 2002

Buber, R. und Holzmüller, H.H. (Hrsg., 2009), Qualitative Marktforschung, Wiesbaden 2009

Bullinger, H.-J. und Scheer, A.-W. (Hrsg., 2006), Service Engineering, 2. Auflage, Berlin und Heidelberg 2006

Bundesministerium des Innern und Bundesverwaltungsamt (2017), Handbuch für Organisationsuntersuchungen und Personalbedarfsermittlung, Berlin und Köln 2017

Bundesministerium für Bildung und Forschung (2013), Zukunftsbild „Industrie 4.0“, Berlin 2013

Bundesministerium für Bildung und Forschung (2017), Zukunftsprojekt Industrie 4.0, Auf den Seiten des Bundesministeriums für Bildung und Forschung, https://www.bmbf.de/de/zukunftsprojekt-industrie-4-0-848.html, Zugriff am 21.10.2017

Bundesministerium für Wirtschaft und Energie (2016), Landkarte Industrie 4.0, Auf den Seiten des Bundesministeriums für Wirtschaft und Energie, http://www.plattform-i40.de/I40/Navigation/DE/In-der-Praxis/Karte/karte.html, Zugriff am 23.11.2016

Bundesministerium für Wirtschaft und Energie (2017), Monitoring-Report kompakt Wirtschaft DIGITAL 2017, Berlin 2017

Bundesministerium für Wirtschaft und Energie, Bundesministerium für Arbeit und Soziales und Bundesministerium der Justiz und für Verbraucherschutz (2017), Digitalpolitik für Wirtschaft, Arbeit und Verbraucher, Berlin 2017

Bundesministerium für Wirtschaft und Technologie (2010a), Das Internet der Dienste, Berlin 2010

Bundesministerium für Wirtschaft und Technologie (2010b), Das wirtschaftliche Potenzial des Internet der Dienste, Berlin 2010

Burr, W. und Stephan M. (2006), Dienstleistungsmanagement: Innovative Wertschöpfungskonzepte für Dienstleistungsunternehmen, Stuttgart 2006

Carlsson, S.A. (2006), Design Science Research in Information Systems: A Critical Realist Perspective, in: Proceedings 17th Australasian Conference on Information Systems, Paper 40, Adelaide 2006

Carnero, M.C. (2006), An evaluation system of the setting up of predictive maintenance programmes, in: Reliability Engineering and System Safety, 91, 2006, S. 945 – 963

Codename One LTD (2017), About - What is Codename One? How does it work?, Auf den Seiten der Codename One LTD, https://www.codenameone.com/about.html, Zugriff am 16.02.2017

Corsten, H. und Gössinger, R. (2007), Dienstleistungsmanagement, 5. Auflage, München 2007

Corsten, H. und Reiß, M. (1999), Betriebswirtschaftslehre, München, Wien und Oldenbourg 1999

Czichos, H. und Habig, K.-H. (Hrsg., 2015), Tribologie-Handbuch: Tribometrie, Tribomaterialien, Tribotechnik, 4. Auflage, Wiesbaden 2015

Czichos, H. und Sturm, H. (2015), Tribologische Mess- und Prüftechnik, in: Czichos, Habig, (Hrsg., 2015), S. 215 – 282

Däumler, K.-D. und Grabe, J. (2014), Grundlagen der Investitions- und Wirtschaftlichkeitsrechnung, 13. Auflage, Herne 2014

Deutsche Kommission Elektrotechnik (2015), Deutsche Normungs-Roadmap, Industrie 4.0, Frankfurt 2015

Deutsches Institut für Normung (2009), DIN 69901-5 - Projektmanagement – Projektmanagementsysteme – Teil 5: Begriffe, Berlin 2009

Deutsches Institut für Normung (2010), DIN EN 13306 - Instandhaltung - Begriffe der Instandhaltung; Dreisprachige Fassung, Berlin 2010

Deutsches Institut für Normung (2015a), ISO 9000:2015 - Qualitätsmanagementsysteme - Grundlagen und Begriffe, Berlin 2015

Deutsches Institut für Normung (2015b), DIN EN 13306:2010-12 - Instandhaltung - Begriffe der Instandhaltung, Berlin 2015

EBSCOhost Business Source Premier (2015), EBSCOhost Home, Auf den Seiten der EBSCO Industries Inc., http://www.ebscohost.com, Zugriff am 06.03.2015

European Factories of the Future Research Association a Manufuture initiative (2012), Factories of the Future PPP, Brüssel 2012

Fähnrich, K.-P. und van Husen, C. (Hrsg., 2004), Entwicklung IT-basierter Dienstleistungen in der Praxis – Kurzstudie zum Co-Design von Software und Service in deutschen Unternehmen, Stuttgart 2004

Fähnrich, K.-P. und van Husen, C. (Hrsg., 2008), Entwicklung IT-basierter Dienstleistungen – CO-Design von Software und Services mit ServCASE, Heidelberg 2008

Fahrwinkel, U. (1995), Methode zur Modellierung und Analyse von Geschäftsprozessen zur Unterstützung des Business Process Reengineering, 1. Auflage, Paderborn 1995

Fallenbeck, N. und Eckert, C. (2014), IT-Sicherheit und Cloud Computing, in: Bauernhansl, ten Hompel, Vogel-Heuser (Hrsg., 2014), S. 397 – 431

Fernandes, J.M., Machado, R.J. und Wnuk, K. (2015), Software Business, Lecture Notes in Business Information Processing, Vol. 210, Heidelberg, New York, Dordrecht u.a. 2015

Fitzsimmons, J.A. und Fitzsimmons, M.J. (2008), Service Management, Operations, Strategy, Information Technology, Sixth Edition, New York 2008

Fornauf, L. (2015), Entwicklung einer Methodik zur Bewertung von Strategien für das dynamische Straßenverkehrsmanagement, Schriftenreihe des Instituts für Verkehr Fachgebiet Verkehrsplanung und Verkehrstechnik, Heft V 33, Darmstadt 2015

Fraunhofer-Institut für Produktionstechnik und Automatisierung IPA und Ministerium für Finanzen und Wirtschaft Baden-Württemberg (2014), Strukturstudie "Industrie 4.0 für Baden-Württemberg", Stuttgart 2014

Friedrichs, J. (1990), Methoden empirischer Sozialforschung, 14. Auflage, Opladen 1990

Froehle, C.M. und Roth, A.V. (2004), New measurement scales for evaluating perceptions of the technology-mediated customer service experience, in: Journal of Operations Management, 22:1, 2004, S. 1 – 21

Fürst, D. und Scholles, F. (2008), Handbuch Theorien und Methoden, Dortmund 2008

Gacenga, F, Cater-Steel, A, Toleman, M and Tan, W-G. (2012), A Proposal and Evaluation of a Design Method in Design Science Research, in: The Electronic Journal of Business Research Methods, 10, 2, 2012, S. 89 – 100

Gadatsch, A. und Mayer, E. (2010), Masterkurs IT-Controlling, 4. Auflage, Wiesbaden 2010

Gadatsch, A. und Mayer, E. (2014), Masterkurs IT-Controlling, 5. Auflage, Wiesbaden 2014

Geisberger, E. und Broy, M. (2012), Integrierte Forschungsagenda Cyber-Physical Systems, Berlin und Heidelberg 2012

Goll, J. (2011), Methoden und Architekturen der Softwaretechnik, 1. Auflage, Wiesbaden 2011

Gorecky, D., Schmitt, M. und Loskyll, M. (2014), Mensch-Maschine-Interaktion im Industrie 4.0-Zeitalter, in: Bauernhansl, ten Hompel, Vogel-Heuser (Hrsg., 2014), S. 525 – 542

Greiffenberg, S. (2003), Methoden als Theorien der Wirtschaftsinformatik, in: Wirtschaftsinformatik 2003: Medien – Märkte – Mobilität, 6. Internationale Tagung Wirtschaftsinformatik (WI 2003) 2003, Technischen Universität Dresden, 2, 2003, S. 947 – 967

Gronau, N., Becker, J., Leimeister, J.M., Sinz, E., Suhl, L. (2016), Enzyklopädie der Wirtschaftsinformatik – Online-Lexikon, Neunte Auflage, Berlin 2016

Grünig, R. (1990), Verfahren zur Überprüfung und Verbesserung von Planungskonzepten, Bern und Stuttgart 1990

Güntner, G., Eckhoff, R. und Markus, M. (2014), Instandhaltung 4.0, o.O. 2014

Hall, K. (2002), Ganzheitliches Technologiebewertung, Wiesbaden 2002

Haller, S. (2015), Dienstleistungsmanagement: Grundlagen – Konzepte – Instrumente, 6. Auflage, Wiesbaden 2015

Hanssen, S.-C. (2010), Bestimmung und Bewertung der Wirkungen von Informationssystemen, Lohmar und Köln 2010

Harmsen, A.F. (1997), Situational Method Engineering, Utrecht 1997

Harmsen, F., Brinkkemper, S., Oei, H. (1994), Situational Method Engineering for Information System Project Approaches, in: Stuart, Olle (Hrsg., 1994), S. 169 – 194

Hartter, A., Tauterat, T. und Herzwurm, G. (2016), Predictive Maintenance - Chancen und Risiken in der Smart Factory sowie Softwareeinsatz heute, Stuttgarter Schriften zur Unternehmenssoftware, Nr. 4, Stuttgart 2016

Heinrich, L.J., Heinzl, A. und Riedl, R. (2011), Wirtschaftsinformatik - Einführung und Grundlegung, 4. Auflage, Heidelberg, Dordrecht und London u.a. 2011

Henderson-Sellers, B. und Ralyte, J. (2010), Situational Method Engineering: State-of-the-Art Review, in: Journal of Universal Computer Science, 16, 3, 2010, S. 424 – 478

Henderson-Sellers, B., Ralyte, J., Agerfalk, P.J. und Rossi, M. (2014), Situational Method Engineering, Heidelberg, New York und Dordrecht u.a. 2014

Hentschel, B. (1992), Dienstleistungsqualität aus Kundensicht – Vom merkmals- zum ereignisorientierten Ansatz, Wiesbaden 1992

Hermann, A. und Huber, F (2013), Produktmanagement – Grundlagen – Methoden – Beispiele, 3. Auflage, Wiesbaden 2013

Herzwurm, G. und Pietsch, W. (2009), Management von IT-Produkten, Heidelberg 2009

Hess, T. (2016), Digitalisierung, in: Gronau, Becker, Leimeister, Sinz, Suhl (2016), S. 1

Hesse, H. (1969), Die Nutzen-Kosten-Analyse, in: Wirtschaftsdienst, 49, 1, 1969, S. 45 – 51

Heuser, L. und Wahlster, W. (2011), Internet der Dienste, Berlin 2011

Hevner, A. (2005), Fast Breaking Comments, Auf den Seiten der Essential Science Indicators, http://www.esi-topics.com/fbp/2005/october05-AlanRHevner.html, Zugriff am: 25.10.2016

Hevner, A.R., March, S.T., Park, J. und S. Ram (2004). Design Science in Information Systems Research, in: MIS Quarterly, 28, 1, 2004, S. 75 – 106.

Heyde, W., Laudel, G., Pleschak, F. und Sabisch, H. (1991), Innovationen in Industrieunternehmen, Prozesse, Entscheidungen und Methoden, Wiesbaden 1991

Hilke, W. (1989), Grundprobleme und Entwicklungstendenzen des Dienstleistung-Marketing, in: Hilke (Hrsg., 1989), S. 5 – 44

Hilke, W. (Hrsg., 1989), Dienstleistungs-Marketing: Banken und Versicherungen – Freie Berufe – Handel und Transport – Nicht-erwerbswirtschaftlich orientierte Organisationen, Schriften zur Unternehmensführung, Band 35, Wiesbaden 1989

Hitzler, R. (2009), Ethnographie, in: Buber, Holzmüller (Hrsg., 2009), S. 207 – 218

Hodapp, W. (2009), Die Bedeutung einer zustandsorientierten Instandhaltung – Einsatz und Nutzen in der Investitionsgüterindustrie, in: Reichel, Müller, Mandelartz (Hrsg., 2009), S. 135 – 150

Hoffmeister, W. (2000), Investitionsrechnung und Nutzwertanalyse, Stuttgart, Berlin und Köln 2000

Hölzl, M., Rauschmayer, A. und Wirsing, M. (2008), Engineering of Software-Intensive Systems: State of the Art and Research Challenges, in: Wirsing, Banâtre, Hölzl, Rauschmayer (Hrsg., 2008), S. 1 – 44

HTML 2 PDF Rocket (2017), Convert HTML to PDF files, Auf den Seiten von HTML 2 PDF Rocket, https://www.html2pdfrocket.com/, Stand: 22.02.2017

IEEE Xplore Digital Library (2015), IEEE Xplore Home, Auf den Seiten der IEEE Xplore, http://ieeexplore.ieee.org/, Zugriff am 06.03.2015

Ioannou, G. und Sullivan, W. G. (1999), Use of activity-based costing and economic value analysis for the justification of capital investments in automated material handling systems, in: International Journal of Production Research, 37, 9, 1999, S. 2109 – 2134

Isermann, R. (2006), Fault-Diagnosis Systems, Berlin und Heidelberg 2006

Jacob, R., Heinz, A. und Décieux, J. P. (2013), Umfrage: Einführung in die Methoden der Umfrageforschung, 3. Auflage, München 2013

Jäger, U. und Reinecke, S. (2009), Expertengespräch, in: Baumgarth, Eisend, Evanschitzky (Hrsg., 2009), S. 29 – 76

Jede, A. und Teuteberg, F. (2014), Bewertung der Vorteilhaftigkeit von Cloud-Services anhand eines Cashflow-Vergleichs, In: HMD (HMD Praxis der Wirtschaftsinformatik), 51, 5, 2014, S. 698 – 707

Jung, H. (2010), Allgemeine Betriebswirtschaftslehre, München 2010

Karat, C.-M. (2005), A Business Case Approach to Usability Cost Justification for the Web, in: Bias, Mayhew (2005), S. 103 – 141

Kargl, H. und Kütz, M. (2007), IV-Controlling, München 2007

Kazman, R., Asundi, J. und Klein, M. (2001), Quantifying the costs and benefits of architectural decisions, in: Proceedings 23rd International Conference on Software 12-19 May, 2001, S. 297 – 306

Kelle, U. und Kluge, S. (2010), Vom Einzelfall zum Typus - Fallvergleich und Fallkontrastierung in der qualitativen Sozialforschung, 2. überarbeitete Auflage, Wiesbaden 2010

Kitchenham, B., Charters, S. (2007), Guidelines for performing Systematic Literature Reviews in Software Engineering, Keele und Durham 2007

Koch, S. (2015), Einführung in das Management von Geschäftsprozessen - Six Sigma, Kaizen und TQM, 2. Auflage, Berlin 2015

Koch, V., Kuge, S., Geissbauer, R. und Schrauf, S. (2014), Industrie 4.0 - Chancen und Herausforderungen der vierten industriellen Revolution, Frankfurt und München 2014

Kohonen, T. (1984), CAD-Handbuch. Auswahl und Einführung von CAD-Systemen, Berlin, Heidelberg und New York u.a. 1984

Koller, V. (2009), Die diskursanalytische Methode, in: Buber, Holzmüller (Hrsg., 2009), S. 347 – 358

Kraft, V. (1951), Die Grundlagen einer wissenschaftlichen Wertlehre, Wien 1951

Krcmar, H. (2015), Informationsmanagement, 6.Auflage, Berlin und Heidelberg 2015

Kruschwitz, L. (2014), Investitionsrechnung, Berlin 2014

Kuckartz, U, Ebert, T., Rädiker, S. und Stefer, C. (2009), Evaluation online: Internetgestützte Befragung in der Praxis, Wiesbaden 2009

Kuhn, A., Kuhn, Schuh, G. und Stahl, B. (2006), Nachhaltige Instandhaltung: Trends, Potenziale und Handlungsfelder Nachhaltiger Instandhaltung, Frankfurt am Main 2006

Kühn, R. (1978), Entscheidungsmethodik und Unternehmungspolitik, Bern und Stuttgart 1978

Kurbel, K. (1987), Wirtschaftsinformatik = Betriebswirtschaftslehre und/oder Informatik? - Rückblick, Bestandsaufnahme, Tendenzen, in: Journal für Betriebswirtschaft, 37, 2, 1987, S. 90 – 106

Kurz, A., Stockhammer, C., Fuchs, S. und Meinhard, D. (2009), Ethnographie, in: Buber, Holzmüller (Hrsg., 2009), S. 463 – 475

Kuß, A., Wildner, R. und Kreis, H. (2014), Marktforschung: Grundlagen der Datenerhebung und Datenanalyse, 5. Auflage, Wiesbaden 2014

Lamberth, S. und Weisbecker, A. (2010), Wirtschaftlichkeitsbetrachtungen beim Einsatz von Cloud Computing, in: Pietsch, Krams (2010), S. 123 – 136

Lamnek, S. (2010), Qualitative Sozialforschung, 5. Auflage, Weinheim und Basel 2010

Lanner, C. (2001), Programme zur Strategieumsetzung: Methodik zu Definition und Planung, Wiesbaden 2001

Lee, T., Baik, D. und In, H.P. (2008), Cost Benefit Analysis of Personal Software Process Training Program, in: Computer and Information Technology Workshops, 2008, S. 631 – 636

Leimeister, J. M. (2012), Dienstleistungsengineering und -management, Berlin und Heidelberg 2012

Leimeister, J.M., (2015), Einführung in die Wirtschaftsinformatik, Berlin und Heidelberg 2015

Lück, D. (2011), Mängel im Datensatz beseitigen, in: Akremi, Baur, Fromm (Hrsg., 2011), S. 66 – 80

Maglyas, A., Nikula, U. und Smolander, K. (2011), What Do We Know about Software Product Management? - A Systematic Mapping Study, in: 5th International Workshop on Software Product Management (IWSPM'11), 2011, S. 26-35

Matyas, K. (2013), Instandhaltungslogistik, 5. Auflage, München und Wien 2013

Mayer, H. O. (2009), Interview und schriftliche Befragung: Entwicklung, Durchführung und Auswertung, 5. Auflage, München 2009

Mayer, M. und Pantförder, D. (2014), Unterstützung des Menschen in Cyber-Physical-Production-Systems, in: Bauernhansl, ten Hompel, Vogel-Heuser (Hrsg., 2014), S. 481 – 507

Meffert, H., Bruhn, M. und Hadwich, K. (2015), Dienstleistungsmarketing: Grundlagen – Konzepte – Methoden, 8. Auflage, Wiesbaden 2015

Mertens, P., Bodendorf, F., König, W., Picot, A., Schumann, M. und Hess, T. (2012), Grundzüge der Wirtschaftsinformatik, Berlin und Heidelberg 2012

Meyer, K. (2009), Software-Service-Co-Design: Eine Methodik für die Entwicklung komponentenorientierter IT-basierter Dienstleistungen, Leipzig 2009

Meyer, K. und van Husen, C. (2008), Die ServCASE-Methode im Überblick, in: Fähnrich, van Husen (Hrsg., 2008), S. 11 – 25

Micheel, H.-G. (2010), Quantitative empirische Sozialforschung, München 2010

Moubray, J. (1996), RCM – die hohe Schule der Zuverlässigkeit von Produkten und Systemen, Landsberg 1996

Mustakerov, I. und Borissova, D. (2013), An intelligent approach to optimal predictive maintenance strategy defining, in: Symposium on Innovations in Intelligent Systems and Applications (INISTA), Albena, 2013

Naisbitt, J. (1982), Megatrends: Ten New Directions Transforming Our Lives, New York 1982

Nollau, H. (2004), Geschäftsprozessoptimierung im Mittelstand, Lohmar und Köln 2004

o.V. (2008), WI-Orientierungslisten, in: Wirtschaftsinformatik, 50, 2, 2008, S. 155 – 163

o.V. (2015), Condition Based Maintenance, Auf den Seiten der Fiix Inc., http://www.maintenanceassistant.com/condition-based-maintenance/, Zugriff: 07.03.2015

Österle, H., Becker, J., Frank, U., Hess, T., Karagiannis, D., Krcmar, H., Loos, P., Mertens, P., Oberweis, A. und Sinz, E. J. (2010), Memorandum zur gestaltungsorientierten Wirtschaftsinformatik, in: Zeitschrift für betriebswirtschaftliche Forschung, 62, 6, 2010, S. 664 – 672

Pawellek, G. (2016), Integrierte Instandhaltung und Ersatzteillogistik, 2. Auflage, Berlin und Heidelberg 2016

Peffers, K., Tuunanen, T., Rothenberger, M.A. und Chatterjee, S. (2007), A Design Science Research Methodology for Information Systems Research, in: Journal of Management Information Systems, 24, 3, 2007, S. 45 – 78

Peine, K. (2014), Situative Gestaltung des IT-Produktmanagements, Lohmar und Köln 2014

Peine, K., Helferich, A. und Schockert, S. (2013), Towards the identification of types of software product managers: tasks and situational factors, Workshop on Software Product Management, Essen 2013

Pelzl, N. (2016), Methodische Entwicklung von zukunftsorientierten Geschäftsmodellen im Cloud Computing, Lohmar und Köln 2016

Pepels, W. (2013), Produktmanagement: Produktinnovation, Markenpolitik, Programmplanung, Prozessorganisation, 6. Auflage, Oldenbourg 2013

Petticrew, M. und Roberts, H. (2006), Systematic Reviews in the Social Science, Malden, Oxford und Victoria 2006

Pietsch, W. und Krams, B. (2010), Vom Projekt zum Produkt, Aachen, Lecture Notes in Informatics (LNI) – Proceedings, Volume P-178, Gesellschaft für Informatik, Bonn 2010

Pleschak, F. und Sabisch, H. (1996), Innovationsmanagement, Stuttgart 1996

Pohl, K. (2010), Requirements Engineering, Heidelberg, Dordrecht und London u.a. 2010

Pohl, K. und Rupp, C. (2015), Basiswissen Requirements Engineering, Heidelberg 2015

Promotorengruppe Kommunikation der Forschungsunion Wirtschaft – Wissenschaft (2013), Umsetzungsempfehlungen für das Zukunftsprojekt Industrie 4.0, Berlin 2013

Rappe-Giesecke, K. (2003), Supervision für Gruppen und Teams, 3. Auflage, Berlin 2003

Reichel, J., Müller, G. und Mandelartz, J. (Hrsg., 2009), Betriebliche Instandhaltung, Berlin und Heidelberg 2009

Riesenhuber, F. (2007), Großzahlige empirische Forschung, in: Albers, Klapper, Konradt, Walter, Wolf (Hrsg., 2007), S. 1 – 16

Rinza, P. und Schmitz, H. (1992), Nutzwert-Kosten-Analyse, 2. Auflage, Düsseldorf 1992

Ritter, E.H. (2005), Handwörterbuch der Raumordnung, 4. neu bearbeitete Auflage, Hannover 2005

Röthing, P. (2007), Empfehlung zur Durchführung von Wirtschaftlichkeitsbetrachtungen in der Bundesverwaltung, insbesondere beim Einsatz der IT, Berlin 2007

Rowley, J. und Slack, F. (2004), Conducting a literature review, in: Management Research News, 27, 6, 2004, S. 31 – 39

Saaty, T.L. (2008), Decision making with the analytic hierarchy process, in: International Journal of Services Sciences, 1, 1, 2008, S. 83 – 98

Schenk, M. (2010), Instandhaltung technischer Systeme, Berlin und Heidelberg 2010

Schlink, H. (2014), Wirtschaftlichkeitsrechnung für Ingenieure, Berlin 2014

Schneeweiß, C. (1991), Planung: Band 1: Systemanalytische und entscheidungstheoretische Grundlagen, Berlin 1991

Scholles, F. (2005), Bewertungs- und Entscheidungsmethoden, in: Ritter (2005), S. 97-106

Schuh, G., Kampker, A., Franzkoch, B. und Wemhöner, N. (2005), Studie Intelligent Maintenance: Potenziale zustandsorientierter Instandhaltung, Aachen 2005

ScienceDirect (2015), ScienceDirect Home, Auf den Seiten von Elsevier, http://www.sciencedirect.com/, Zugriff am 06.03.2015

Soares, J. O. und Fernandes, A. V. (1999), Economic evaluation of software projects - A systematic approach, in: Computers & Industrial Engineering, 37,1-2, 1999, S. 169 – 172

Spohrer, J., Maglio, P. P., Bailey, J und Gruhl, D. (2007), Steps Toward a Science of Service Systems, in: Computer, 40:1, 2007, S. 71 – 77

SpringerLink (2015), SpringerLink Home, Auf den Seiten der Springer International Publishing AG, http://link.springer.com/, Zugriff am 06.03.2015

Stahlknecht, P. und Hasenkamp, U. (2005), Einführung in die Wirtschaftsinformatik, 11. Auflage, Berlin, Heidelberg und New York 2005

Statista (2017a), Marktanteile der führenden Betriebssysteme an der Internetnutzung mit Tablets in Deutschland von September 2012 bis Juli 2017, Auf den Seiten der Statista GmbH, https://de.statista.com/statistik/daten/studie/306850/umfrage/marktanteile-der-tablet-betriebssysteme-an-der-internetnutzung-in-deutschland/, Zugriff am 26.08.2017

Statista (2017b), Einsatz von mobilen Betriebssystemen in Unternehmen - Welche mobilen Betriebssysteme sind bei den geschäftlich genutzten Endgeräten in Ihrem Unternehmen im Einsatz?, Auf den Seiten der Statista GmbH, http://de.statista.com/statistik/daten/studie/188278/umfrage/einsatz-mobiler-betriebssysteme-in-unternehmen-nach-betriebssystem, Zugriff am 26.01.2017

Strunz, M. (2012), Instandhaltung: Grundlagen – Strategien – Werkstätten, Berlin und Heidelberg 2012

Stuart, A.A.V., und Olle T.W. (Hrsg., 1994), Methods and Associated Tools for the Information Systems Life Cycle, Maastricht 1994

Sun Microsystems (1996), JavaSoft Ships Java 1.0, Auf den Seiten von Tech Insider, http://tech-insider.org/java/research/1996/0123.html, Zugriff am 16.02.2017

Taisch, M. und Majumdar, A. (2013), ICT for Manufacturing - The ActionPlanT Roadmap for Manufacturing 2.0, Milan und Dresden 2013

Taisch, M., Stahl, B. und Tavola, G. (2012), ICT in Manufacturing: Trends and Challenges for 2020 – an European View, in: Proceedings IEEE 10th International Conference on Industrial Informatics 2012, Beijing, S. 241 – 246

Taudes, A., Feurstein, M. und Mild, A. (2000), Options Analysis of Software Platform Decisions: A Case Study, in: MIS Quarterly, 24, 2, 2000, S. 227 – 243

Tauterat, T. (2015a), Development of a Method for the Economic Evaluation of Predictive Maintenance, in: Fernandes, Machado, Wnuk, (2015), S. 179 – 185

Tauterat, T. und Herzwurm, G. (2015b), Instandhaltungskonzept im Zeitalter von Industrie 4.0, in: chemie&more, 06.15, 2015, S. 16 – 19

Tauterat, T., Sieben, K. und Herzwurm, G. (2017), Konzeption und prototypische Entwicklung einer mobilen Applikation zur Unterstützung der Investitionsentscheidung von Predictive Maintenance, Stuttgarter Schriften zur Unternehmenssoftware, Nr. 5, Stuttgart 2017

Thiesse, F. (2001), Prozessorientiertes Wissensmanagement: Konzepte, Methode, Fallbeispiele, Dissertation Nr. 2475, Bamberg 2001

Thomas, K. (2008). Total Cost of Ownership: Ein bewährtes und effizientes Management-Tool., in: Zeitschrift der Unternehmensberatung 3, 1, 2008, S. 26 – 30

Thommen, J.-P. und Achleitner, A.-K. (2006), Allgemeine Betriebswirtschaftslehre, Wiesbaden 2006

Tintelnot, C., Meißner, D. und Seinmeier, I. (1999), Innovationsmanagement, Berlin 1999

Titze, T. (2013), Predictive Maintenance, Auf den Seiten der eoda GmbH, http://blog.eoda.de/2013/06/03/predictive-maintenance/, Stand 03.06.2013

Tolvanen, J.P. (1998), Incremental Method Engineering with Modeling Tools, Jyväskylä 1998

Trefz, A. und Büttgen, M. (2007), Digitalisierung von Dienstleistungen: Umsetzung und Potenziale im Bankensektor, Berlin 2007

Truex, D. und Avison, D. (2003), Method Engineering: Reflections on the Past and Ways Forward, in: Proceedings of Ninth Americas Conference on Information Systems (AMCIS), 2003, S. 508 – 514

Vahs D. und Brem, A. (2015), Innovationsmanagement, Stuttgart 2015

Verband der Hochschullehrer für Betriebswirtschaft (2008), Teilranking Wirtschaftsinformatik, Auf den Seiten des Verbands der Hochschullehrer für Betriebswirtschaft e.V., http://vhbonline.org/vhb4you/jourqual/vhb-jourqual-3/teilrating-wi/, Stand: 2008

Verein Deutscher Ingenieure (2000), VDI 3780 - Technikbewertung Begriffe und Grundlagen, Berlin 2000

Verl, A. und Lechler, A. (2014), Steuerung aus der Cloud, in: Bauernhansl, ten Hompel, Vogel-Heuser (Hrsg., 2014), S. 235 – 247

verlag moderne industrie GmbH (2016), Instandhaltung – Technik – Management – Märkte, Auf den Seiten der verlag moderne industrie GmbH, http://markt.instandhaltung.de/, Zugriff am 10.05.2016

Volkmann, J. W. (2014), Methode zur Konzeption und zur Bestimmung der Wirtschaftlichkeit des Einsatzes von Digital Engineering-Systemen, Stuttgart 2014

Vom Brocke, J., Simons, A., Niehaves, B., Riemer, K., Plattfaut, R. und Cleven, A. (2009), Reconstructing the giant: on the importance of rigour in documenting the literature search process, Verona 2009

Warnecke, H.J., Bullinger, H.-J., Hichert, R. und Voegele, A. (1996), Wirtschaftlichkeitsrechnung für Ingenieure, München und Wien 1996

Wehle, H.-D. und Dietel, M. (2015), Industrie 4.0 – Lösung zur Optimierung von Instandhaltungsprozessen, in: Informatik Spektrum, 38, 3, 2015, S. 211 – 216

Weiland, U (1994), Strukturierte Bewertung in der Bauleitplanung-UVP - Ein Konzept zur Rechnerunterstützung der Bewertungsdurchführung. UVP-spezial, 9, Dortmund 1994

Weiss, H. (2012), "Predictive Maintenance": Vorhersagemodelle krempeln die Wartung um, Auf den Seiten der VDI Verlag GmbH, http://www.ingenieur.de/Themen/Forschung/Predictive-Maintenance-Vorhersagemodelle-krempeln-Wartung-um, Stand: 03.02.2012

Westkämper, E. (2013), Rahmenmodell der digitalen Produktion, in: Westkämper, Spath, Constantinescu, Lentes, (2013), S. 15 – 16

Westkämper, E. und Löffler, C. (2016), Strategien der Produktion, Berlin und Heidelberg 2016

Westkämper, E., Spath, D., Constantinescu, C. und Lentes, J. (2013), Digitale Produktion, Berlin und Heidelberg 2013

Wilde, T. und Hess, T. (2006), Methodenspektrum der Wirtschaftsinformatik - Überblick und Portfoliobildung, Arbeitsbericht Nr. 2, Institut für Wirtschaftsinformatik und Neue Medien, Ludwig-Maximilians-Universität München, München 2006

Wilde, T. und Hess, T. (2007), Forschungsmethoden der Wirtschaftsinformatik, in: Wirtschaftsinformatik, 49, 4, 2007, S. 280 – 287

Winter, R. (2014), Gestaltungsorientierte Forschung in der Betriebswirtschaftslehre – mit spezieller Berücksichtigung der Wirtschaftsinformatik, in: Brenner, Hess, (Hrsg., 2014), S. 65 – 85

Wirsing, M. und Hölzl, M. (Hrsg., 2006), Software Intensive Systems, Draft Report of the Beyond the Horizon Thematic Group 6, München 2006

Wirsing, M., Banâtre, J.-P., Hölzl, M., Rauschmayer, A. (Hrsg., 2008), Software-Intensive Systems and New Computing Paradigms: Challenges and Visions, Berlin 2008

Wolf, P. und Krcmar, H. (2005), Prozessorientierte Wirtschaftlichkeitsuntersuchung für E-Government, in: Wirtschaftsinformatik, 47,5, 2005, S. 337 – 346

Xamarin Inc. (2017), Xamarin Platform, Auf den Seiten der Xamarin Inc., https://www.xamarin.com/platform, Zugriff am 16.02.2017

XING AG (2016), XING Home, Auf den Seiten der XING AG, https://www.xing.com, Zugriff am 23.11.2016

Z_punkt GmbH (2013), Megatrends Update, Köln 2013

Zelewski, S. (1999), Grundlagen, in: Corsten, Reiß (1999), S. 1 – 125

„Never say never.

Because limits, like fears,

are often just an illusion."

Michael Jordan

WIRTSCHAFTSINFORMATIK

Herausgegeben von Prof. Dr. Dietrich Seibt, Köln, Prof. Dr. Hans-Georg Kemper, Stuttgart, Prof. Dr. Georg Herzwurm, Stuttgart, Prof. Dr. Dirk Stelzer, Ilmenau, und Prof. Dr. Detlef Schoder, Köln

Band 87
Raphaela Saitz
Entwicklung eines Rahmenkonzepts zur IT-basierten Unterstützung des Chancen- und Risikomanagements in Konzernen
Lohmar – Köln 2016 • 360 S. • € 64,- (D) • ISBN 978-3-8441-0465-3

Band 88
Norman Pelzl
Methodische Entwicklung von zukunftsorientierten Geschäftsmodellen im Cloud-Computing
Lohmar – Köln 2016 • 320 S. • € 68,- (D) • ISBN 978-3-8441-0466-0

Band 89
Philip Hollstein
Das maschinenorientierte Data Warehouse – IT-basierte Entscheidungsunterstützung in der wandlungsfähigen Produktion
Lohmar – Köln 2016 • 300 S. • € 66,- (D) • ISBN 978-3-8441-0472-1

Band 90
Marco Spohn
Konzeption und prototypische Umsetzung eines BI-Systems zur Unterstützung des IT-Change-Managements
Lohmar – Köln 2016 • 452 S. • € 82,- (D) • ISBN 978-3-8441-0481-3

Band 91
Sixten Schockert
Agiles Software Quality Function Deployment
Lohmar – Köln 2017 • 256 S. • € 62,- (D) • ISBN 978-3-8441-0533-9

Band 92
Tobias Tauterat
Verfahren zur Bewertung von Predictive Maintenance für Anbieter von Instandhaltungsdienstleistungen
Siegburg 2018 • 236 S. • € 60,- (D) • ISBN 978-3-8441-0561-2

JOSEF EUL VERLAG